气井井筒腐蚀分析与模型预测

李善建 著

中国石化出版社
·北京·

图书在版编目(CIP)数据

气井井筒腐蚀分析与模型预测 / 李善建著. --北京 : 中国石化出版社，2024. 10. -- ISBN 978-7-5114-7670-8

Ⅰ. TE98

中国国家版本馆 CIP 数据核字第 2024932EH7 号

中国石化出版社出版发行

地址:北京市东城区安定门外大街 58 号

邮编:100011　电话:(010)57512500

发行部电话:(010)57512575

http://www. sinopec-press. com

E-mail:press@ sinopec. com

宝蕾元仁浩(天津)印刷有限公司印刷

全国各地新华书店经销

*

710 毫米×1000 毫米　16 开本　13. 75 印张　281 千字

2024 年 10 月第 1 版　2024 年 10 月第 1 次印刷

定价:68. 00 元

前　言

能源保障与安全作为治国安邦的战略基石，是关于国计民生的“国之大者”。习近平总书记立足国家发展全局，作出“能源的饭碗必须端在自己手里”的重要论断，深刻阐释了保障能源安全稳定供应对经济社会平稳健康发展的重要意义，体现了对新的时代条件下保障我国能源安全的深邃思考，展现了维护国家安全、发展的坚定意志。这就要求我们必须坚持底线思维，持续加强能源产供储销体系建设，增强能源持续稳定供应和风险管控能力，为经济社会高质量发展提供坚强的能源保障。而我国经济社会高质量发展对能源需求的不断增长，对石油和天然气等主要化石能源供给带来了挑战，这促使我们着力提高传统能源的开发效率与相关作业能力。

天然气作为一种清洁低碳能源，大规模推广利用是实现“碳达峰、碳中和”国家战略现实且有效的手段之一。目前，天然气成为我国民生、工业、能源等领域重要能源物资，而随着环保政策的推行，煤炭、石油等重质化石能源也将被天然气逐步取代，因此天然气的开发与利用将是保障我国能源安全的中流砥柱。气井作为天然气开采的重要设施，是连接地下资源与地面生产系统之间的主要“纽带”。然而在运行过程中，气井井筒长期服役于高温、高压、高硫、高含水、高溶解氧、高矿化度、高 CO_2 的环境中，因此井筒腐蚀问题一直是气田开发中不得不面对的一项严峻的挑战。井筒腐蚀不仅会影响井筒结构的完整性和安全性，还会对生产过程产生不良影响，甚至导致事故发生，故开展气井井筒腐蚀的分析与预测具有极其重要的意义；而防腐并不是简单的“化学”问题，单纯的防腐只能解决“表面”工作。

本书在收集大量采气现场样本与现场实验数据基础上，通过多种手段对现场样本与现场数据进行分析，旨在深入研究气井井筒腐蚀机理，利用 BP 人工神经网络等先进技术提供一种综合的分析与预测模型，以期为石油工业的安全运行和可持续发展提供理论支持和技术指导。并通过对腐蚀机理的深入探究和模型的精准应用，为解决气井井筒腐蚀问题提供切实可行的方案，从而促进石油工业的技术进步和效率提升。

本书共 8 章。第 1 章为绪论，主要从腐蚀的基本定义和分类入手，对气井井筒腐蚀的机理、影响因素、特点等进行详细介绍，为后续章节的内容奠定基础。第 2 章为气田井筒腐蚀现状分析，对大量现场实验数据与现场样本进行分析，利用多种手段对气井腐蚀样本进行表征，并总结相关实验结果，得出气井腐蚀的相关结论，为后续模型的建立提供参考。第 3 章为气田水样和气样分析，对采集的气田水样和气样进行分析，进一步确定造成气井腐蚀的相关组分。第 4 章为气井油套管腐蚀预测模型的建立，在深入理解气井井筒腐蚀机理的基础上，介绍构建气井井筒腐蚀分析与预测模型的关键步骤和方法，包括数据采集、特征提取、模型选择等关键环节的详细讲解，以及针对不同情况的模型设计和优化策略。通过案例分析和模型验证，验证模型的有效性和可靠性，并通过不断地验证和优化，使得模型更加贴近实际情况，为工程实践提供更有效的指导和决策支持。第 5 章为含腐蚀缺陷油管柱服役安全评价，以实际工程案例为基础，探讨模型在气井井筒腐蚀管控中的应用效果和经验教训。利用 BP 人工神经网络对含腐蚀缺陷油管柱服役安全进行评价，通过模型在实际工程中的应用，不断优化管控措施，提高气井的安全性和生产效率。第6章为ANSYS软件对含腐蚀缺陷油套管的失效分析，利用非线性有限元法，使用ANSYS通用有限元分析软件建立含腐蚀缺陷N80油套管的数值模型。综合考虑内压、外压荷载及缺陷尺寸的影响，对含腐蚀缺陷油套管的安全性进行研究，为含腐蚀缺陷油套管的失效分析及安全评价提供参考。第7章为气井管线内腐蚀监测与防护技术，首先对气田的井筒腐蚀机理研究，确定了影响采样气田腐蚀的主要因素；并根据实验得出影响的腐蚀相关数据，建立BP人工神经网络的气井油套管腐蚀预测模型，开发出含腐蚀缺陷油管柱服役安全评价系统。第8章为结论，在保证气田安全开发的前提下，根据现场实际情况，为气田开发过程中井筒与管线腐蚀及防治提出相关建议。

本书获西安石油大学优秀学术著作出版基金资助；获陕西省重点研发计划(2022GY－144)、西安市科技计划－高校院所人才服务企业项目(23GXFW0072)的资助。在本书编写过程中研究生刘峻玮、杨子晗、马梦岩等同学做了大量的文字编辑和图表整理工作。本书内容汇集作者多年科研成果与实践经验，立足于科学性、实用性、前沿性，从理论与实践相结合的角度出发，力求为气田开发领域提供力所能及的帮助。由于编者水平有限，书中难免存在纰漏，敬请各位专家读者批评指正。

目　　录

1 绪 论

在气田建设过程中，管材费用往往占总建设投资的30%，是气田建设费用的重要部分。但由于气田开发向着更加艰苦的环境进军，深井、超深井、水平井不断增加，使得井筒不得不面对高温、高压、高酸性腐蚀气体等诸多恶劣条件，而低渗透、高含水的气井广泛存在，使得气井开发不得不解决腐蚀问题，这将使完井成本大大增加。气井腐蚀不同于天然气工业中地面腐蚀问题，气井井筒工作深度达数千米，其具有检测要求高、预测难度较大、不确定性强、防腐技术难、牵扯范围广等特点，与钻完井工程的各个阶段均有密切联系；而井筒腐蚀同时伴随着电化学穿孔和酸性气体应力腐蚀断裂等，涉及多学科知识。

1.1 气井腐蚀影响因素及腐蚀规律研究

1.1.1 CO_2腐蚀类型

气藏伴生气中往往含一定量的CO_2，与地层水、伴生水共同作用，不仅会给油气井管柱及运输管线用钢带来全面腐蚀问题，还会发生严重的局部腐蚀，包括点蚀、台地浸蚀等问题，常常会导致十分严重的事故及灾难性的后果。CO_2腐蚀俗称“甜腐蚀”，是世界石油天然气工业中常见的一种腐蚀类型，也是困扰我国石油天然气工业发展的一个极为突出的问题。CO_2溶于水中对金属材料，尤其是钢铁材料有极强的腐蚀性。在相同 pH 值条件下，由于含 CO_2水溶液总酸度高，因此，对钢铁材料的腐蚀比盐酸的严重，CO_2腐蚀能使油气井及集输管道设备的使用寿命大大降低，低碳钢的腐蚀速率可达 7mm/a 以上。投加缓蚀剂是油气井防腐的一个重要措施，选择合适的缓蚀剂，对研究金属的腐蚀与防护有着重大的现实意义和深远的社会意义，给国家从经济和能源上大量减少没有必要的损失，同时，也能保证油气田的正常、高效开发及人民的生命、财产安全。

根据温度的不同，碳钢的CO_2腐蚀往往有下面三种情况：60℃以下，钢铁表面存在少量软而且附着力小的$FeCO_3$腐蚀产物膜，金属表面光滑，易发生均匀腐蚀；100℃上下，腐蚀产物层厚而松，易发生严重的均匀腐蚀和局部腐蚀(深孔)；150℃

以上，腐蚀产物是细致、紧密、附着力强、具有保护性的 $FeCO_3$ 和 Fe_3O_4 膜，降低了腐蚀速率。目前普遍认为 CO_2 电化学腐蚀有两种类型，即均匀腐蚀和局部腐蚀。

形成均匀腐蚀时，金属的全部或大部分面积上均匀地受到破坏，致使强度降低，发生掉井事故。一般用单位时间、单位面积上材料损失的质量或者单位时间内材料损失的平均厚度表示均匀腐蚀速率。某些金属的腐蚀产物非常致密，难以用化学或一般的机械方法除去时，可用增重腐蚀速率表征腐蚀程度。

局部腐蚀的特性是在材料表面的不连续区域失去金属，而周围区域基本保持不受影响或易受全面腐蚀。局部腐蚀包括点蚀、台面腐蚀和流动诱导局部腐蚀三种形式，通常会引起油管穿孔和断裂，这是管道主要的失效形式。

一般情况下，点蚀存在一个温度敏感区间，并与材料的组成有密切关系。在含 CO_2 的油气井油套管中，点蚀主要出现在温度 80～90℃，这与气相介质的露点和冷凝状况有关。通常情况下，蚀坑的横截面形状如图 1－1 所示。

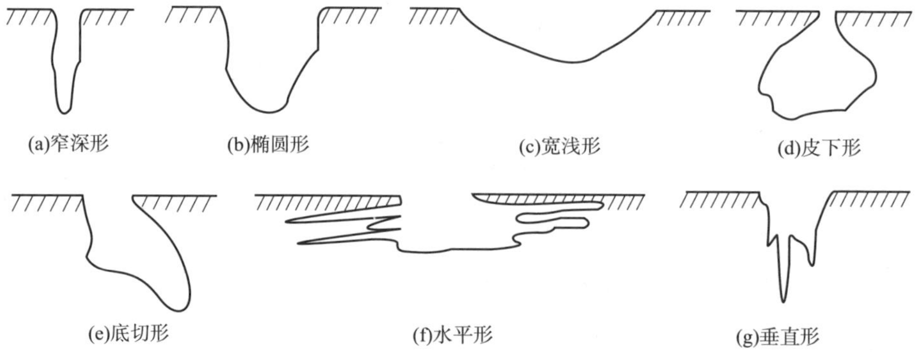

图 1－1　蚀坑的截面形状

台面腐蚀是一种在介质流动情况下，材料局部发生的较大面积的平台形状损坏。Rolf Nyborg 和 Arne Dugstad 认为台面腐蚀主要是由 $FeCO_3$ 膜下的局部腐蚀，以及流体运动产生的剪切力将 $FeCO_3$ 膜剥离基体表面而造成的。

流动诱导局部腐蚀是由水力破坏腐蚀产物膜引起的。始于点蚀和台面腐蚀，作为流动阻力造成局部紊流，从而使局部腐蚀得以扩散，而且可破坏已经存在的垢，流动条件下致使保护性垢难以重新形成。

另外，在 CO_2-H_2O 体系中，还会发生应力腐蚀开裂（SCC），目前为止对其机理的研究并不充分，观点也不一致。一般情况下认为碳钢在 CO_2 中和与 CO_2 共存的水中发生的 SCC 是一种穿晶应力腐蚀开裂。这是由于 CO_2 在钢铁表面的吸附所产生的腐蚀抑制作用与碳钢在 H_2CO_3 溶液中的阳极溶解之间处于平衡而导致的。一般说来，只有在苛刻条件下（高 CO_2 分压、高负荷），高强度碳钢才发生 CO_2 腐蚀引起的 SCC。

综上所述，CO_2腐蚀是一种典型的局部腐蚀。这是由于腐蚀产物($FeCO_3$)或结垢产物($CaCO_3$)在钢铁表面不同的区域覆盖度不同，不同覆盖度的区域之间形成了具有很强自催化特性的腐蚀电偶，因而CO_2局部腐蚀是具有自催化特性的腐蚀电偶作用的结果。

CO_2腐蚀破坏程度的分级国内外目前有不同的描述标准。表1－1给出了NACE(腐蚀工程协会)在标准RP－0775－91中对腐蚀程度规定的具体内容。

表1－1　NACE对腐蚀程度的规定　　mm/a

分类	均匀腐蚀速率	点蚀速率
轻度腐蚀	<0.025	<0.127
中度腐蚀	0.025～0.125	0.127～0.201
严重腐蚀	0.126～0.254	0.202～0.381
极重腐蚀	>0.254	>0.381

我国石油天然气行业标准SY/T 5329—1994规定的均匀腐蚀平均腐蚀速率应小于0.076mm/a(相当于NACE标准中的中度腐蚀)；而点蚀则分为三级说明其严重程度，即无点蚀、轻微点蚀和明显点蚀，并无确切的数据指标。

1.1.2　CO_2腐蚀影响因素

影响CO_2腐蚀的因素有很多，总结起来可以归纳为两大类，如图1－2所示。第一类是环境因素及操作条件，包括CO_2分压，介质温度，水介质的矿化度，pH值，水溶液中Cl^-、SO_4^{2-}、HCO_3^-、Ca^{2+}、Mg^{2+}以及H_2S、O_2质量浓度，细菌含量，油气混合介质中的蜡含量，介质载荷，流速以及流动状态，材料表面垢沉积状态，垢的结构和性质等；第二类是材料因素，包括材料的种类，材料中合金元素Cr、C、Ni、Si、Mo、Co等含量，热处理制度以及材料表面膜等。

1.1.3　CO_2腐蚀产物膜研究

在气田开发过程中，气藏中的CO_2在含水条件下会对油套管钢产生严重的腐蚀，造成经济损失。研究表明，CO_2腐蚀产物膜的特征极大地影响腐蚀进程，一定条件下形成的CO_2腐蚀产物膜对基体有保护作用，保护程度决定于腐蚀产物膜的完整性、组织结构及性能；由于腐蚀产物膜的溶解、开裂、破损，进而造成严重的点蚀或台地腐蚀，因而腐蚀产物膜的结构与性能与油套管钢的失效密切相关。自20世纪90年代以来，国内外科技工作者在CO_2分压理论基础指导下，对$P_{CO_2} \leq 2MPa$条件下CO_2腐蚀产物膜的形成机理、组织结构、力学性能、破损条件

及对 CO_2 腐蚀的影响进行了大量研究，取得了一定成果。

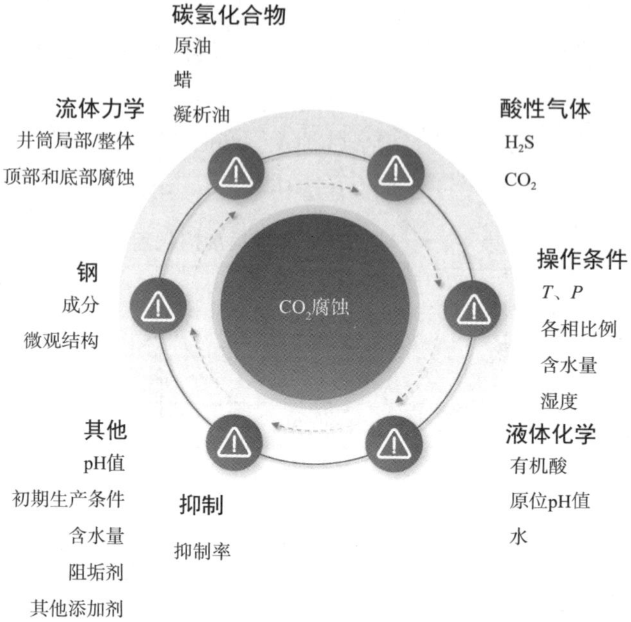

图 1－2　CO_2 腐蚀影响因素示意图

1. CO_2 腐蚀产物膜的形成

关于 CO_2 腐蚀机理方面的研究工作目前多集中在 $P_{CO_2} \leqslant 2MPa$ 条件下，研究认为此时腐蚀产物膜主要是 Fe 在 CO_2 酸性腐蚀介质中的阳极溶解形成的，其机制有以下 3 种反应形式：

$$\begin{cases} Fe \longrightarrow Fe^{2+} + 2e^- \\ Fe^{2+} + CO^{2-} \longrightarrow 3FeCO_3 \end{cases} \tag{1-1}$$

$$Fe + CO_3^{2-} \longrightarrow 3FeCO_3 + 2e^- \tag{1-2}$$

$$Fe + HCO_3^- \longrightarrow 3FeCO_3 + 2e^- + H^+ \tag{1-3}$$

最终形成 $FeCO_3$ 腐蚀产物膜覆盖在基体表面。其中式(1－1)的第二种反应形成腐蚀的次生产物，反应式(1－2)、式(1－3)形成产物初生腐蚀。初生腐蚀产物膜结构致密，硬度高；次生腐蚀产物结构疏松，硬度小。

2. CO_2 腐蚀产物膜的结构

研究表明，腐蚀产物膜的形成及组织结构极大地影响 CO_2 腐蚀进程。M B Kermani 等发现油管钢的 CO_2 腐蚀产物膜大致可分为 4 种类型，即传递膜、Fe_3C 膜、$FeCO_3$ 膜、$FeCO_3$ + Fe_3C 膜，其特征如表 1－2 所示。

表 1-2 腐蚀产物膜特征

腐蚀产物膜	形成温度	自然属性	生长特点及组成
传递膜	室温或低于室温	厚度 < 1μm，一旦形成，即具有保护性	在温度降低到室温的过程中形成较快，主要组成为 Fe、O
Fe_3C 膜	不限	厚度 < 100μm，具有金属性，可导电，无附着力	疏松多孔，主要组成为 Fe、C
$FeCO_3$膜	50～70℃	附着力强，具有保护性，不可导电	立方晶体，主要组成为 Fe、C 和 O
$FeCO_3$ + Fe_3C 膜	≤150℃	依赖于 $FeCO_3$ 和 Fe_3C 的结合形式	主要组成为 Fe_3C 和 $FeCO_3$

1) 传递膜

室温、含 Fe^{2+} 很低的 CO_2 水溶液中即可形成。增加 Fe^{2+} 的含量可提高膜的保护性，降低腐蚀速率。电子能谱表明，这层膜不含碳酸盐。许多研究者忽略了传递膜层，但其组成对 $FeCO_3$膜形成的影响确实存在，需要系统地研究。

2) Fe_3C 膜

研究表明，Fe_3C 并非腐蚀产物，而是碳钢被腐蚀后的物质残留。在 CO_2腐蚀环境中，钢基体表面的铁素体是阳极，而 Fe_3C 是阴极，由于腐蚀反应导致阳极溶解，残余的 Fe_3C 便在金属表面伴随腐蚀产物沉积下来，受腐蚀介质冲刷，形成坚硬的渗碳体网状物，与生铁在酸性环境下的石墨化相似。流速的减小可以增加 Fe_3C 的数量。在高流速条件下，CO_2 水溶液不会缓冲，腐蚀膜主要是 Fe_3C 加上一些来自基体的合金元素。

3) $FeCO_3$膜

在缓解腐蚀中起着重要作用，其形成极大地依赖于 $FeCO_3$沉淀的热力学和动力学，$FeCO_3$过饱和是成膜的必要条件，尤其在低温条件下。而膜一旦形成，会在非常低的过饱和度下维持保护性。保护膜可通过限制表面腐蚀产物的转移而增长。金属显微结构决定 $FeCO_3$膜的黏附力和厚度。$FeCO_3$ 膜在未经过热处理的钢表面以珠光体的显微结构生长；与在淬火和回火的钢表面形成的腐蚀膜相比，黏附力更强、晶粒更大、堆积更紧密。

4) $FeCO_3$ + Fe_3C 膜

在碳钢及其低合金钢的 CO_2腐蚀中，这种类型的膜最常见。在腐蚀反应中，Fe_3C 是阴极，可嵌入 $FeCO_3$膜中。这种膜的结构依赖于 $FeCO_3$沉淀的形成条件。一方面，如果膜是由钢基体中的铁原子与溶液中的阴离子直接生成，并与碳化物相结合，形成结构稳定、具有保护作用的膜，这种情况通常在高流速条件下发生。另一方面，膜是由溶液中游离的铁离子与溶液中的阴离子发生反应，并覆盖在渗碳体相表面，形成无保护性的膜。

1.1.4 CO_2腐蚀防护技术

气田生产领域中CO_2腐蚀遍及从井下到井上的各个采集输送管道与设备中，而腐蚀防护措施涉及油气系统的结构设计、材料选择、配套的表面保护技术(包括内防护涂层和缓蚀剂等)、施工工艺、腐蚀与防护状态的检测和维修保养等各个工程环节，包括优化设计与正确选材，选择使用适当的添加剂，采用防腐蚀内涂层，定期的腐蚀监测与适时的维修保养等，具体如下。

(1)改变使用环境(如流体、温度、去除水等)或系统设计。

(2)改变化学成分(如降低CO_2分压，去除硫化氢，增加pH值等)。

(3)使用耐蚀合金钢管材：该类管材依靠自身的耐腐蚀性能抵抗CO_2腐蚀，施工方法基本与使用普通碳钢管材相同。在其有效期内，无须其他配套设施，对油气井作业无影响且工艺最简单，但初期投资最大。

(4)使用涂镀层油管：涂镀层油管主要依靠其涂层或镀层来隔绝钢体与腐蚀介质的接触，从而达到防腐的目的，其防腐效果的好坏与涂层或镀层材料及其工艺技术水平有关。用涂层材料有环氧型、改性环氧型、酚醛环氧型树脂或尼龙等，镀层材料有锌、铝及其合金等。该技术对油气井生产的影响较小，工艺简单且成本一般不会很高。

(5)注入缓蚀剂：注入缓蚀剂主要是利用缓蚀剂的防腐作用达到减缓油管腐蚀的目的，其防腐效果与多种因素有关。缓蚀剂通常选用油溶性水分分散的表面活性剂类，如磷酸酯与烷基胺的反应产物、咪唑啉、多胺类及咪唑啉与硫脲的复配物等。该技术成本低、初期投资少。

(6)阴极保护：该技术利用牺牲阳极的方式保护井下管柱免受腐蚀。

目前我国对于CO_2腐蚀防护的研究工作，主要集中在缓蚀剂的研制和使用上。从油气田开发的整体角度进行评价，考虑防腐技术的一次性投入、作业成本、可操作性等综合因素，采用缓蚀剂进行防护从目前的研究水平来看不失为一种既经济又能达到很好防腐效果的防护措施。但是，由于缓蚀剂不是广泛适用的，同时，缓蚀剂对解决均匀腐蚀的效果较好，但是对于解决局部腐蚀的效果则不尽然。因此，在使用缓蚀剂前，必须以模拟使用其油气田实际工作环境对缓蚀剂进行评价和筛选。尽管使用缓蚀剂给油气田的管理带来很大困难，但仍然是各国油气田目前不得不采用的主要防护措施。用缓蚀剂控制CO_2引起的全面腐蚀，已取得了良好的效果，但是要充分和有效地控制局部腐蚀尚需作进一步的研究。另外，目前缓蚀剂的缓蚀率均是在常温常压条件下测定的，对高温高压条件并不一定适合。

CO_2缓蚀剂的早期研究主要集中在缓蚀机理上。随着研究的不断深入，目前CO_2缓蚀剂研究也正在向高效、多功能、无公害的技术目标发展。按照国内外文献来看，未来有关CO_2缓蚀剂的研究将集中在以下几方面：① 重视缓蚀剂复配技术，开发出适用于气/液/固多相腐蚀体系、高温高压体系的缓蚀剂；② 结合大型计算软件，在分子水平上研究和开发出适用于不同材料状态的缓蚀剂，尤其是能与碳酸亚铁膜起协同保护作用的缓蚀剂以及能抗CO_2局部腐蚀的缓蚀剂；③ 加强环保意识，开发低毒、易生物降解的新型缓蚀剂。

1.2 钢铁在水中形成腐蚀产物的性质

溶解盐类对水的腐蚀性有显著的影响，在溶解盐类物质的量浓度非常低的情况下，不同阴离子和阳离子对水的腐蚀程度也是不同的。一般说来，盐物质的量浓度在0.5mol/L以下时，碳钢在各种盐水中的腐蚀速率随各种盐物质的量浓度的增加而增大；但在达到0.5mol/L以后，其腐蚀速率开始随着各种盐物质的量浓度的增加而逐渐下降，这主要是因为随着盐类物质的量浓度的增加，水中溶解氧的量逐渐降低的缘故。

钢铁在水中的腐蚀常常因腐蚀条件的差异而生成各种不同的腐蚀产物，分别具有不同的组成和颜色，钢铁在水中形成腐蚀产物的性质如表1－3所示。

水中阴离子渗透能力的顺序为：$Cl^- > Br^- > I^- > F^- > SO_4^{2-} > NO_3^- > PO_4^{3-}$。

水中阳离子腐蚀性的顺序为：$Fe^{3+} > Cr^{3+} > NH_4^+ > Al^{3+} > K^+ > Li^+ > Ba^{2+} > Sr^{2+} > Ca^{2+} > Mn^{2+} > Cd^{2+} > Mg^{2+}$。

表1－3 钢铁在水中形成腐蚀产物的性质

化合物	颜色	说明
$Fe(OH)_2$	白色	① 100℃时分解为Fe_3O_4； ② 脱水形成FeO； ③ 在室温下氧化成$\gamma-FeO(OH)$、$\alpha-FeO(OH)$和Fe_3O_4
$Fe(OH)_3$		通常不稳定，易迅速脱水形成铁氧化合物
FeO	黑色	易分解形成Fe和Fe_3O_4
Fe_3O_4	黑色	在使用联氨的处理系统的凝结水中出现
$\alpha-FeO(OH)$	黄色	约在200℃时脱水形成$\alpha-Fe_2O_3$，并在低温含水条件下存在，这种形式的水合物在高pH值下较易产生，可在凝结水系统中出现
$\gamma-FeO(OH)$	黄橙色	在200℃时脱水形成$\alpha-Fe_2O_3$，在水中低温条件下也能转变为$\alpha-Fe_2O_3$

续表

化合物	颜色	说明
$\alpha-Fe_2O_3$	砖红色	在1457℃分解为Fe_3O_4，是工业系统中最常见的氧化铁形式
$\beta-FeO(OH)$	浅棕色	约在230℃脱水形成$\alpha-Fe_2O_3$，有水时会加强其脱水作用
$\gamma-Fe_2O_3$	棕色	高于230℃时会转化为$\alpha-Fe_2O_3$，有水时会促进其转化

总之，含有溶解盐类的水的腐蚀性随着溶解盐类物质的量浓度的增加而增大，直到出现最大值后趋于减小。这是因为含盐量增加，盐水导电性增大，腐蚀性增大；但含盐量足够大时会明显引起水中氧气的溶解度降低，腐蚀性反而下降。溶解盐类也可能降低被形成的腐蚀产物的保护性能。

1.3 研究气井选择及数据分析

1.3.1 研究气井选择

为了准确掌握天然气气井腐蚀现状，根据某采气二厂提供的部分气井水质、气质分析资料，结合相关文献，确定了如下选井原则：①有代表性，能基本代表气田气井生产现状；②分布合理，基本涉及气田每一个区块；③条件苛刻，气井产气量大，出水量大；④产出气中CO_2、H_2S含量和分压较大，伴生水矿化度较高；⑤必须是生产井，且定期加注缓蚀剂；⑥投产时间跨度较大。根据以上原则，确定某两个气田各2口气井作为研究目标。这4口研究气井分别为气井44－10井、气井46－4井、气井16－18井、气井22－23井。

1.3.2 研究气井基础数据

研究气井的基本情况如表1－4所示。

表1－4　研究气井基础数据

井号	气井44－10	气井46－4	气井16－18	气井22－23
完钻井深/m	2855.0	3010.0	2639.0	2618.1
完井日期	2001.09.06	2004.06.16	2006.03.27	2006.10.08
投产日期	2001.11.27	2004.10.24	2007.01.01	2007.01.01
井口油压/MPa	13.00	16.00	13.40	15.70
井口套压/MPa	13.40	16.20	13.80	17.20
平均日产水/m^3	0.61	0.73	0.3925	0.4

续表

井号	气井 44－10	气井 46－4	气井 16－18	气井 22－23
平均日产气/10^4m^3	1.0	3.0	1.1319	1.1258
H_2S 含量/(mg/m^3)	0.91	4.16	8.03	7.0
CO_2 含量/%	1.83	1.98	1.40	1.7
Cl 质量浓度/(mg/L)	1172.69	8057.79	29235.26	26074.45
矿化度/(mg/L)	2591.48	14690.68	51653.27	40305.18

由表 1－4 可知，所选研究气井分布于三个作业区、四个井站，具有一定的代表性和典型性。气井井深在 2600～3000m，原始地层压力在 13.0～17.2MPa，气井投产日期跨度较大，介于 2001～2007 年，平均产气量在 1.0×10^4～$3.0\times10^4m^3/d$，各气井均不同程度产出伴生水。

1.3.3 气井油套管柱材质及管柱下入情况

根据研究气井温资料和前期研究成果可知，当温度在 60℃时气井管柱腐蚀最严重，据此确定了现场试验挂片下深深度，连同研究气井油套管柱材质及管柱、挂片下入深度情况如表 1－5 所示。

由表 1－5 可知，油管均采用同等规格的 N80 材质钢管，而表层套管和气层套管采用钢管材质、规格不同；由于井深不同，挂片下入深度也不一样。

1.3.4 气质分析结果

由表 1－4 可知，研究气井 CO_2 含量基本相等，介于 1.4%～2.0%(体积)，而 H_2S 质量浓度差距较大，气井 16－18 井 H_2S 质量浓度最高，达到 $8.03mg/m^3$，气井 44－10 井 H_2S 质量浓度最低，只有 $0.91mg/m^3$。相对来说，榆林气田 CO_2 含量较高，而子洲米脂气田 H_2S 质量浓度较高。

1.3.5 水质分析结果

表 1－6 是某采气二厂提供的研究气井产出水组成。我们同时采集了 4 口气井产出水，在实验室用常规方法进行了水样组成分析。

由表 1－4、表 1－6 提供的一系列水质分析结果，可以得出以下结论。

(1) 目标气井产出水 pH 值几乎全部小于 6.50，说明整个产出水体系偏酸性。

(2) 目标气井水质差异较大，相对来说，子米区块水样矿化度大于榆林区块，其矿化度平均接近 50000mg/L，属于具有较强腐蚀性的体系。

表 1 – 5　研究气井油套管柱材质及管柱、挂片下入深度情况

井号	榆 44 – 10			榆 46 – 4			洲 16 – 18			洲 22 – 23		
	表层套管	气层套管	油管	表层套管	气层套管	油管	表层套管	气层套管	油管	表层套管	气层套管	油管
钢级		J55	N80		J55	N80	J55	N80	N80	J55	N80	N80
外径/mm	273. 1	139. 7	73. 03	244. 5	177. 8	73. 03	244. 5	139. 7	73. 03	244. 5	139. 7	73. 03
内径/mm	255. 2	121. 4	62. 01	226. 6	159. 4	62. 01	226. 6	121. 4	62. 01	226. 6	121. 4	62. 01
壁厚/mm	8. 89	9. 17	5. 51	8. 94	9. 19	5. 51	8. 94	9. 17	5. 51	8. 94	9. 17	5. 51
下入深度/m	504. 6	2855	2731	653	3005	2830	506	2632	2536	504. 3	2695	2615
温度/℃		60			60			60			60	
挂片下深/m		1400			1400			1700			1600	

表 1-6 目标气井水质分析结果(某采气二厂提供)

井号	密度/(g/cm^3)	pH 值	温度/℃	$K^+ + Na^+$ 质量浓度/(mg/L)	Ca^{2+} 质量浓度/(mg/L)	Mg^{2+} 质量浓度/(mg/L)	Cl^- 质量浓度/(mg/L)	SO_4^{2-} 质量浓度/(mg/L)	HCO_3^- 质量浓度/(mg/L)	Fe^{3+} 质量浓度/(mg/L)	Fe^{2+} 质量浓度/(mg/L)	总矿化度/(mg/L)	总硬度	水型
榆 46-4	0.945	6.71	14.4	5006.41	2372.74	179.89	8155.98	5331.33	597.8	24.8	41.33	21644.15	372.96	$CaCl_2$
榆 46-4	1.077	5.74	25.2	3579.66	6846.79	700.37	54973.38	409.87	733.83	96.54	530.98	117243.9	3912.38	$CaCl_2$
榆 46-4	1.03	6.66	22.9	6851.93	6928.23	350.31	21569.2	2421.67	828.99	80.45	104.59	38950.33	1048.71	$CaCl_2$
洲 16-18	1.038	6.72	19.7	11505.52	7087.35	444.63	29235.26	2342.9	1037.61	54.49	190.71	51653.27	1092.672	$CaCl_2$
洲 16-18	0.995	6.35	21.6	12730.73	7820.41	889.5	31484.21	5564.76	789.34	347.36	204.33	59278.95	1297.576	$CaCl_2$
洲 16-18	1.43	6.39	14.7	9915.53	6500.17	135.89	20816.24	8058.47	711.87	149.92	81.21	46138.17	939.512	$CaCl_2$
洲 22-23	1.0315	6.11	21.5	8156.95	9009.98	317.73	28884.31	37.46	904.02	73	189.79	47310.45	1332.072	$CaCl_2$
洲 22-23	1.025	6.24	22.5	8432.72	7575.92	741.21	27660.93	585.97	803.98	177.08	102.16	45800.73	1229.256	$CaCl_2$
洲 22-23	1.026	6.35	17.5	4084.11	4258.9	68.07	13172.87	536.98	788.12	99.95	24.99	22909.05	610.736	$CaCl_2$

(3)在气井生产过程中，受地层各种因素变化和产气量的影响，产出水的矿化度及组成在一定范围内波动、变化。

(4)所有气井在特定时间均检出不同质量浓度的 Fe^{2+}、Fe^{3+}，说明研究气井存在不同程度的腐蚀。

(5)由于 Ca^{2+}、Mg^{2+} 普遍存在，且目标气井产出水经计算均属 $CaCl_2$ 水型，说明研究气井存在一定程度的 $CaCO_3$ 结垢趋势。

1.4 研究气井腐蚀现状与分析

1.4.1 现场试验挂片腐蚀宏观形貌

1. 现场试验空白挂片腐蚀宏观形貌

某采气二厂对4口研究气井进行了空白样现场挂片作业，各挂入 N80、J55、20#、A3 4 种材质的标准试片(井下约 1700m 处)，通过取出的挂片可初步判断研究气井的腐蚀现状。4 口研究气井空白挂片腐蚀宏观形貌如图 1－3 ~ 图 1－6 所示。

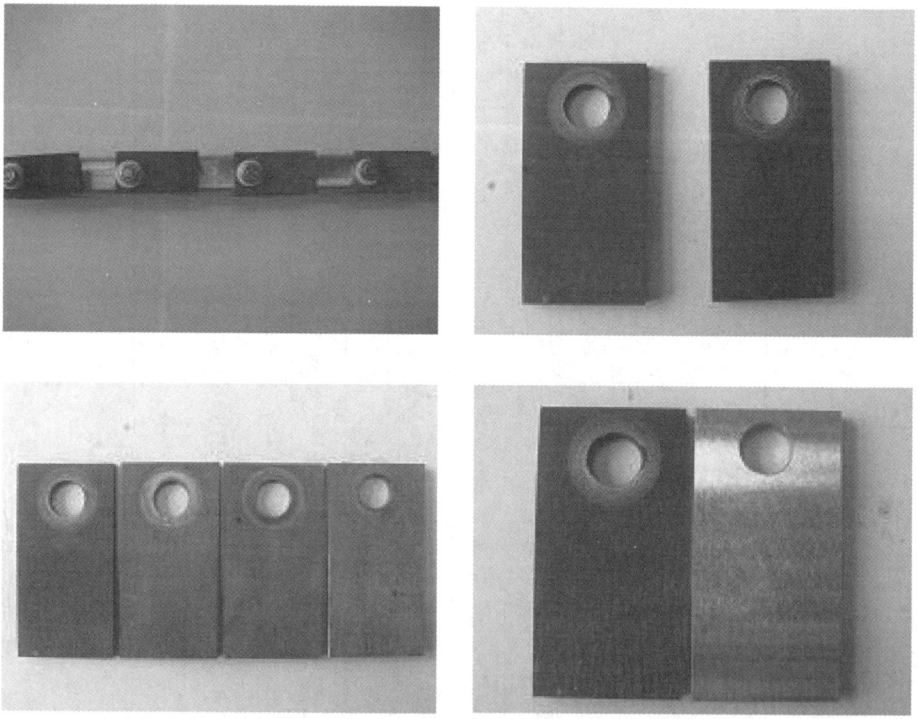

图 1－3　气井 44－10 井空白挂片腐蚀宏观形貌图

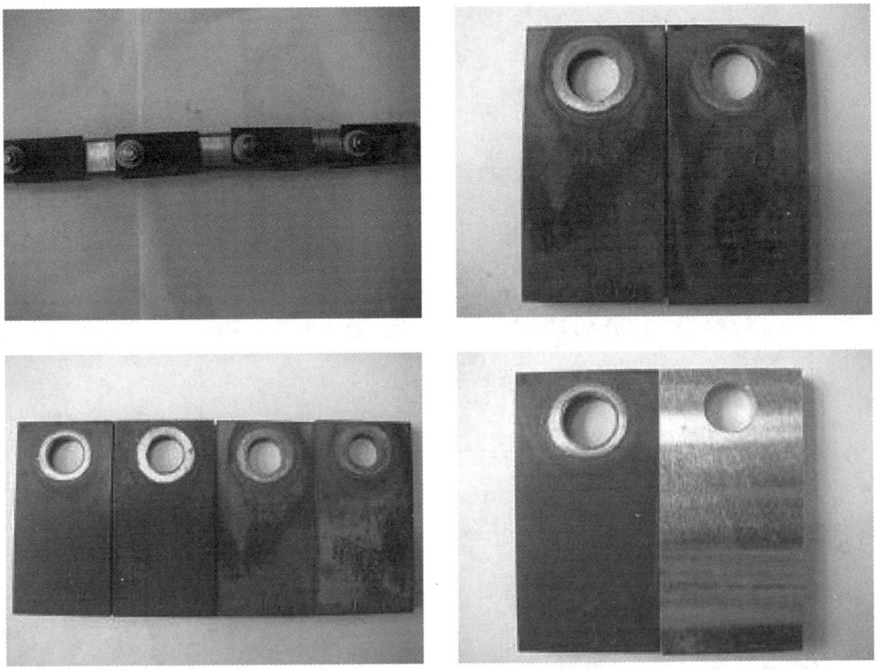

图 1 - 4　气井 46 - 4 井空白挂片腐蚀宏观形貌图

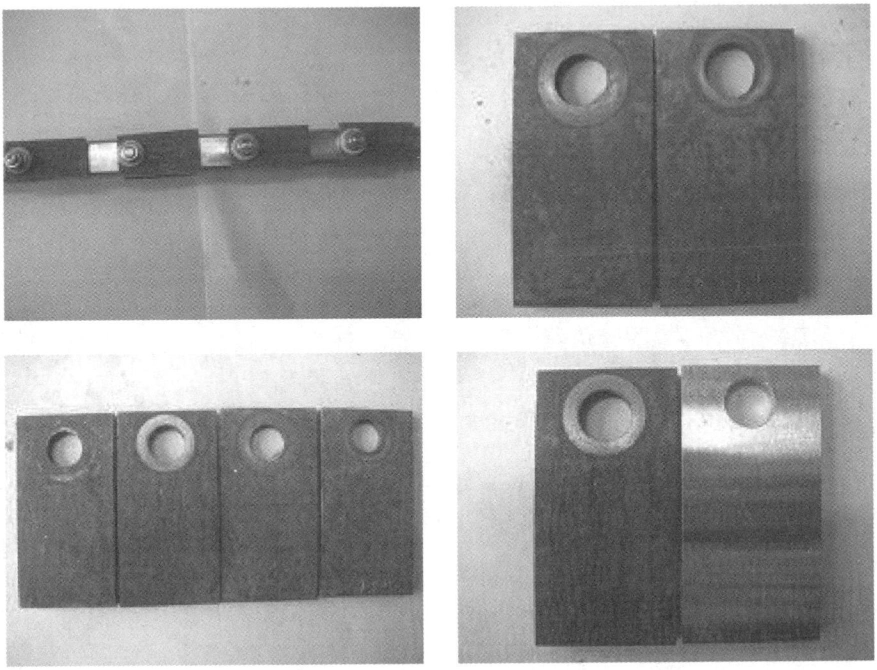

图 1 - 5　气井 16 - 18 井空白挂片腐蚀宏观形貌图

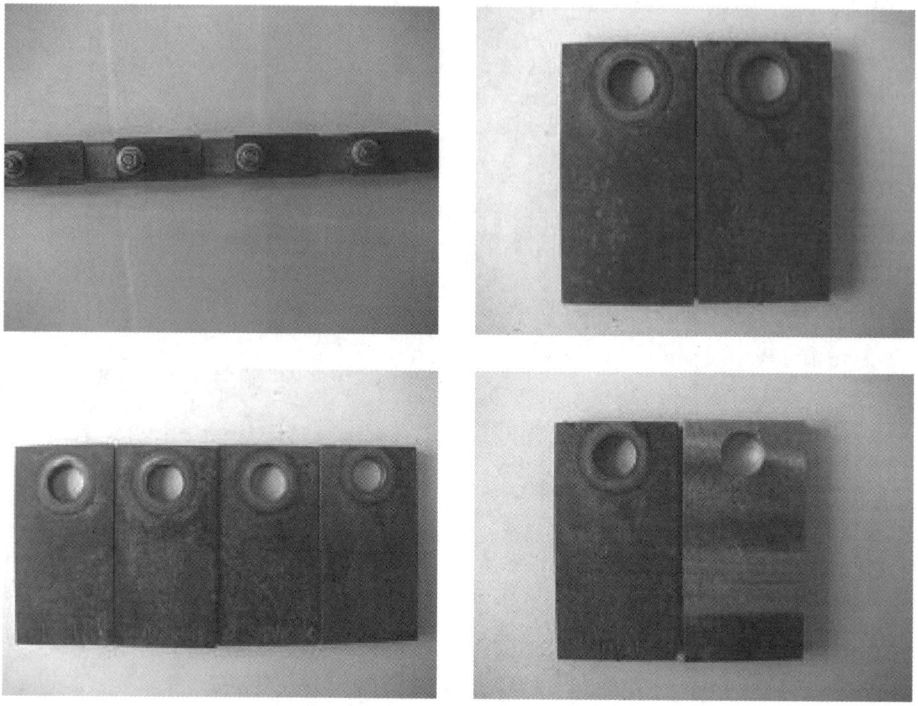

图 1-6　气井 22-23 井空白挂片腐蚀宏观形貌图

2. 现场试验加剂挂片腐蚀宏观形貌

某采气二厂在 4 口研究气井进行空白样现场挂片期间或起出挂片之后，对气井加注了 XK-05 或 ZD1-1 型缓释剂，并于起出空白挂片之后，立即进行了加剂样现场挂片作业，各挂入 N80、J55、20#、A3 4 种材质的标准试片(井下约 1700m 处)，挂片时间为 120d 左右。4 口研究气井加剂挂片腐蚀宏观形貌如图 1-7～图 1-10 所示。

图 1-7　气井 44-10 井加剂挂片腐蚀宏观形貌图

图 1－8 气井 46－4 井加剂挂片腐蚀宏观形貌图

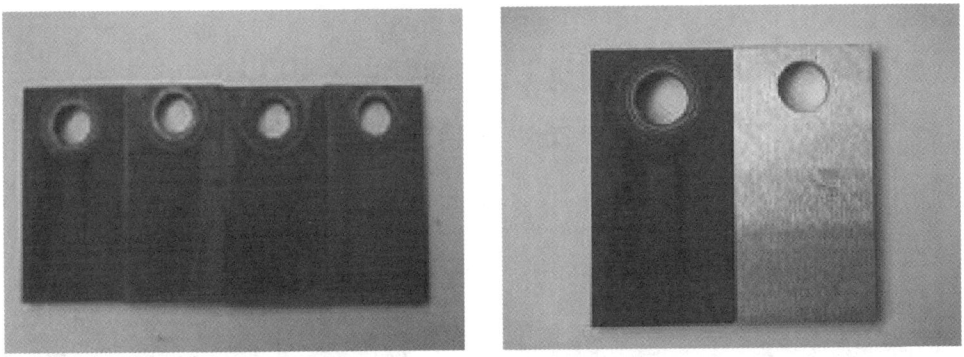

图 1－9 气井 16－18 井加剂挂片腐蚀宏观形貌图

图 1－10 气井 22－23 井加剂挂片腐蚀宏观形貌图

从图 1－3～图 1－10 可以清楚地看出，所有挂片外表面均有不同程度的腐蚀，锈痕比较严重，主要表现为均匀腐蚀，与原始挂片置于一起比较，反差比较明显，说明腐蚀切实存在，相对来说，陕北 2 区块腐蚀较陕北 1 区块腐蚀严重。

加入缓蚀剂后，挂片腐蚀有不同程度的减轻，表明缓蚀剂起到了应有作用。空白挂片和加剂挂片具体腐蚀情况有待数据分析后确定。同时，部分挂片表面残留较多油渍，根据前期研究结果，凝析油渍会隔绝腐蚀介质与挂片的直接接触，对挂片起到一定程度的保护作用。此外，空白挂片和加剂挂片表面有结垢产物层，说明目标气井也具有不同程度的结垢现象和趋势。

1.4.2 现场试验挂片腐蚀微观形貌

对4口研究气井所有材质空白样腐蚀挂片、加剂样腐蚀挂片和原始挂片均采用日本产JSM－5800型电子扫描显微镜进行了微观形貌检测(SEM)，并利用X射线能量色散谱分析仪对挂片表相和体相分别进行了成分测定(EDX)，结果分别如图1－11～图1－43和表1－7～表1－15所示。

1. 气井44－10井空白腐蚀挂片SEM图和EDX图

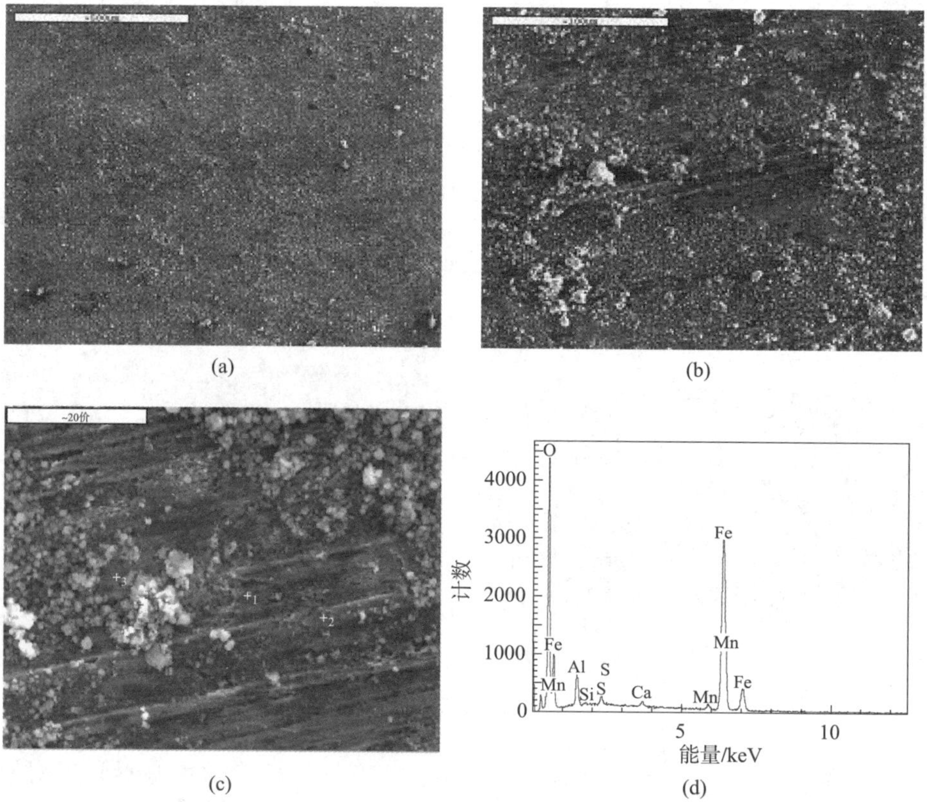

图1－11 气井44－10井空白腐蚀挂片(J55)SEM和EDX图谱

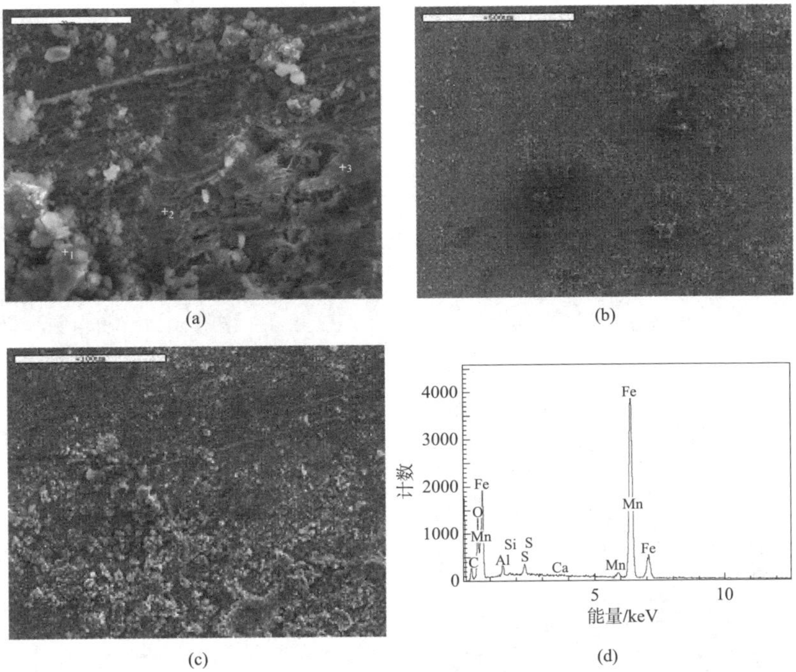

图 1－12　气井 44－10 井空白腐蚀挂片(N80)SEM 和 EDX 图谱

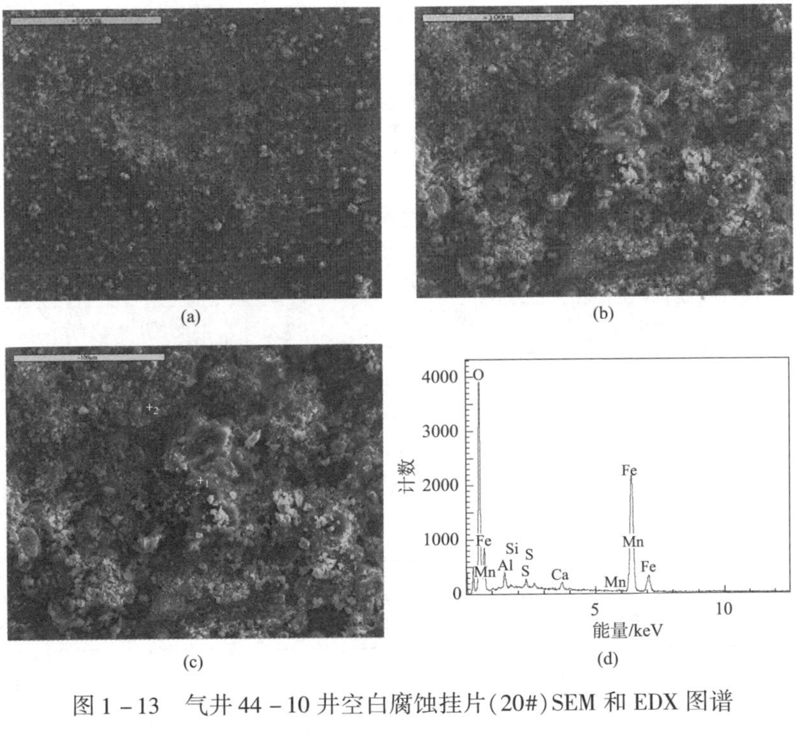

图 1－13　气井 44－10 井空白腐蚀挂片(20#)SEM 和 EDX 图谱

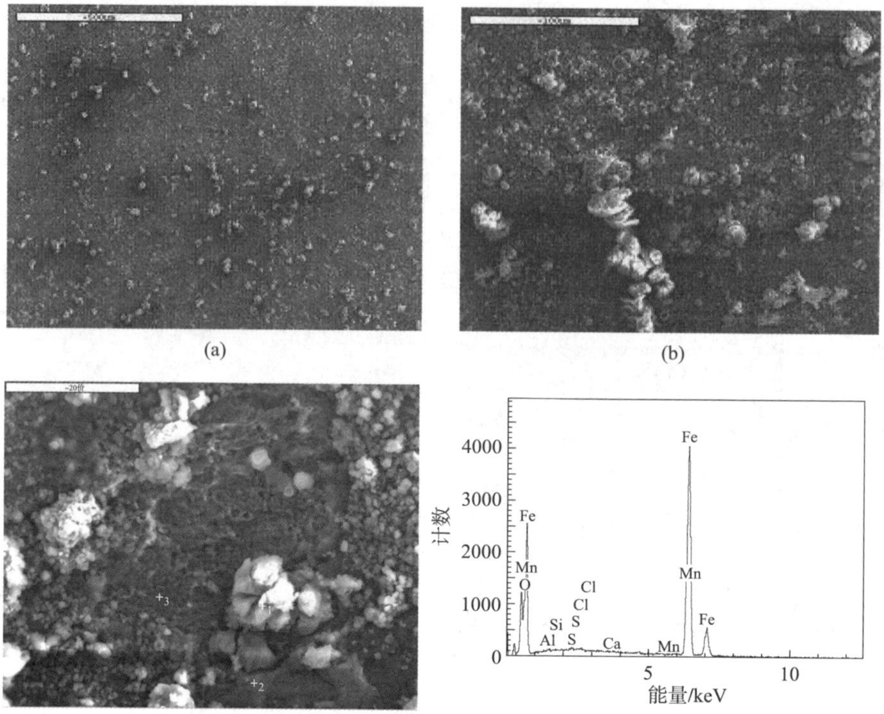

(a) (b) (c) (d)

图 1-14 气井 44-10 井空白腐蚀挂片(A3)SEM 和 EDX 图谱

表 1-7 气井 44-10 井空白腐蚀挂片 EDX 图谱解析 %(质量)

元素	J55		N80		20#		A3	
	元素含量	原子含量	元素含量	原子含量	元素含量	原子含量	元素含量	原子含量
C	11.08	22.66	12.95	33.98	16.98	30.71	10.34	29.75
O	32.07	49.25	10.18	20.06	36.17	49.09	9.34	20.18
Al	5.31	4.84	2.64	3.08	3.17	2.55	0.28*	0.36*
Si	0.12	0.11	0.15	0.17	0.15	0.12	0.08*	0.10*
S	1.17	0.89	2.07	2.04	1.30	0.88	0.31	0.34
Ca	0.76	0.47	0.12*	0.09*	1.55	0.84	0.05*	0.05*
Mn	1.03	0.46	1.25	0.72	0.12*	0.05*	0.15*	0.10*
Fe	48.46	21.32	70.64	39.87	40.57	15.77	79.44	49.14
合计	100.00	100.00	100.00	100.00	100.00	100.00	100.00	100.00

2. 气井 46－4 井空白腐蚀挂片 SEM 图和 EDX 图

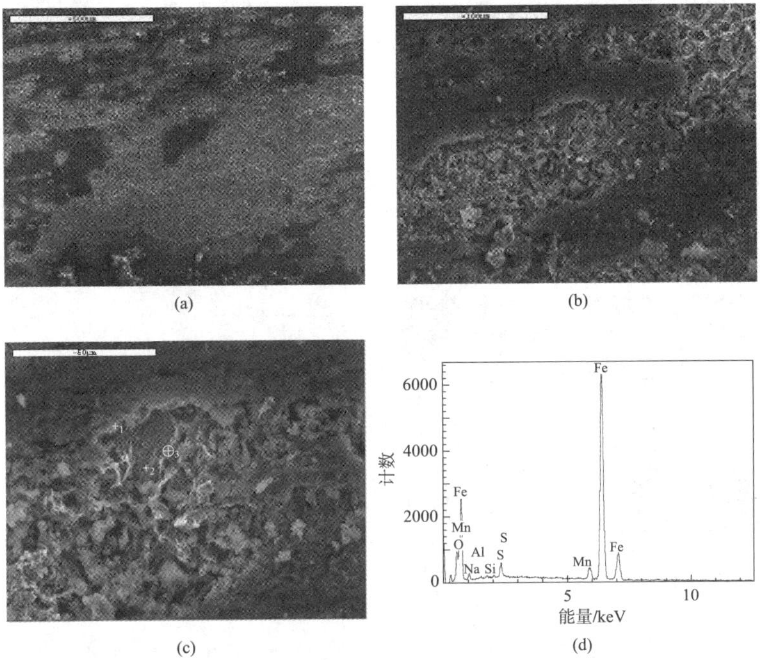

图 1－15　气井 46－4 井空白腐蚀挂片(J55)SEM 和 EDX 图谱

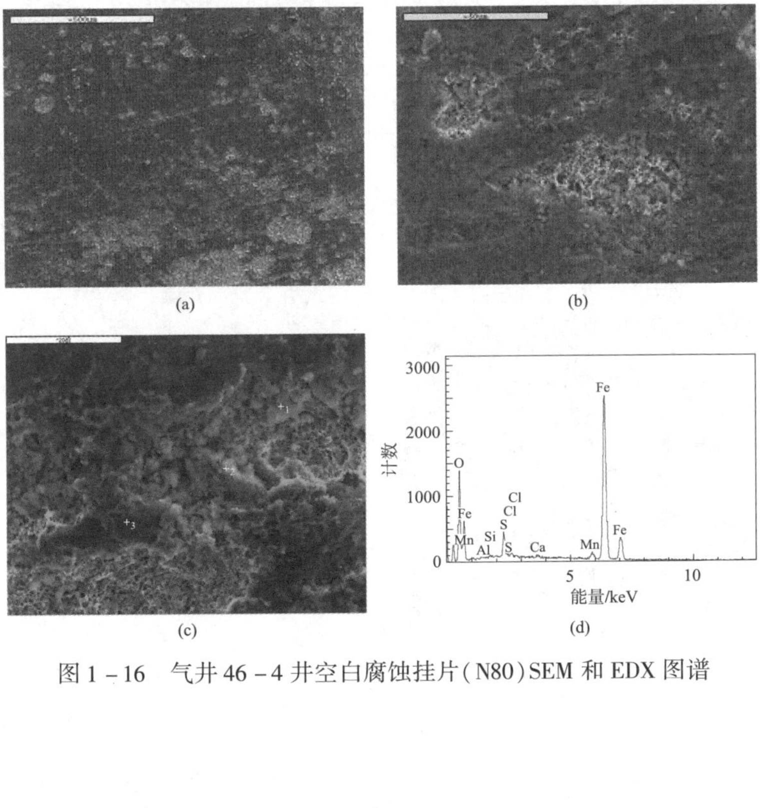

图 1－16　气井 46－4 井空白腐蚀挂片(N80)SEM 和 EDX 图谱

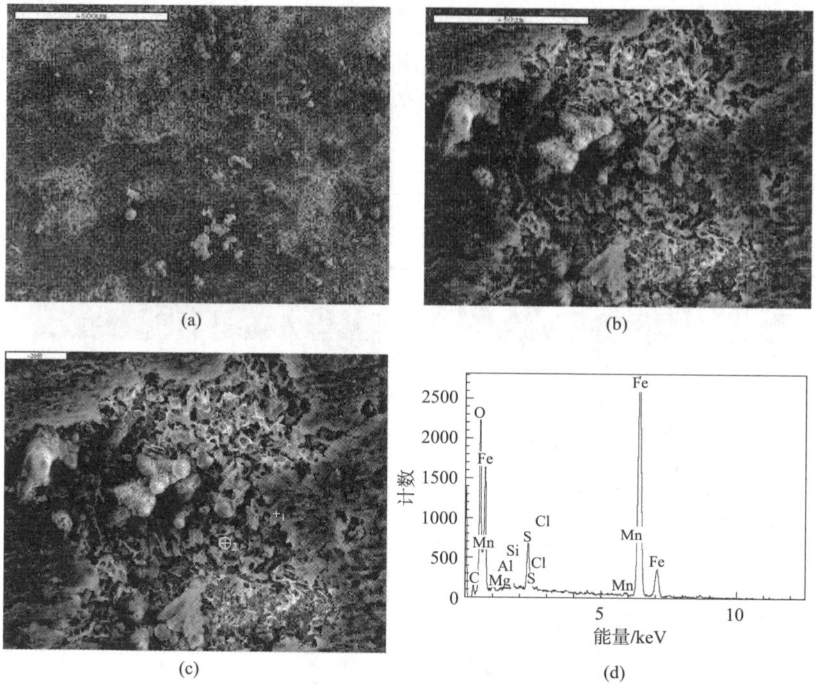

图 1－17　气井 46－4 井空白腐蚀挂片(20#)SEM 和 EDX 图谱

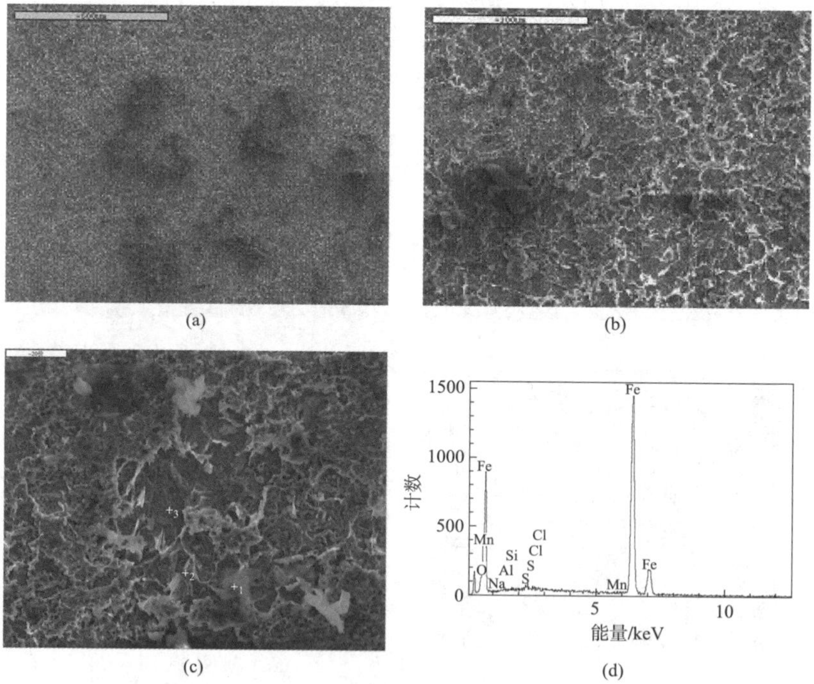

图 1－18　气井 46－4 井空白腐蚀挂片(A3)SEM 和 EDX 图谱

表 1-8 气井 46-4 井空白腐蚀挂片 EDX 图谱解析 %(质量)

元素	J55		N80		20#		A3	
	元素含量	原子含量	元素含量	原子含量	元素含量	原子含量	元素含量	原子含量
C	6.84	22.34	16.09	36.47	9.32	22.00	20.06	52.72
O	4.20	10.30	16.96	28.85	22.17	39.29	1.06	2.10
Na	2.93	4.99					0.27*	0.37*
Al	0.35	0.51	0.08*	0.08*	1.75	1.84	0.16*	0.18*
Si	0.20	0.27	0.14	0.14	0.45	0.46	0.10*	0.12*
S	2.96	3.62	4.34	3.69	6.39	5.65	0.39	0.38
Mn	3.46	2.47	1.54	0.76	0.55	0.29	0.16*	0.09*
Fe	79.06	55.50	59.43	28.97	58.72	29.81	77.59	43.85
Cl			0.82	0.63	0.25*	0.20*	0.21*	0.19*
Ca			0.61	0.42				
Mg					0.40*	0.47*		
合计	100.00	100.00	100.00	100.00	100.00	100.00	100.00	100.00

3. 气井 16-18 井空白腐蚀挂片 SEM 图和 EDX 图

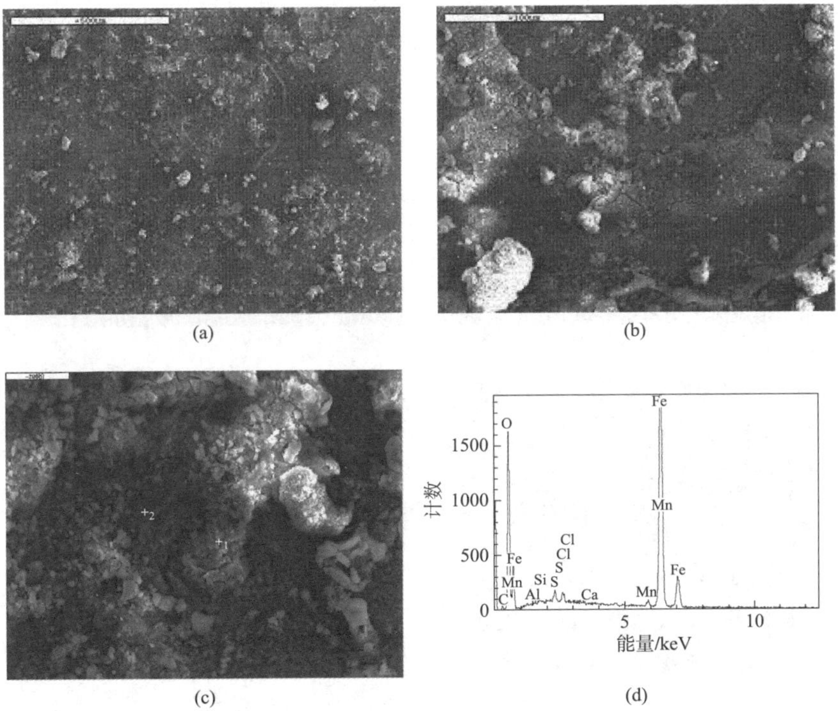

图 1-19 气井 16-18 井空白腐蚀挂片(J55)SEM 和 EDX 图谱

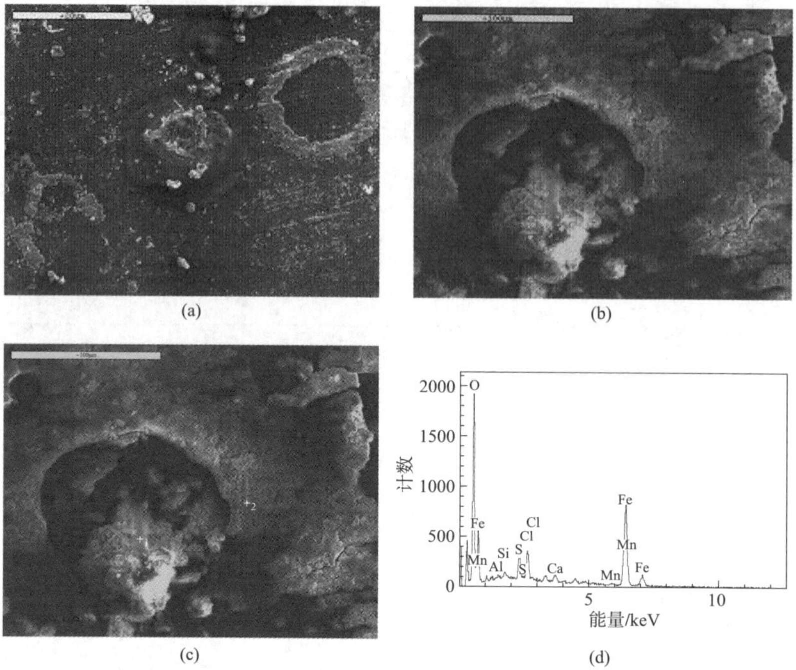

图 1－20　气井 16－18 井空白腐蚀挂片(N80)SEM 和 EDX 图谱

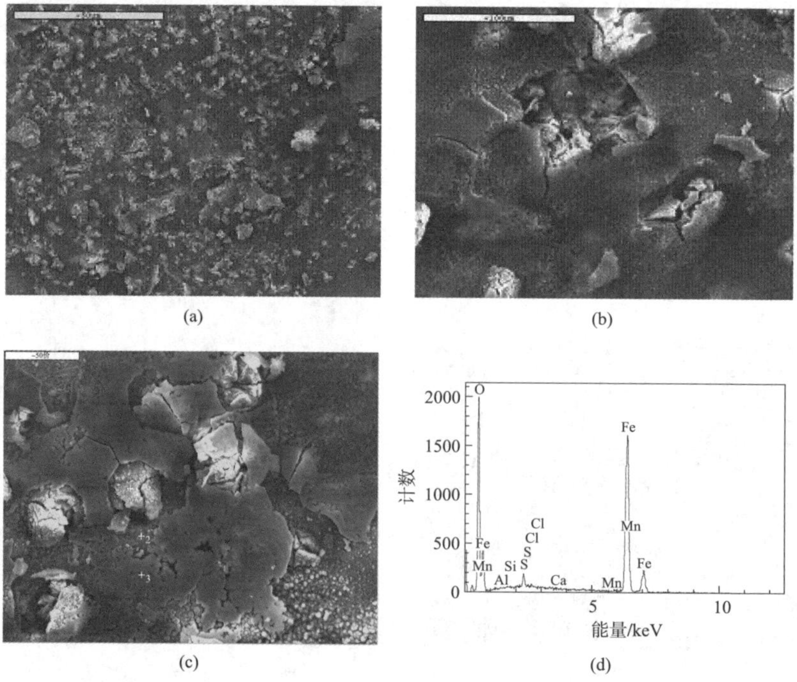

图 1－21　气井 16－18 井空白腐蚀挂片(20#)SEM 和 EDX 图谱

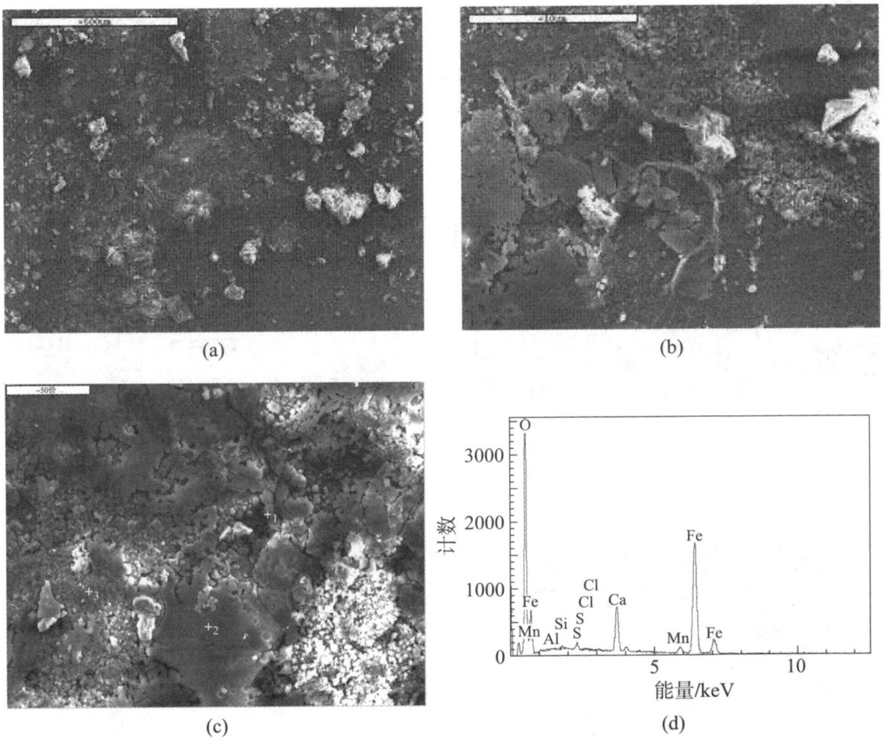

图 1－22 气井 16－18 井空白腐蚀挂片(A3)SEM 和 EDX 图谱

表 1－9 气井 16－18 井空白腐蚀挂片 EDX 图谱解析 %(质量)

元素	J55		N80		20#		A3	
	元素含量	原子含量	元素含量	原子含量	元素含量	原子含量	元素含量	原子含量
C	4.06	10.95	27.76	42.23	8.09	17.88	8.51	16.01
O	22.13	44.76	39.50	45.11	31.76	52.69	44.74	63.18
Al	0.17*	0.20*	0.43	0.29	－0.07*	－0.06*	0.15*	0.12*
Si	0.12	0.14	0.29	0.19	0.02*	0.02*	0.01*	0.01*
S	1.81	1.82	3.07	1.75	2.24	1.86	1.00	0.70
Cl	1.58	1.44	4.21	2.17	0.34	0.25	0.12*	0.08*
Ca	0.10*	0.08*	1.33	0.61	－0.08*	－0.05*	9.44	5.32
Mn	1.16	0.68	0.36	0.12	0.22	0.11	1.38	0.57
Fe	68.88	39.92	23.06	7.54	57.46	27.31	34.65	14.01
合计	100.00	100.00	100.00	100.00	100.00	100.00	100.00	100.00

4. 气井 22－23 井空白腐蚀挂片 SEM 图和 EDX 图

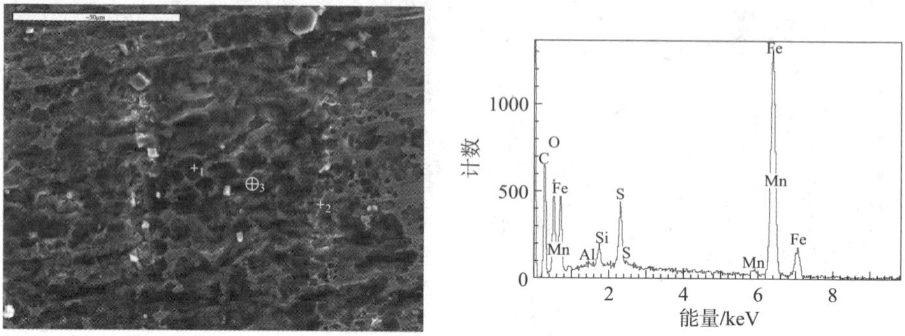

图 1－23　气井 22－23 井空白腐蚀挂片(J55)SEM 和 EDX 图谱

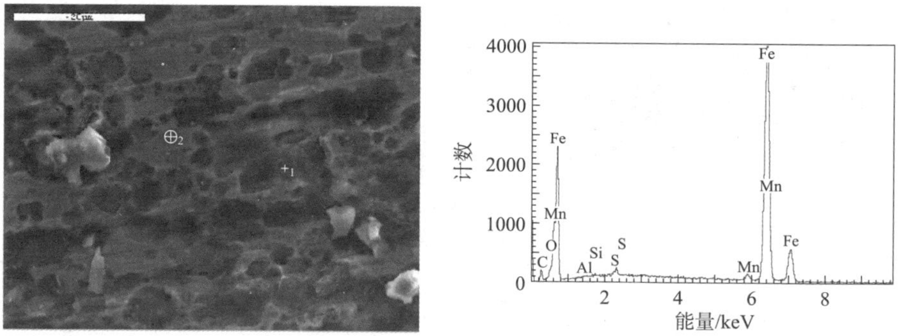

图 1－24　气井 22－23 井空白腐蚀挂片(N80)SEM 和 EDX 图谱

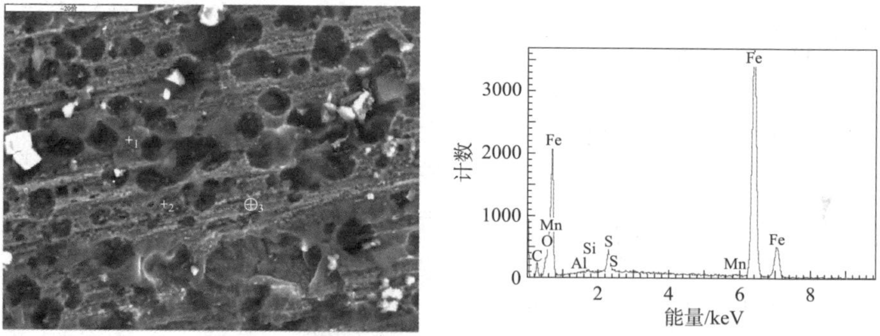

图 1－25　气井 22－23 井空白腐蚀挂片(20#)SEM 和 EDX 图谱

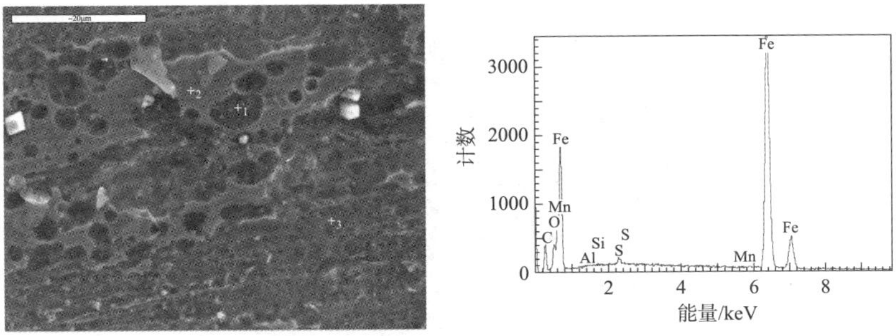

图 1－26 气井 22－23 井空白腐蚀挂片(A3)SEM 和 EDX 图谱

表 1－10 气井 22－23 井空白腐蚀挂片 EDX 图谱解析 %(质量)

元素	J55		N80		20#		A3	
	元素含量	原子含量	元素含量	原子含量	元素含量	原子含量	元素含量	原子含量
C	40.49	65.68	9.65	32.72	14.27	41.65	19.53	50.31
O	13.64	16.61	0.27*	0.70*	1.68	3.69	3.26	6.31
Al	0.20*	0.14*	0.19*	0.29*	0.03*	0.04*	0.19*	0.22*
Si	0.70	0.49	0.11*	0.15*	0.14	0.18	0.07*	0.08*
S	5.21	3.17	1.24	1.58	3.78	4.14	1.07	1.03
Cl	0.11*	0.06*						
Ca	0.12*	0.06*						
Mn	0.72	0.25	1.38	1.02	0.31	0.20	0.21*	0.12*
Fe	38.81	13.54	87.16	63.54	79.78	50.10	75.67	41.93
合计	100.00	100.00	100.00	100.00	100.00	100.00	100.00	100.00

5. 气井 44－10 井加剂腐蚀挂片 SEM 图

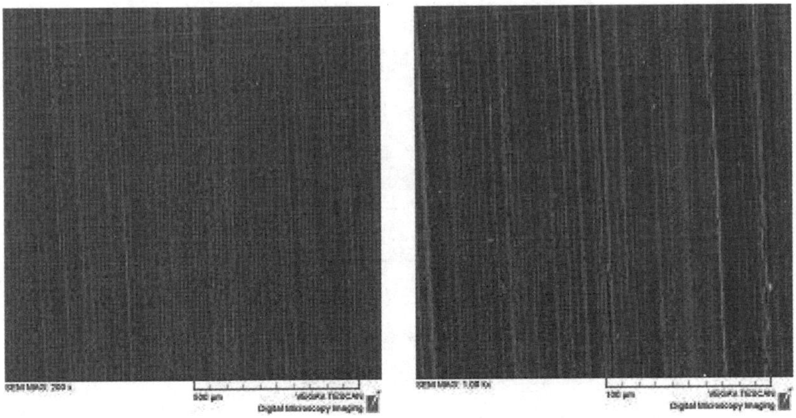

图 1－27 气井 44－10 井加剂腐蚀挂片(J55)SEM 图

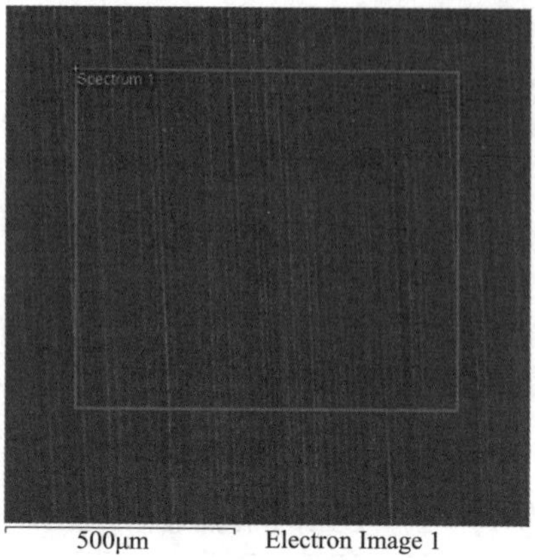

图 1－27　气井 44－10 井加剂腐蚀挂片（J55）SEM 图（续）

图 1－28　气井 44－10 井加剂腐蚀挂片（N80）SEM 图

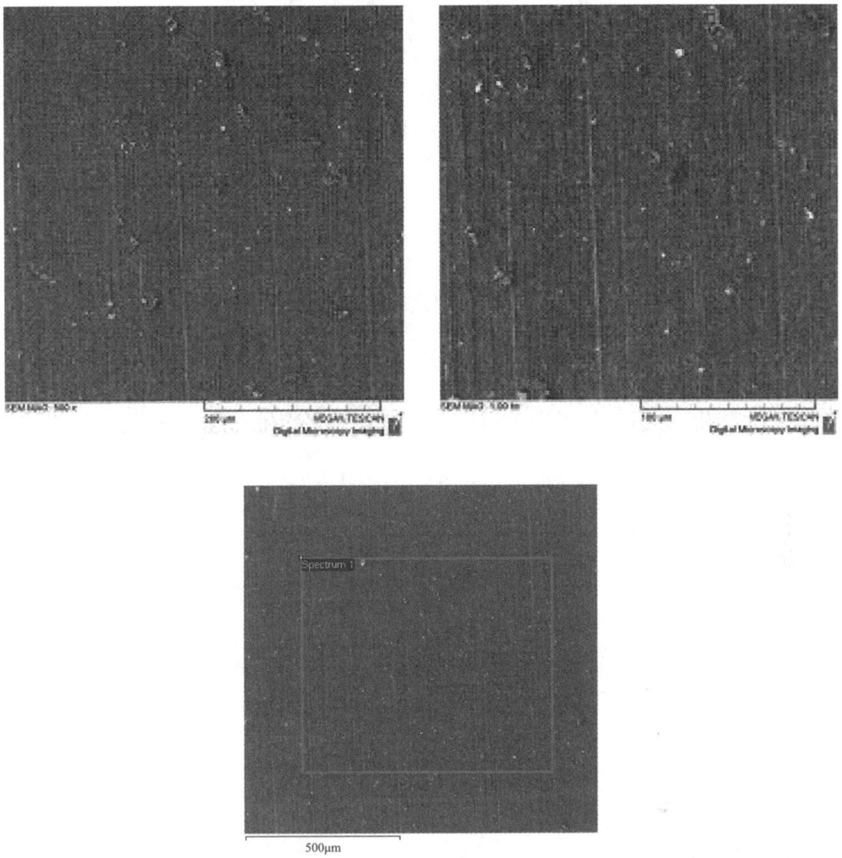

图 1－29 气井 44－10 井加剂腐蚀挂片(20#)SEM 图

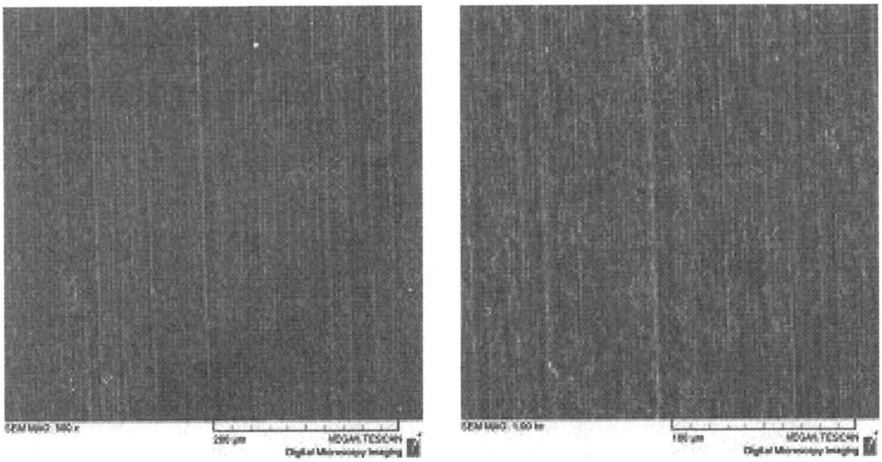

图 1－30 气井 44－10 井加剂腐蚀挂片(A3)SEM 图

图1-30　气井44-10井加剂腐蚀挂片(A3)SEM图(续)

表1-11　气井44-10井加剂腐蚀挂片EDX图谱解析　　%(质量)

元素	J55		N80		20#		A3	
	元素含量	原子含量	元素含量	原子含量	元素含量	原子含量	元素含量	原子含量
C	10.07	29.03	6.28	22.02	5.91	20.52	7.79	26.20
O	9.36	20.27	3.81	10.02	4.86	12.66	3.81	9.63
Al	0.32	0.41						
S	1.08	1.17	0.33	0.44	0.42	0.54	0.34	0.43
Mn	1.88	1.18			0.66	0.50	0.51	0.37
Fe	77.30	47.95	89.58	67.52	88.15	65.78	87.55	63.36
合计	100.00	100.00	100.00	100.00	100.00	100.00	100.00	100.00

6. 气井46-4井加剂腐蚀挂片SEM图

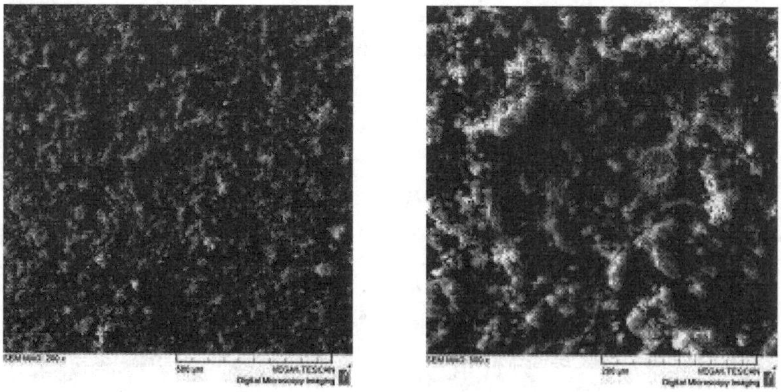

图1-31　气井46-4井加剂腐蚀挂片(J55)SEM图

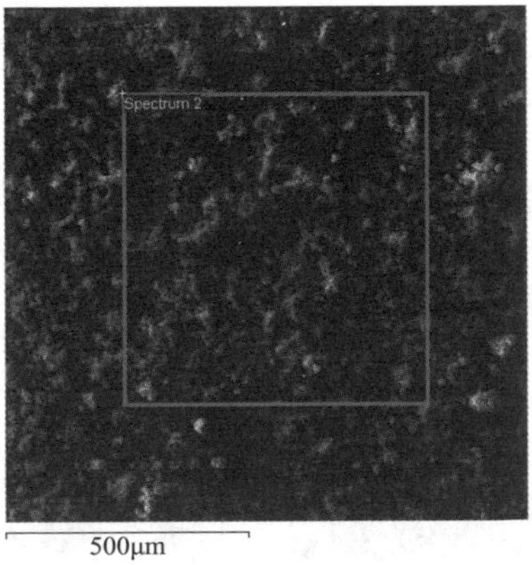

图 1－31　气井 46－4 井加剂腐蚀挂片(J55)SEM 图(续)

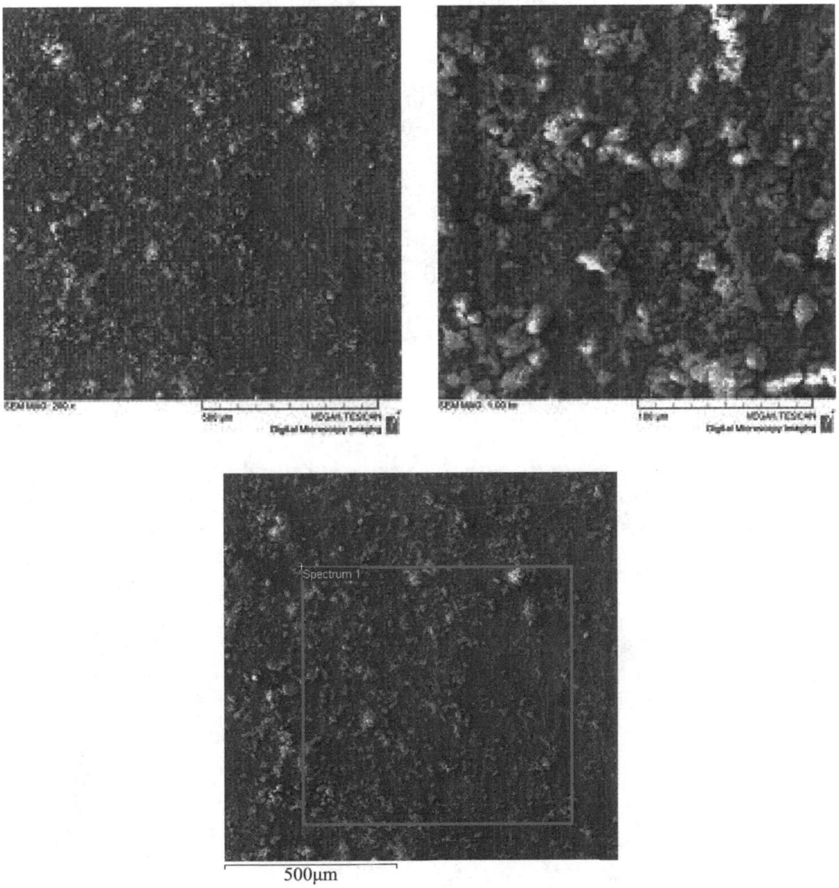

图 1－32　气井 46－4 井加剂腐蚀挂片(N80)SEM 图

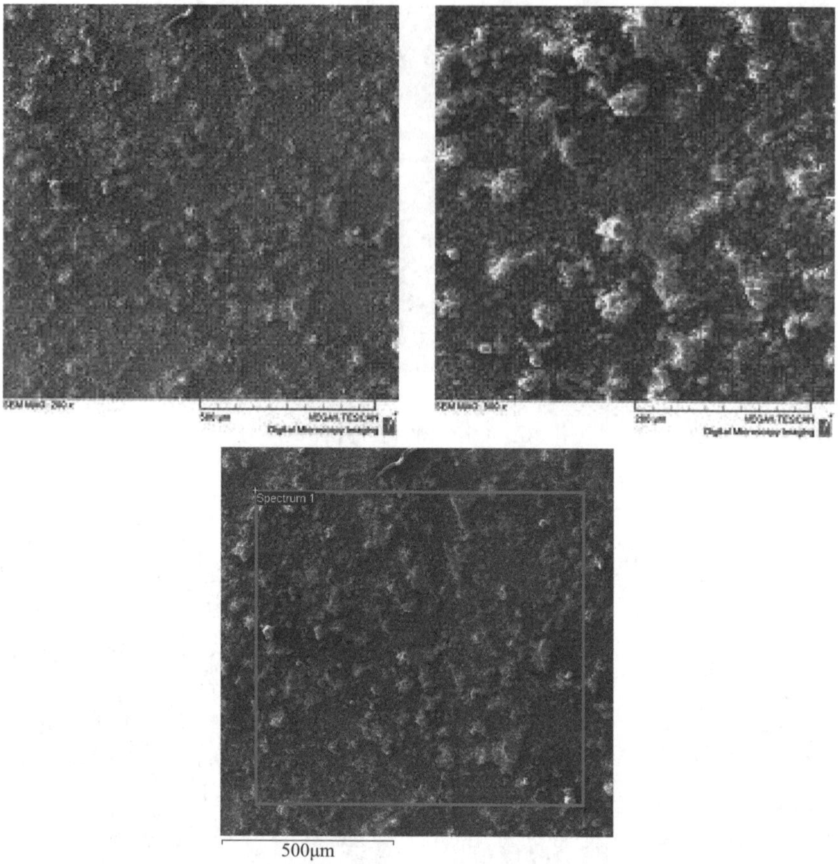

图 1 - 33　气井 46 - 4 井加剂腐蚀挂片(20#)SEM 图

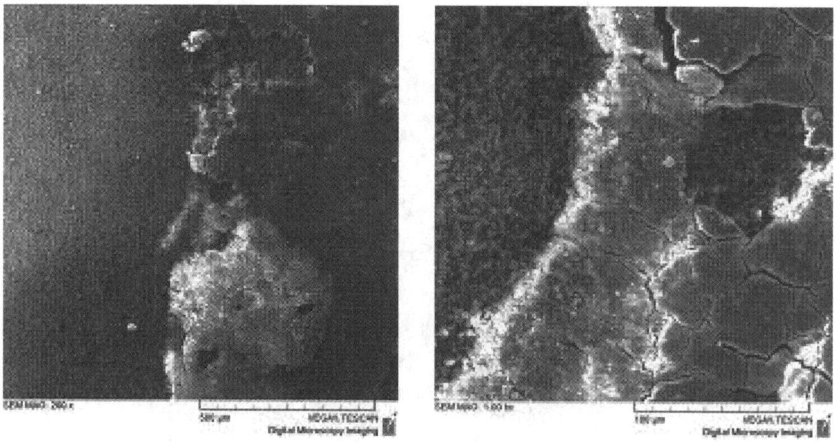

图 1 - 34　气井 46 - 4 井加剂腐蚀挂片(A3)SEM 图

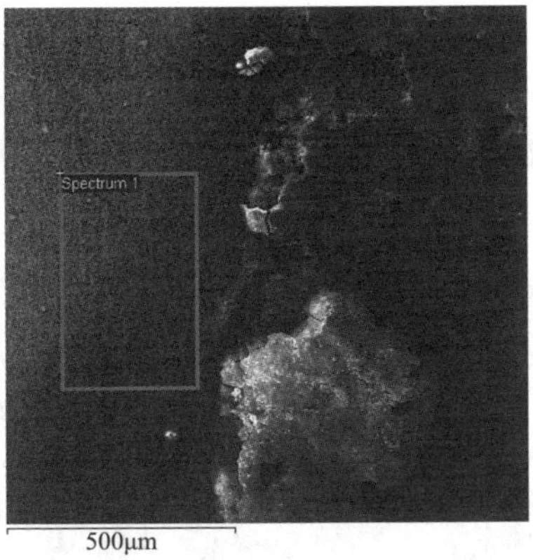

图 1－34　气井 46－4 井加剂腐蚀挂片(A3)SEM 图(续)

表 1－12　气井 46－4 井加剂腐蚀挂片 EDX 图谱解析　　%(质量)

元素	J55		N80		20#		A3	
	元素含量	原子含量	元素含量	原子含量	元素含量	原子含量	元素含量	原子含量
C	7.26	16.34	14.92	32.15	7.90	17.51	8.18	21.37
O	31.98	54.05	24.00	38.83	32.25	53.64	17.16	33.67
Na							2.83	3.87
Mg							0.49	0.64
S			1.01	0.81				
Cl	0.66	0.50	0.75	0.55	0.85	0.64	0.31	0.27
Ca			0.69	0.44	0.52	0.35	1.17	0.91
Mn			2.97	1.40				
Fe	60.11	29.10	55.67	25.81	58.48	27.87	69.86	39.27
合计	100.00	100.00	100.00	100.00	100.00	100.00	100.00	100.00

7. 气井 16－18 井加剂腐蚀挂片 SEM 图和 EDX 图

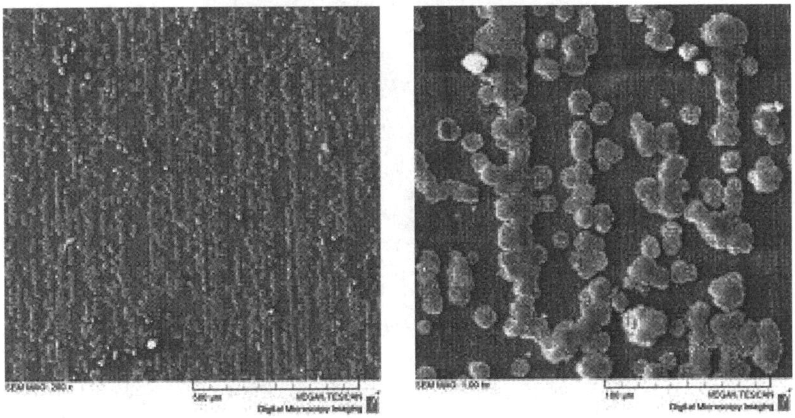

图 1－35　气井 16－18 井加剂腐蚀挂片(J55)SEM 图

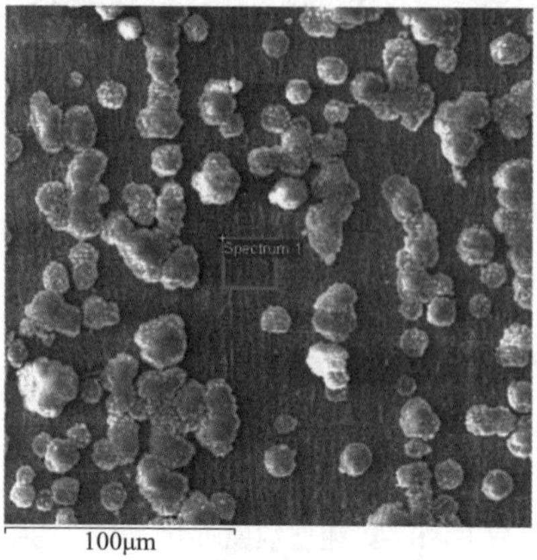

图 1－35　气井 16－18 井加剂腐蚀挂片(J55)SEM 图(续)

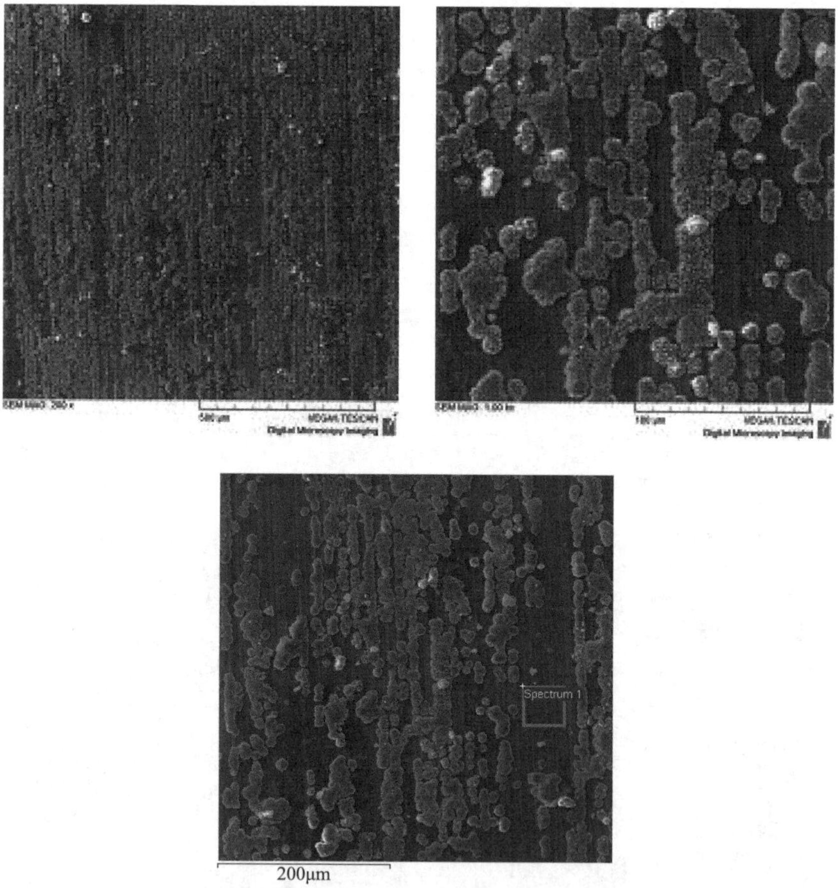

图 1－36　气井 16－18 井加剂腐蚀挂片(N80)SEM 图

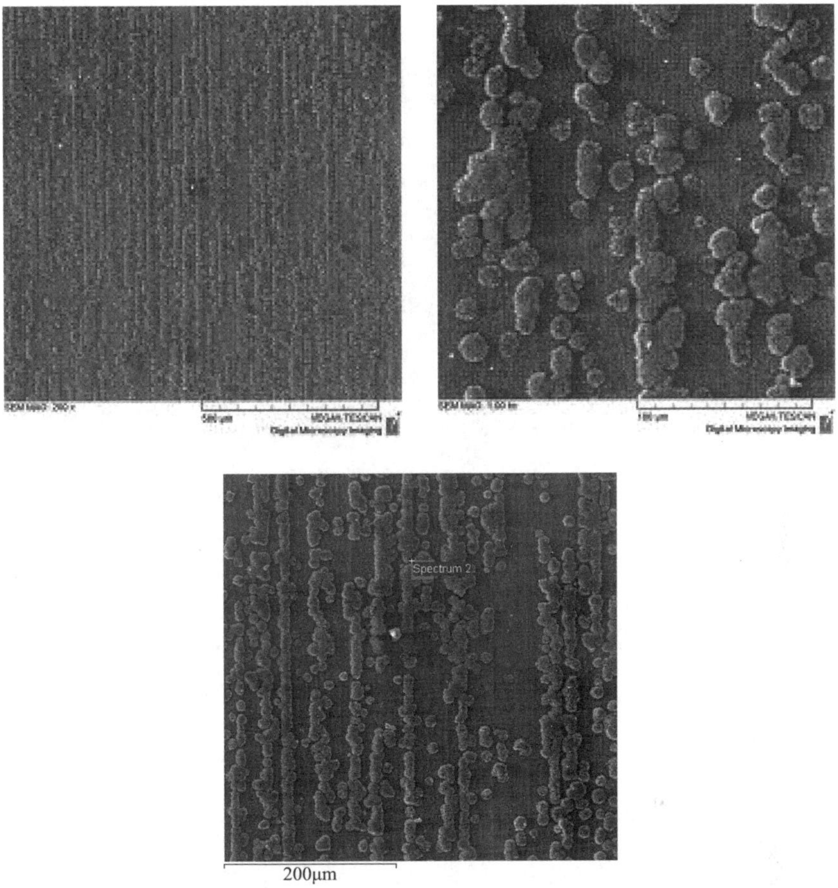

图 1-37 气井 16-18 井加剂腐蚀挂片(20#)SEM 图

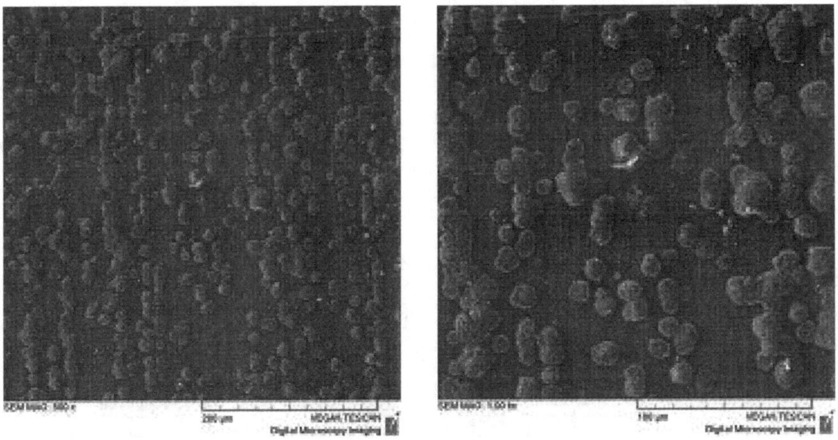

图 1-38 气井 16-18 井加剂腐蚀挂片(A3)SEM 图

图 1－38　气井 16－18 井加剂腐蚀挂片(A3)SEM 图(续)

表 1－13　气井 16－18 井加剂腐蚀挂片 EDX 图谱解析　　%(质量)

元素	J55		N80		20#		A3	
	元素含量	原子含量	元素含量	原子含量	元素含量	原子含量	元素含量	原子含量
C	18.76	46.26	20.42	47.33	14.87	26.62	18.50	41.37
O	7.72	14.28	9.64	16.77	41.36	55.60	15.37	25.79
S	1.20	1.11	2.79	2.42	0.30	0.20	2.72	2.28
Cl							0.26	0.20
Ca					5.53	2.97		
Mn	0.37	0.20	1.41	0.72	1.09	0.42	0.37	0.18
Fe	71.95	38.15	65.73	32.76	36.86	14.19	62.77	30.18
合计	100.00	100.00	100.00	100.00	100.00	100.00	100.00	100.00

8. 气井 22－23 井加剂腐蚀挂片 SEM 图

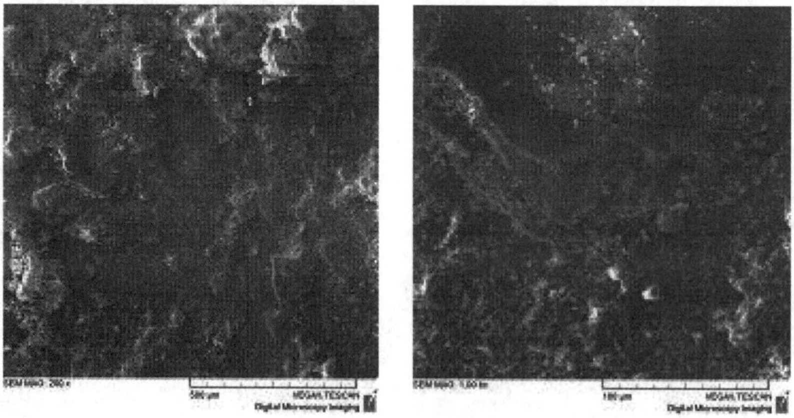

图 1－39　气井 22－23 井加剂腐蚀挂片(J55)SEM 图

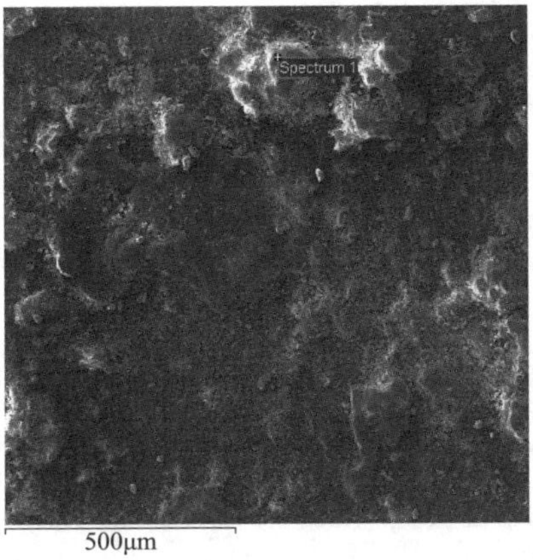

图 1－39　气井 22－23 井加剂腐蚀挂片(J55)SEM 图(续)

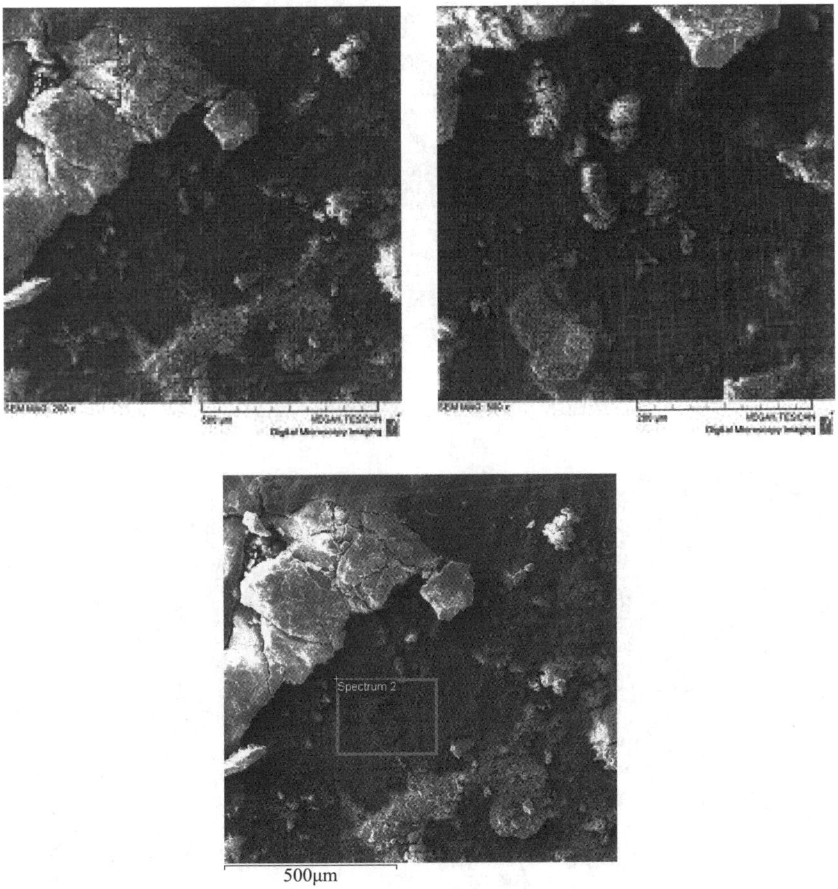

图 1－40　气井 22－23 井加剂腐蚀挂片(N80)SEM 图

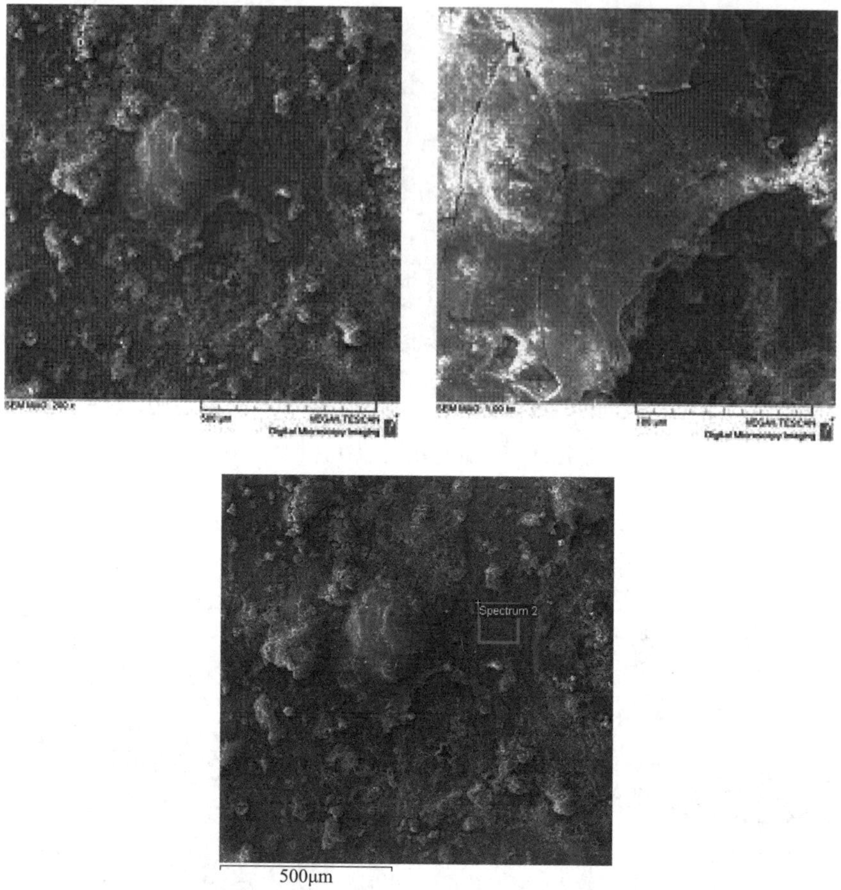

图 1－41　气井 22－23 井加剂腐蚀挂片(20#)SEM 图

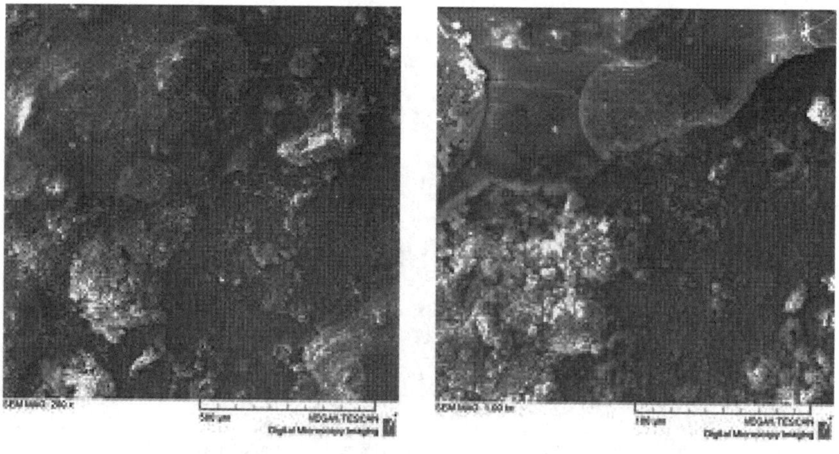

图 1－42　气井 22－23 井加剂腐蚀挂片(A3)SEM 图

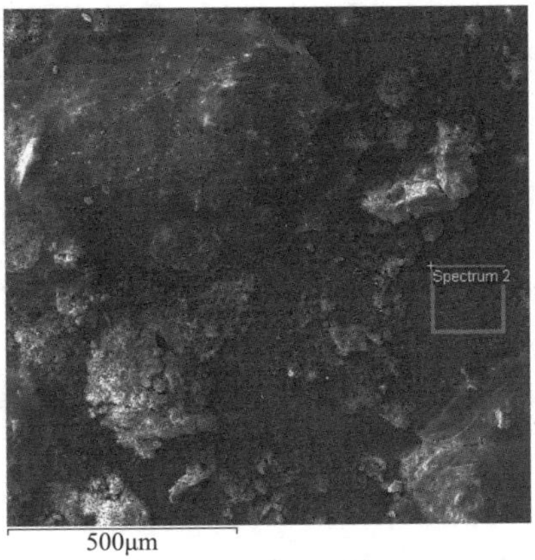

图 1－42 气井 22－23 井加剂腐蚀挂片(A3)SEM 图(续)

表 1－14 气井 22－23 井加剂腐蚀挂片 EDX 图谱解析 %(质量)

元素	J55		N80		20#		A3	
	元素含量	原子含量	元素含量	原子含量	元素含量	原子含量	元素含量	原子含量
C	11.39	21.24	7.82	17.32	11.82	28.32	11.54	28.31
O	42.44	59.41	32.00	53.21	19.68	35.40	17.51	32.23
Al	0.90	0.75	0.91	0.89	1.06	1.14	2.49	2.72
Si	0.29	0.23	0.28	0.26	0.48	0.49	0.83	0.88
S	0.49	0.34	0.58	0.48	0.39	0.35	0.51	0.47
Ca	1.16	0.65						
Mn	0.60	0.24	1.60	0.77	0.53	0.28	0.60	0.32
Fe	42.74	17.14	56.81	27.06	66.03	34.02	66.51	35.08
合计	100.00	100.00	100.00	100.00	100.00	100.00	100.00	100.00

9. 原始试片 SEM 图

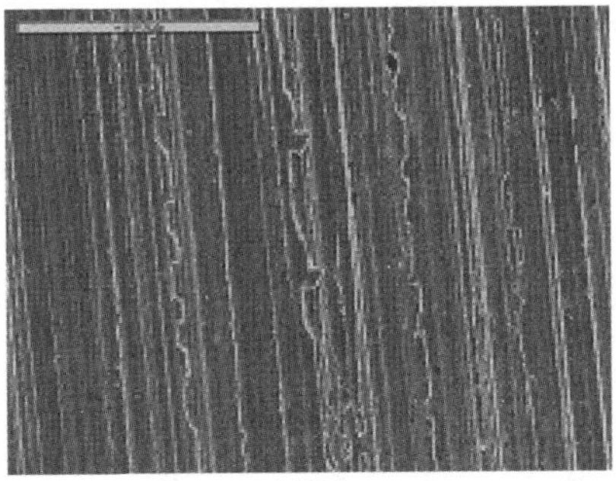

(a)J55

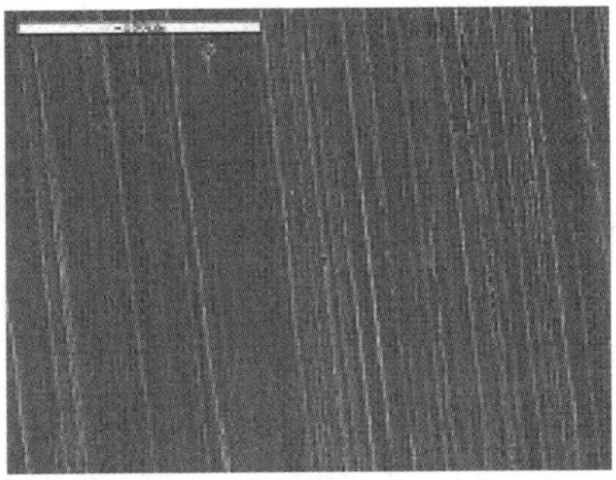

(b)N80

图 1－43 原始试片 SEM 图

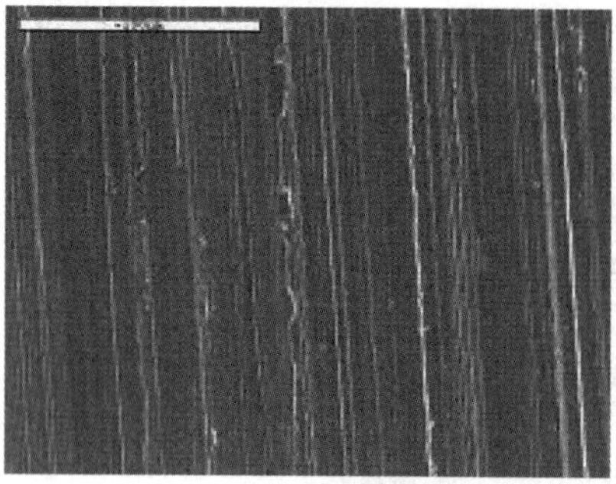

(c)20#

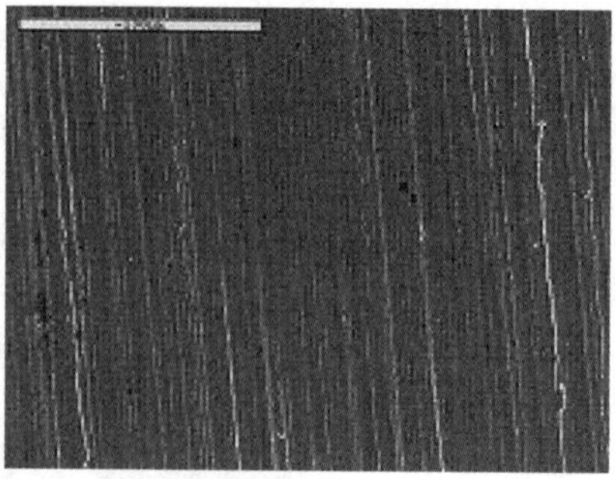

(d)A3

图 1－43　原始试片 SEM 图(续)

表 1－15　原始试片 EDX 图谱解析　　%(质量)

元素	J55		N80		20#		A3	
	元素含量	原子含量	元素含量	原子含量	元素含量	原子含量	元素含量	原子含量
Si			0.24	0.47				
Mn			3.59	3.64	1.28	1.31	1.10	1.12
Ni			1.09	1.04			0.92	0.88
Fe	100.00	100.00	95.08	94.86	98.72	98.69	97.98	98.01
合计	100.00	100.00	100.00	100.00	100.00	100.00	100.00	100.00

由图 1－11～图 1－43 空白腐蚀挂片、加剂腐蚀挂片并对比原始试片 SEM 图可得出以下结论。

(1)挂片表面有均匀腐蚀或坑蚀痕迹，榆气田气井腐蚀主要表现为均匀腐蚀，洲气田气井腐蚀主要表现为坑蚀。挂片表面均附着了一定量的腐蚀产物，说明气井被不同程度腐蚀。

(2)陕北 1 区块气井腐蚀情况稍轻，挂片表面坑点不多，主要表现为均匀腐蚀，相对来说，气井 46－4 井腐蚀情况较气井 44－10 井的严重。

(3)陕北 2 区块气井腐蚀情况较为严重，挂片表面坑点较多，相对来说，气井 16－18 井腐蚀情况较气井 22－23 井的严重。

(4)4 种不同材质挂片在不同气井腐蚀情况中表现不一，相对来说，J55 挂片腐蚀最严重，N80 挂片腐蚀较轻微，而 20#挂片和 A3 挂片介于两者之间。

(5)加剂挂片表面腐蚀痕迹较空白挂片轻微，尤其是气井 44－10 井，表面比较平整，说明加注缓蚀剂对挂片起到了较好的保护作用。

(6)加剂挂片腐蚀情况与空白挂片腐蚀情况相似，陕北1区块气井腐蚀情况稍轻，子米区块气井腐蚀情况较严重。

(7)空白挂片和加剂挂片表面均附着了一定量的结垢产物，说明气井具有结垢现象和趋势。

在扫描图中选取腐蚀严重部位的特征点进行能谱分析(EDX)，通过对表1－7～表1－15生成的数据进行分析可得出以下结论。

(1)挂片表相和体相存在C、O、Fe 3种主要元素，也存在S、Ca、Mg、Si、Ni、Mn、Al、Cl、Na等其他元素。

(2)挂片含不同含量Fe，部分挂片含少量金属Mn、Ni和Si，说明挂片材质不同，导致挂片防腐能力也不同，添加少量金属Mn、Ni和Si可以起到一定程度的防腐作用。

(3)金属元素部分来自挂片本身，而其他部分则来自腐蚀产物，如Fe元素，其可能存在的形式为$FeCO_3$、Fe_3C、Fe_2O_3、Fe_3O_4、$Fe(OH)_3$、$FeO(OH)$、$FeSO_4$和FeS，有待采用XRD进一步验证。

(4)S元素来自采出气的H_2S，绝大多数挂片腐蚀产物S含量很少，说明气井同时受到轻微的H_2S腐蚀，其腐蚀产物可能的形式为$FeSO_4$和FeS，有待采用XRD进一步验证。

(5)O元素应主要来自$FeCO_3$、Fe_2O_3、Fe_3O_4、$Fe(OH)_3$、$FeO(OH)$、$FeSO_4$等腐蚀产物，但部分挂片O元素含量较高，不排除挂片取出后暴露在空气中被不同程度氧化的可能性。

(6)Ca、Mg等元素应主要来自$CaCO_3$、$MgCO_3$结垢产物。

(7)Si、Al、Cl、Na等元素应主要来自采出气带出的地层岩石粉粒、黏土矿物和结晶的无机盐。

1.4.3 现场试验挂片腐蚀产物分析

为了进一步确定腐蚀产物组成，验证电子能谱分析(EDX)结果，利用日本理学公司生产D/MAX－2400型X射线衍射仪对挂片分离的腐蚀产物进行分析。包括全部现场试验空白腐蚀挂片，气井46－4井加剂腐蚀挂片和气井22－23井加剂腐蚀挂片，分析结果如图1－44～图1－49及表1－16～表1－18所示。

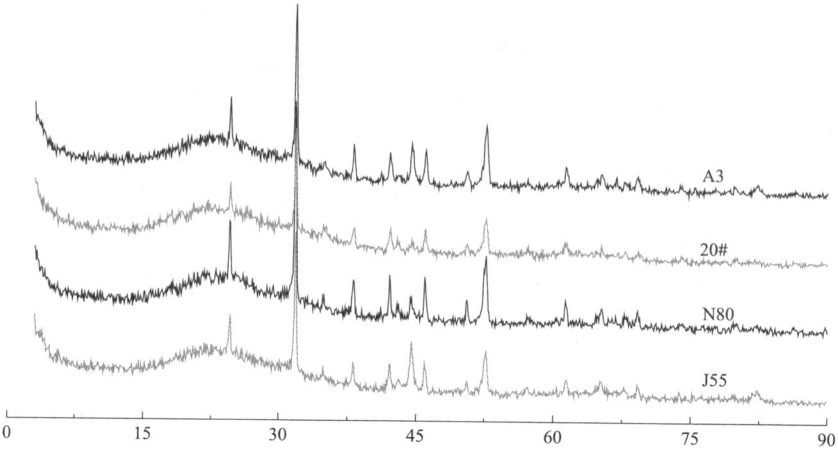

图 1-44　气井 44-10 井空白挂片腐蚀产物样 XRD 图谱

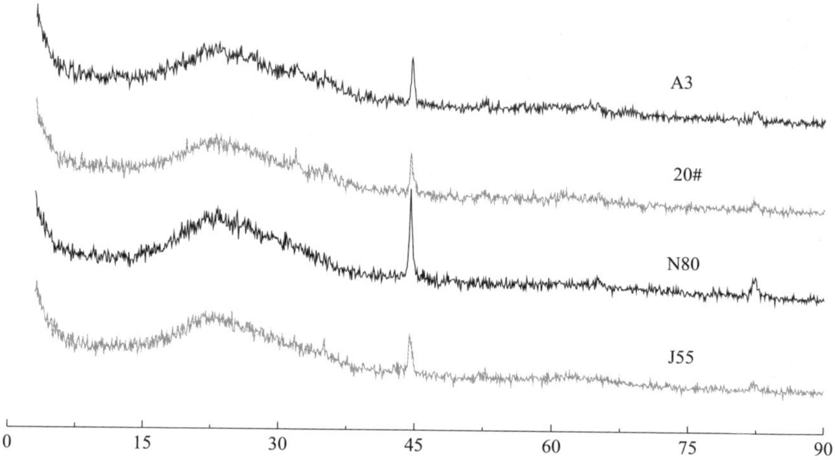

图 1-45　气井 46-4 井空白挂片腐蚀产物样 XRD 图谱

表 1-16　气井 44-10 井和气井 46-4 井现场空白挂片腐蚀产物 XRD 图谱解析

%(质量)

腐蚀产物	气井 44-10				气井 46-4			
	J55	N80	20#	A3	J55	N80	20#	A3
Fe	21.41	8.20	7.13	16.06	40.36	100.00	40.64	42.61
$FeCO_3$	73.41	85.37	80.61	78.30	22.84		27.10	24.76
$Fe(OH)_3$	5.19	6.43	12.27	5.64				
FeO(OH)					36.80		32.26	32.62

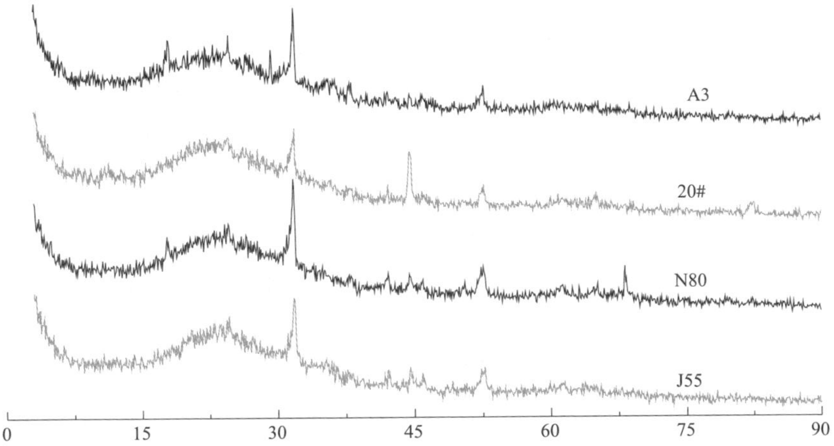

图 1－46　气井 16－18 井空白挂片腐蚀产物样 XRD 图谱

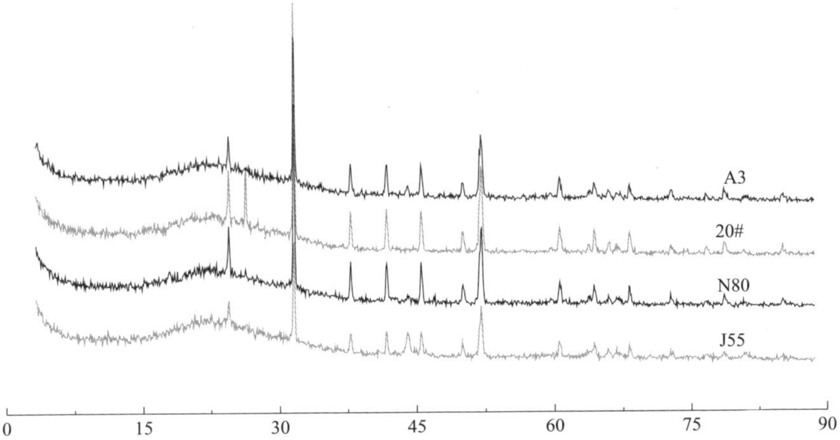

图 1－47　气井 22－23 井空白挂片腐蚀产物样 XRD 图谱

表 1－17　气井 16－18 井和气井 22－23 井现场空白挂片腐蚀产物 XRD 图谱解析

%（质量）

腐蚀产物	气井 16－18				气井 22－23			
	J55	N80	20#	A3	J55	N80	20#	A3
Fe	14.23	7.58	38.87	1.82	12.77	2.33		5.00
$FeCO_3$	61.23	50.53	44.42	31.21	73.92	97.67	75.76	95.00
Fe_2O_3			16.71					
C		16.71			13.31		24.24	
$FeSO_4 \cdot 7H_2O$		25.18		50.24				
FeO(OH)	24.54			16.72				

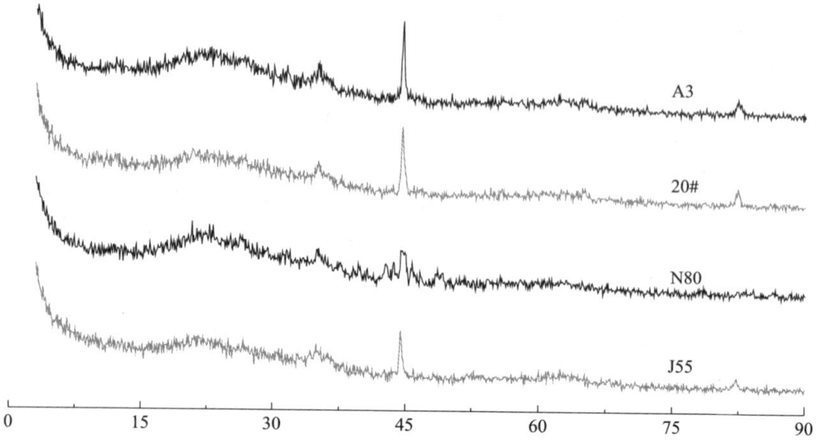

图 1-48　气井 46-4 井加剂挂片腐蚀产物样 XRD 图谱

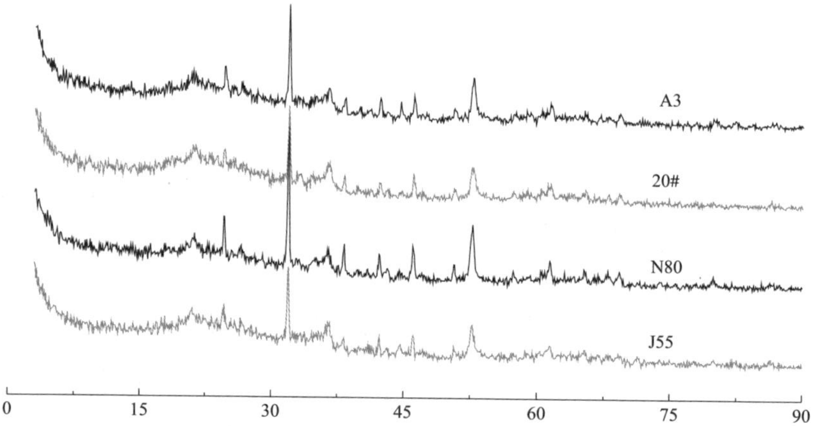

图 1-49　气井 22-23 井加剂挂片腐蚀产物样 XRD 图谱

表 1-18　气井 46-4 井和气井 22-23 井现场加剂挂片腐蚀产物 XRD 图谱解析

%(质量)

腐蚀产物	气井 46-4				气井 22-23			
	J55	N80	20#	A3	J55	N80	20#	A3
Fe	45.27	25.15	57.26	53.83	9.24	2.67	3.89	8.05
$FeCO_3$	10.37		8.35		59.36	72.32	60.07	72.48
FeO(OH)	44.36	34.30	15.84	31.52	20.10	20.63	36.04	19.48
Fe_3O_4			18.55		11.30			
Fe_3C		40.56						
FeS						4.38		
S				31.52				

通过对腐蚀挂片 XRD 图谱进行解析，并对比原始试片 EDX 分析数据，可初步推断如下结果。

(1)所有空白和加剂腐蚀挂片腐蚀产物最主要组分均为 $FeCO_3$，说明气井主要受到酸性 CO_2腐蚀。

(2)大部分空白和加剂腐蚀挂片腐蚀产物含 FeO(OH)组分，这种形式的水合物在高 pH 值下较易产生，说明气井同时受到溶解氧腐蚀。

(3)$Fe(OH)_3$、Fe_3O_4、Fe_2O_3也主要是溶解氧腐蚀产物，在一定条件下可以互相转化。

(4)$FeSO_4 \cdot 7H_2O$ 和 FeS 两种腐蚀产物只是存在于子米区块气井，主要是由于酸性 H_2S 腐蚀所致，而在榆林区块气井未检出这两种腐蚀产物，不表示榆林区块气井未受到酸性 H_2S 腐蚀，只是说明榆林区块气井酸性 H_2S 腐蚀较子米区块的轻微。

(5)气井 46 –4 井加剂 A3 挂片检测出含量为 31.52% 的 S 单质，说明气井产气或伴生水中含 S 元素，这与 EDX 检测结果吻合。

(6)气井 46 –4 井加剂 N80 挂片检测出含量高达 40.56% 的 Fe_3C，研究表明，Fe_3C 并非腐蚀产物，而是碳钢被腐蚀后的物质残留。在高流速条件下，CO_2水溶液不会缓冲，腐蚀膜主要是 Fe_3C 加上一些来自基体的合金元素。

1.5 气井挂片空白腐蚀现场试验结果

气井挂片空白腐蚀现场试验相关计算结果如表 1 –19 所示。

表 1 –19 气井现场腐蚀挂片试验结果(空白) mm/a

井号	挂片天数	挂片材质	挂片编号	腐蚀速率	
气井 44 –10	122	N80	7058	0.0574	0.0485
			7057	0.0396	
		J55	6010	0.0478	0.0480
			6005	0.0482	
		20#	2143	0.0682	0.0524
			2144	0.0365	
		A3	122	0.0550	0.0607
			125	0.0664	

续表

井号	挂片天数	挂片材质	挂片编号	腐蚀速率	
气井46－4	124	N80	7054	0.3903	0.3943
			7053	0.3983	
		J55	6008	0.3734	0.4026
			6003	0.4318	
		20#	2145	0.3447	0.3443
			2146	0.3439	
		A3	127	0.4192	0.4396
			121	0.4601	
气井16－18	97	N80	705	0.1040	0.1114
			7056	0.1188	
		J55	6009	挂片丢失	0.1557
			6004	0.1557	
		20#	2147	0.1226	0.1194
			2150	0.1162	
		A3	120	0.1098	0.1086
			126	0.1075	
气井22－23	118	N80	7060	0.0755	0.0799
			7059	0.0842	
		J55	6007	0.1044	0.0974
			6002	0.0903	
		20#	2149	0.0973	0.0969
			2142	0.0965	
		A3	123	0.0878	0.0912
			124	0.0946	

由表1－19可以看出，气井46－4井腐蚀速率最大，均大于0.254mm/a，属于极重腐蚀；气井16－18井次之，除J55挂片腐蚀速率大于0.126mm/a，属严重腐蚀外，其余挂片腐蚀速率小于0.126mm/a，属中度腐蚀；气井22－23井腐蚀速率介于0.0799～0.0974mm/a，气井44－10井腐蚀速率介于0.0480～0.0607mm/a，这两口气井均属于中度腐蚀。以上数据分析结果与空白挂片SEM和EDX检测结果基本一致。同时可以看出，不同材质的挂片在不同试验气井中

其空白样腐蚀速率也不同，相对来说，J55 挂片腐蚀最严重，N80 挂片腐蚀最轻微，而 20#挂片和 A3 挂片介于两者之间，这一结果也和空白样腐蚀挂片微观形貌图所得结论基本一致，由此可见，挂片材质也是影响腐蚀的重要因素之一。

1.6 气井腐蚀影响因素研究

在已有研究的基础上，为了准确掌握气田气井腐蚀影响因素，重点进行了 pH 值和矿化度对腐蚀速率的影响研究，并简述了腐蚀产物膜和流速对腐蚀速率的影响。由于气田生产现场产出水样不理想，特在实验室配制了类似组成的模拟水样作为腐蚀介质，采用 J55 管材试片进行腐蚀影响因素研究实验。

1.6.1 腐蚀介质水样组成

腐蚀介质水样组成如表 1－20 所示。

表 1－20 腐蚀介质水样组成

离子类型	离子含量/(mmol/L)	离子含量/(mg/L)
Ca^{2+}	225.25	9028.02
Na^{+}	1034.47	23782.47
Mg^{2+}	8.36	203.32
阳离子合计	1274.03	33150.51
Cl^{-}	1493.91	52959.11
S^{2-}	0.37	11.86
SO_4^{2-}	3.52	338.13
HCO_3^{-}	5.95	362.95
阴离子合计	1503.75	53672.05
pH 值	5.93	
矿化度/(mg/L)	86822.72	

1.6.2 pH 值的影响

向模型水中通入 CO_2 气体直至饱和，用质量分数为 5% 的盐酸和 NaOH 溶液调节模型水，使模型水 pH 值分别为 5.0、6.0、6.5、7.0、7.5，8.0，在室温条件下进行 120h 挂片实验，以确定 pH 值对腐蚀速率的影响，实验结果如图 1－50 所示。

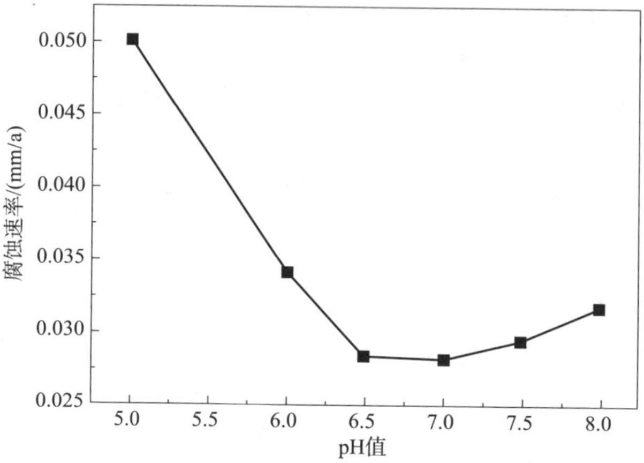

图 1－50　pH 值对腐蚀速率的影响

实验结果表明，在实验室条件下，pH 值在 5.0～6.5 范围内变化时，腐蚀速率随 pH 值的升高而降低。这是因为，钢铁发生腐蚀时，其腐蚀反应的阴极过程由两个去极化过程组成，即氢离子的去极化和氧的去极化，随着溶液的 pH 值增加，水中氢离子浓度降低，金属腐蚀过程中氢离子去极化的阴极反应受到抑制，故钢铁的腐蚀速率呈现降低趋势。pH 值在 6.5～7.0 时，腐蚀基本不受 pH 值的影响，由于碳酸亚铁膜的溶解性减小，形成具有一定保护性的碳酸亚铁膜，因此在这样 pH 范围内，腐蚀速率基本不变。当 pH 值由 7.0 增加到 8.0 时，腐蚀速率有继续增大的趋势，这是因为溶液中铁离子的存在，使得溶液的 pH 值有很大程度的增加，靠近钢附近的铁离子沉积在碳钢表面上，从而增大了局部腐蚀的可能性。

1.6.3　矿化度的影响

通过向模型水中加入 NaCl 溶液的方法调节腐蚀介质水样矿化度。向除过氯离子的模型水中分别加入质量浓度分别为 1g/L、10g/L、20g/L、30g/L、40g/L、50g/L、60g/L、70g/L、80g/L、90g/L、100g/L 的 NaCl 溶液，再通入 CO_2 气体直至饱和，在室温条件下进行 120h 的挂片实验，以确定矿化度对腐蚀速率的影响，实验结果如图 1－51 所示。

实验结果表明，在实验室条件下，不同 NaCl 溶液质量浓度时 J55 钢的腐蚀速率不相同，从总的趋势来看，腐蚀速率随着 NaCl 溶液质量浓度的增加先升高后降低，在 NaCl 溶液质量浓度为 30g/L 时 J55 钢腐蚀速率最大。这是因为，当 NaCl 溶液质量浓度小于 30g/L 时，溶液中存的 Cl^- 能够减弱腐蚀产物膜与金属间的作用力，从而使保护膜失去对碳钢的作用，所以出现随着 NaCl 溶液质量浓度的增加腐蚀速率升高的现象；但当 NaCl 溶液质量浓度超过 30g/L 时，CO_2在溶液中的溶解度会下降，溶液腐蚀性降低，所以出现随 Cl^- 质量浓度升高腐蚀速率下降的现象。本次实验模型水样中 Cl^- 质量浓度为 52.96g/L，没有处于腐蚀速率最严重的区域。

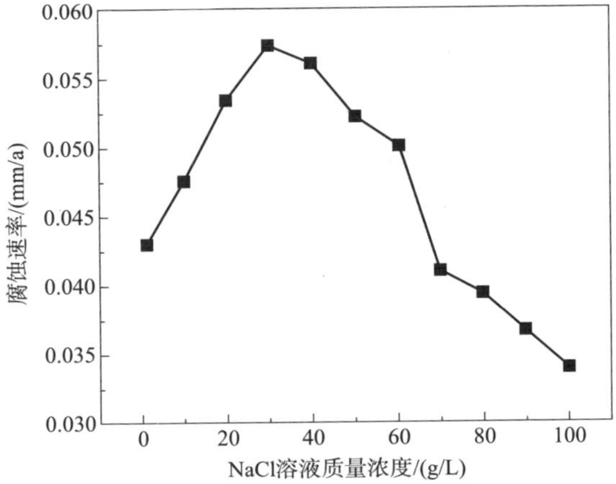

图 1－51　Cl^- 质量浓度对腐蚀速率的影响

1.6.4　腐蚀产物膜的影响

根据钢材和介质的不同，腐蚀产物膜可由 $FeCO_3$、FeS、Fe_3O_4 以及合金氧化物等组成。Ikeda 对不同温度下 CO_2腐蚀机制进行了描述，分析了腐蚀产物膜对腐蚀速率的影响，如图 1－52 所示。

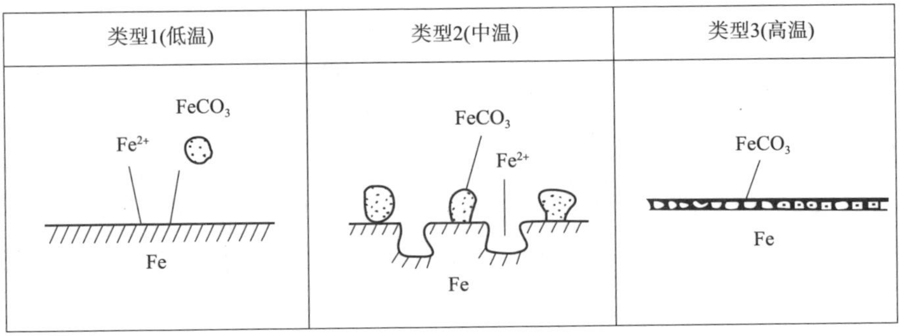

图 1－52　不同温度区 CO_2腐蚀机制

在低温区，腐蚀产物膜在 Fe 表面不易形成，属于均匀腐蚀；在中温区，Fe 表面形成的是多孔疏松的腐蚀产物膜，腐蚀速率较高，有严重的点蚀现象；在高温区，Fe 表面形成致密且黏附力强的腐蚀产物膜，腐蚀速率大大降低，属于均匀腐蚀。

Z Xia 等研究了 Fe 在含 CO_2的 NaCl 溶液中的点蚀行为后发现，初始腐蚀产物是 $Fe(HCO_3)_2$膜，牢固且附着力好。随着腐蚀时间的延长，$Fe(HCO_3)_2$转变成体积小、附着力差的 $FeCO_3$膜。Hausle 等经过研究发现 CO_2对 Fe 的瞬间腐蚀速率与腐蚀产物膜的厚度成正比，比例系数就是腐蚀反应进行时腐蚀产物膜的渗透率。Palacios 通过研究 CO_2对 N80 钢的腐蚀产物膜结构发现，CO_2腐蚀产物膜由两层 $FeCO_3$膜组成，外层膜在内层基础上重新结晶形成。两层膜之间结合疏松，但内层膜与基体结合比较牢固。腐蚀产物膜具有多孔性质，部分基体在没有腐蚀产物膜保护的情况下直接与 CO_2溶液接触，从而导致点蚀。

由于 CO_2的腐蚀产物膜本身也受到温度、pH 值、钢材和介质组成的影响，所以在研究腐蚀产物膜对 CO_2腐蚀的影响时，应将这些因素同时考虑。

1.6.5 流速的影响

流速是影响 CO_2腐蚀的另一个重要因素。随着流速的增大，H_2CO_3和 H^+等去极化剂能更快地扩散到电极表面，使阴极去极化作用增强，消除扩散控制，同时使腐蚀产生的 Fe^{2+}迅速脱离腐蚀基体表面，从而导致 CO_2对 Fe 的腐蚀速率增大。

人们根据室内实验和现场数据得到了 CO_2腐蚀速率与流速的经验关系式：

$$C_R = B \times V^n \tag{1-4}$$

式中 C_R——腐蚀速率，mm/a；

V——流速，m/s；

B——常数；

n——指数，大多数情况下取 0.8。

Shadeley 等认为不同的腐蚀体系存在不同的“临界流速”。低流速时，基体表面有保护性腐蚀产物 $FeCO_3$生成，腐蚀速率低；当大于某一临界流速时，没有腐蚀产物 $FeCO_3$生成，均匀腐蚀，腐蚀速率高；当流速处于二者之间时，只在局部有保护性腐蚀产物 $FeCO_3$生成，这时基体表面产生较深的点蚀坑。

2 气田井筒腐蚀现状分析

2.1 气田井筒腐蚀现状

油管腐蚀一直是影响气田生产的重要问题，严重的会导致油管穿孔、断裂等问题。采样气田位于鄂尔多斯盆地伊陕斜坡东北部，已开发生产多年，针对油田开发需要，进行准确而可靠的检测井筒损伤是科学合理制定生产井修复工艺的基础，也是进行井筒损伤检测及评价方法研究的主要动因。另外，井筒损伤检测评价数据还被广泛应用于油田生产管柱设计、开发措施调整、生产管柱保护等。井筒损伤检测从单井检测向有目的区域检测发展，评价应用也从井筒损伤修复需要向井筒损伤类型、机理、井筒损伤时空序列等方向发展。

采样气田井通过多臂井径仪（MIT）（图 2－1）检测数据显示腐蚀情况，可直观反映油管的腐蚀程度，分为 8 臂、10 臂、16 臂、30 臂、36 臂、40 臂和 60 臂

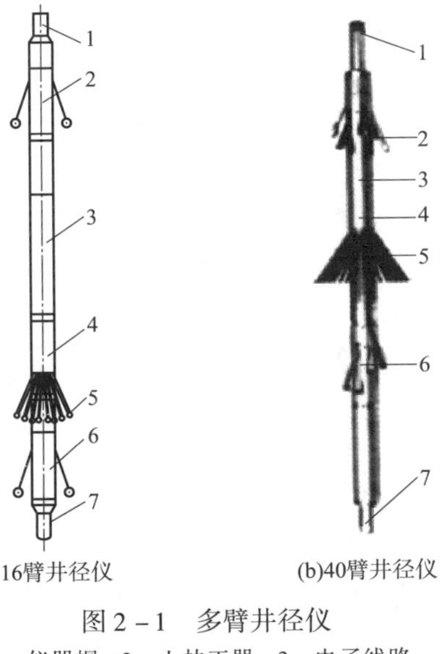

(a)16臂井径仪　(b)40臂井径仪

图 2－1　多臂井径仪

1—仪器帽；2—上扶正器；3—电子线路；
4—传感器；5—测量臂；6—下扶正器；7—尾帽

井径仪等多个种类，其仪器包括测量臂、传感器、电子线路和上、下扶正器等部分。测量原理类似 X—Y 井径仪，井径测量臂越多，其夹角越小(60 臂的仪器仅为 6°)，套管内径周向异常状况被检测出的概率越高。该类仪器属接触式连续测量，记录多条曲线，测量精度为 1%。8 臂、10 臂井径仪的测井资料可以判断套管变形截面；16 臂井径仪的测井资料能解释套管最大井径、最小井径及平均井径；36 臂、40 臂井径仪的测井资料能解释套管最大井径、最小井径及平均井径以及套管剩余臂厚和变形部位。

MIT 检测对腐蚀和损伤级别的划分标准为：穿孔是指腐蚀深度超过标准壁厚的 90%；环状腐蚀指径向腐蚀长度大于管柱周长的 50%，轴向腐蚀长度小于管柱内径的 2 倍，管柱在同一深度或基本在同一深度时 24 根臂值均有变化；线状腐蚀指径向腐蚀长度小于管柱周长的 30%，轴向腐蚀长度大于管柱内径的 4 倍，在一个连续深度段，不同深度的单根或者几根臂值均有变化；片状腐蚀指径向腐蚀长度大于管柱周长的 30%，轴向腐蚀长度大于管柱内径的 3 倍，在一个连续深度段，多根臂值存在变化；斑点状腐蚀指径向腐蚀长度大于管柱周长的 30%，轴向腐蚀长度小于管柱内径的 4 倍，在同一深度单根或者几根臂值存在变化；在管柱本体部位，管柱壁厚减小 0.51mm 以上定为腐蚀，在接箍部位，管柱壁厚减小 0.76mm 以上定为腐蚀。

2.1.1 采样 141 井腐蚀分析

1. MIT 测井数据分析

采样 141 井本次测试的测量井段为 12.00 ~ 2749.00m，共检测到油管 284 根。单根管柱最大腐蚀主体量为 1% ~ 10% 70 根、10% ~ 20% 54 根、20% ~ 40% 122 根、40% ~ 85% 38 根。单根管柱金属损失量为 0 ~ 1% 4 根、1% ~ 10% 271 根、10% ~ 20% 9 根。如图 2 – 2 所示。腐蚀以斑点状腐蚀与线状腐蚀为主。

2. 腐蚀情况对比

根据 2020 年与 2023 年的油管主体腐蚀情况图(图 2 – 3)对比，可知采样 141 井自 422.40m(第 43 根)至 2266.30m(第 233 根)，油管腐蚀量明显增加。单根管柱最大腐蚀主体量在 20% ~ 40% 的油管数从 92 根上升至 122 根，腐蚀量在 40% ~ 85% 的油管数从 2 根上升到了 38 根。另外，采样 141 井斑点状腐蚀的油管数量明显上升。

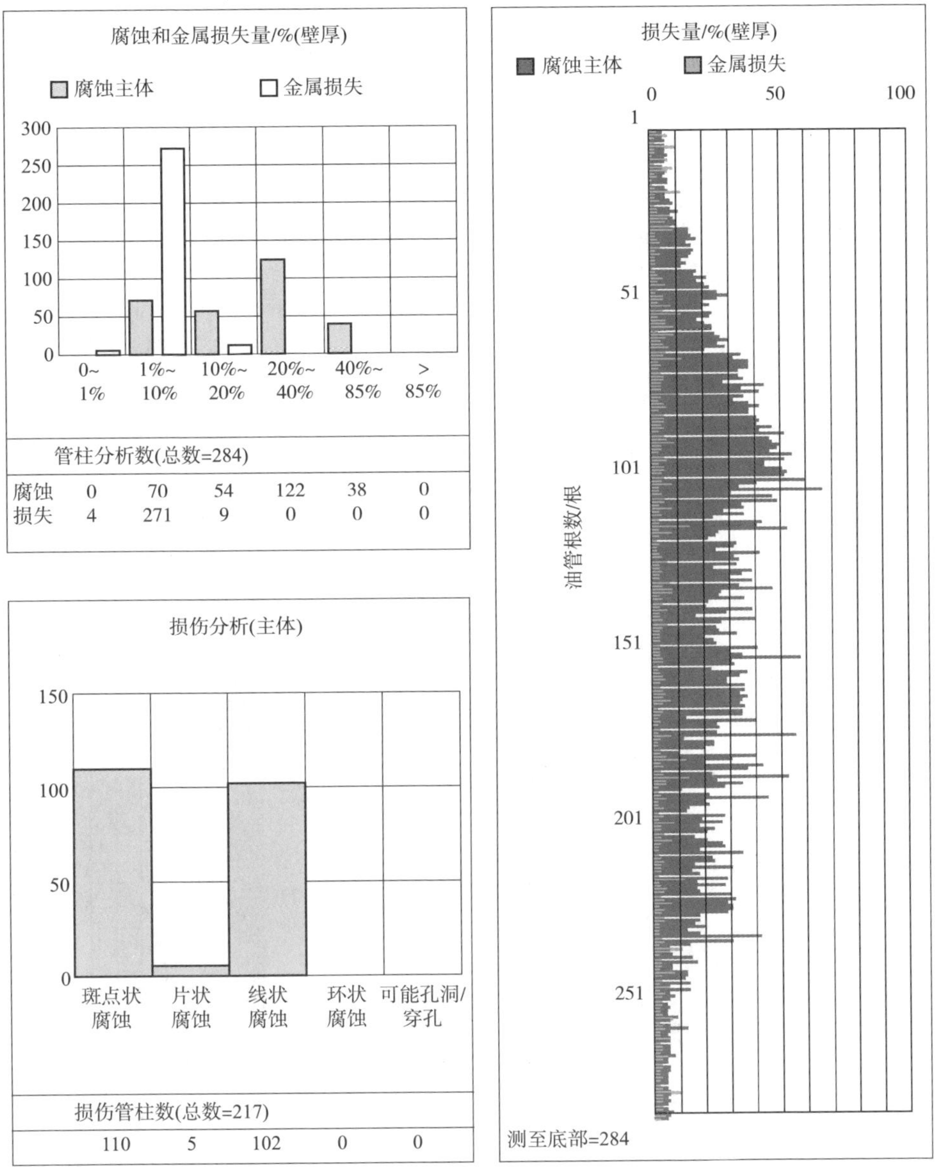

图 2－2　2023 年油管主体腐蚀情况综述图

备注："腐蚀主体"表示单根管柱的最大腐蚀深度相对于标准壁厚的百分比：

腐蚀主体＝(单根管柱测量最大值－标准内径/2)/标准壁厚×100%。

"金属损失"表示单根管柱的平均腐蚀深度相对于标准壁厚的百分比：

金属损失＝单根管柱平均腐蚀量/标准壁厚×100%。

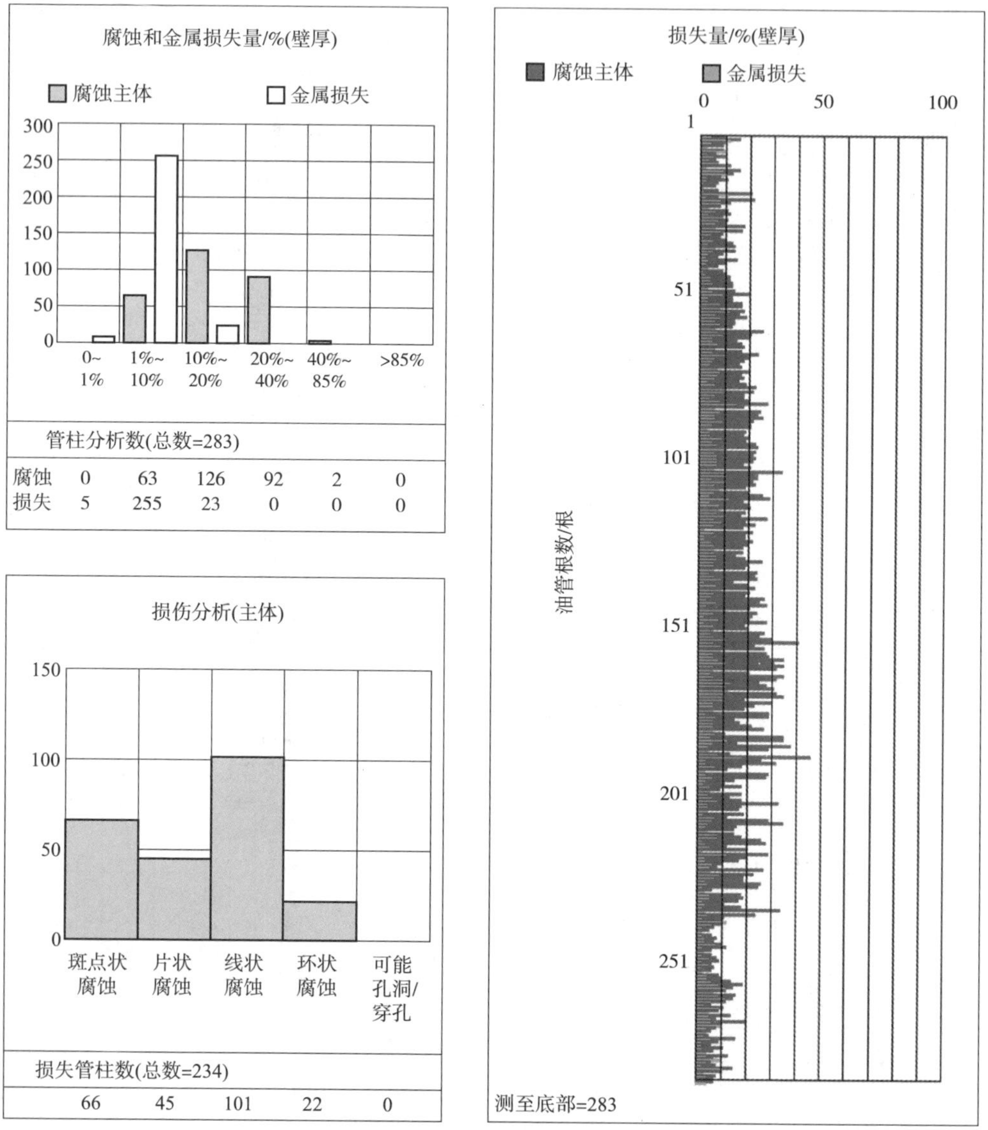

图 2－3　2020 年油管主体腐蚀情况综述图

2.1.2 采样 28－12 井腐蚀分析

1. MIT 测井数据分析

采样 28－12 井本次测试的测量井段为 2.91～2718.25m，共检测到油管 282 根。单根管柱最大腐蚀主体量为 0～1% 1 根、1%～10% 72 根、10%～20% 110 根、20%～40% 98 根、40%～85% 1 根。单根管柱金属损失量为 0～1% 11 根，1%～10% 271 根。如图 2－4 所示。腐蚀以斑点状腐蚀为主。

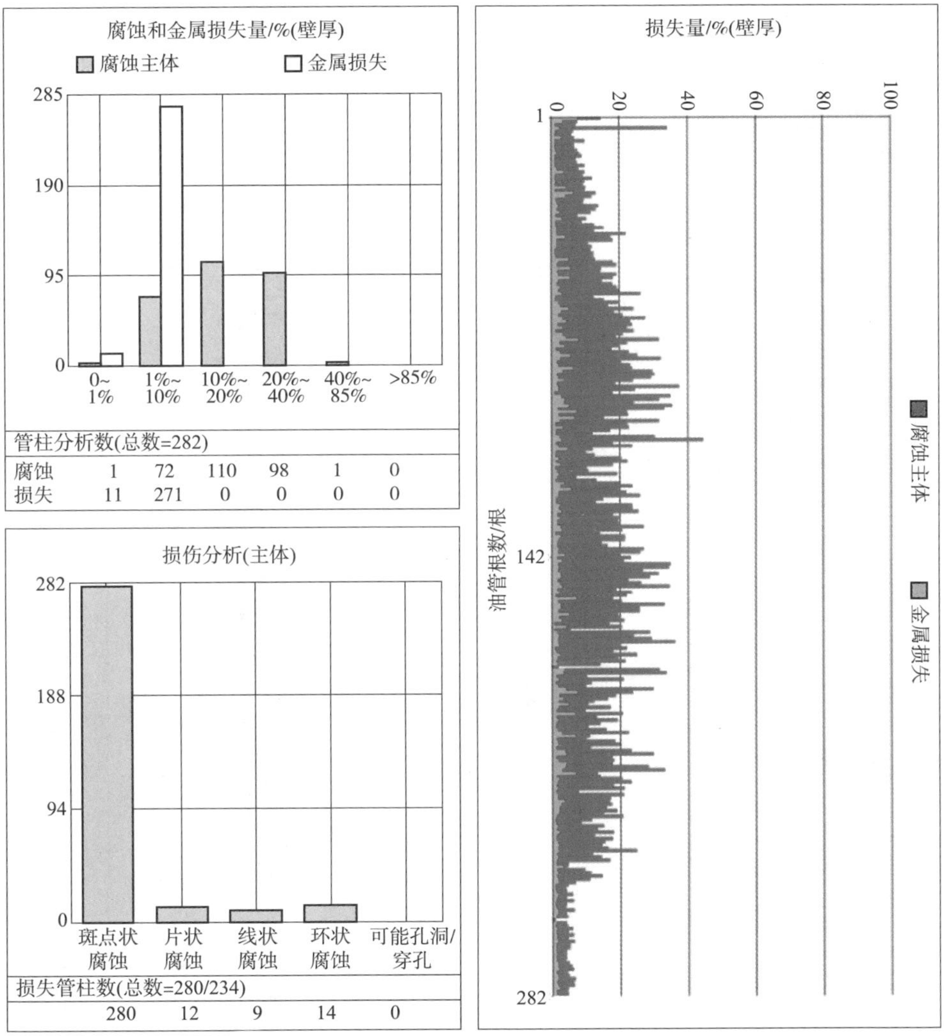

图 2－4　2023 年油管主体腐蚀情况综述图

2. 腐蚀情况对比

根据 2020 年与 2023 年的油管主体腐蚀情况综述图(图 2－5)可知，采样 28－12 井油管腐蚀量保持较低速增加。单根管柱最大腐蚀主体量在 20% ~40% 的油管数从 82 根上升至 98 根，腐蚀量在 40% ~85% 的油管数保持在 1 根。另外，采样 28－12 井斑点状腐蚀的油管数量明显上升。

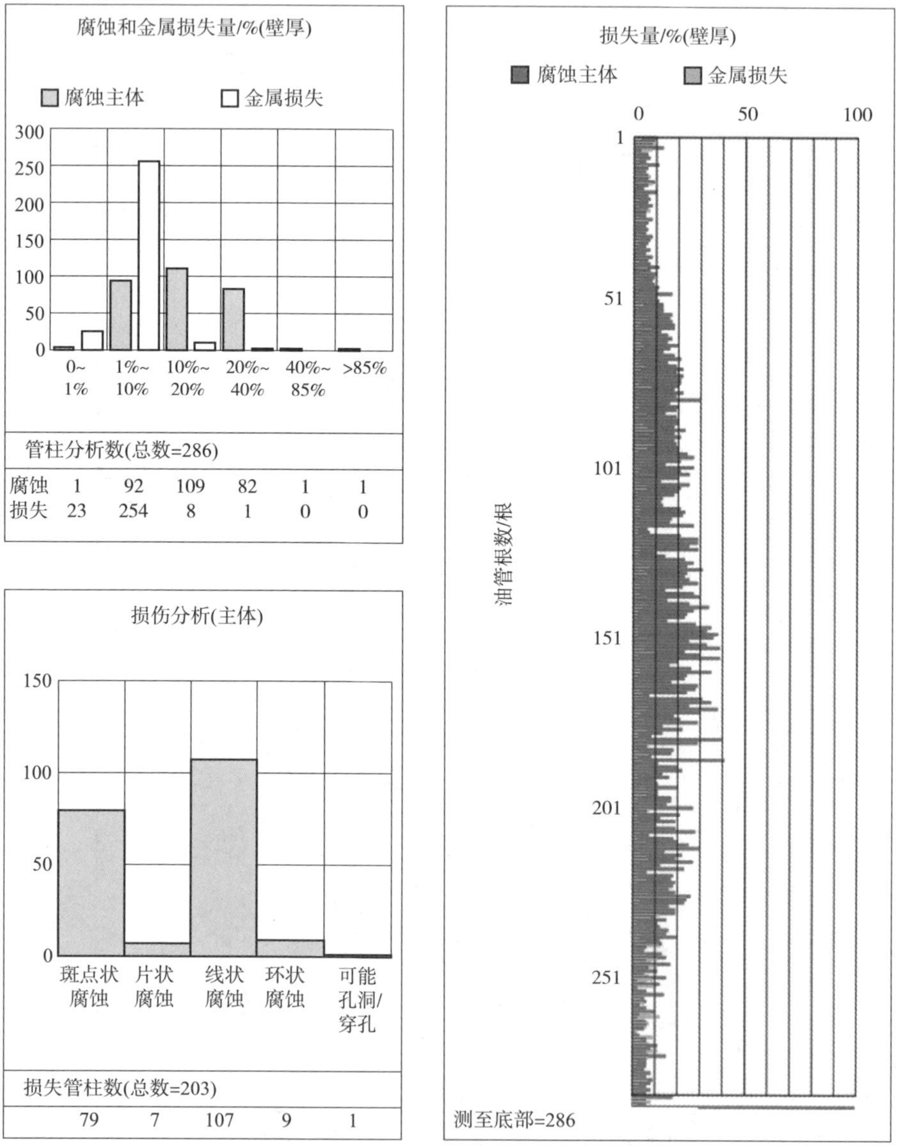

图 2－5　2020 年油管主体腐蚀情况综述图

2.1.3 采样 3 井腐蚀分析

1. MIT 测井数据分析

采样 3 井本次测试的测量井段为 6.35～2718.25m，共检测到油管 268 根。单根管柱最大腐蚀主体量为 1%～10% 265 根、10%～20% 3 根。单根管柱金属损失量为 0～1% 1 根，1%～10% 267 根。如图 2－6 所示。腐蚀以斑点状腐蚀为主。

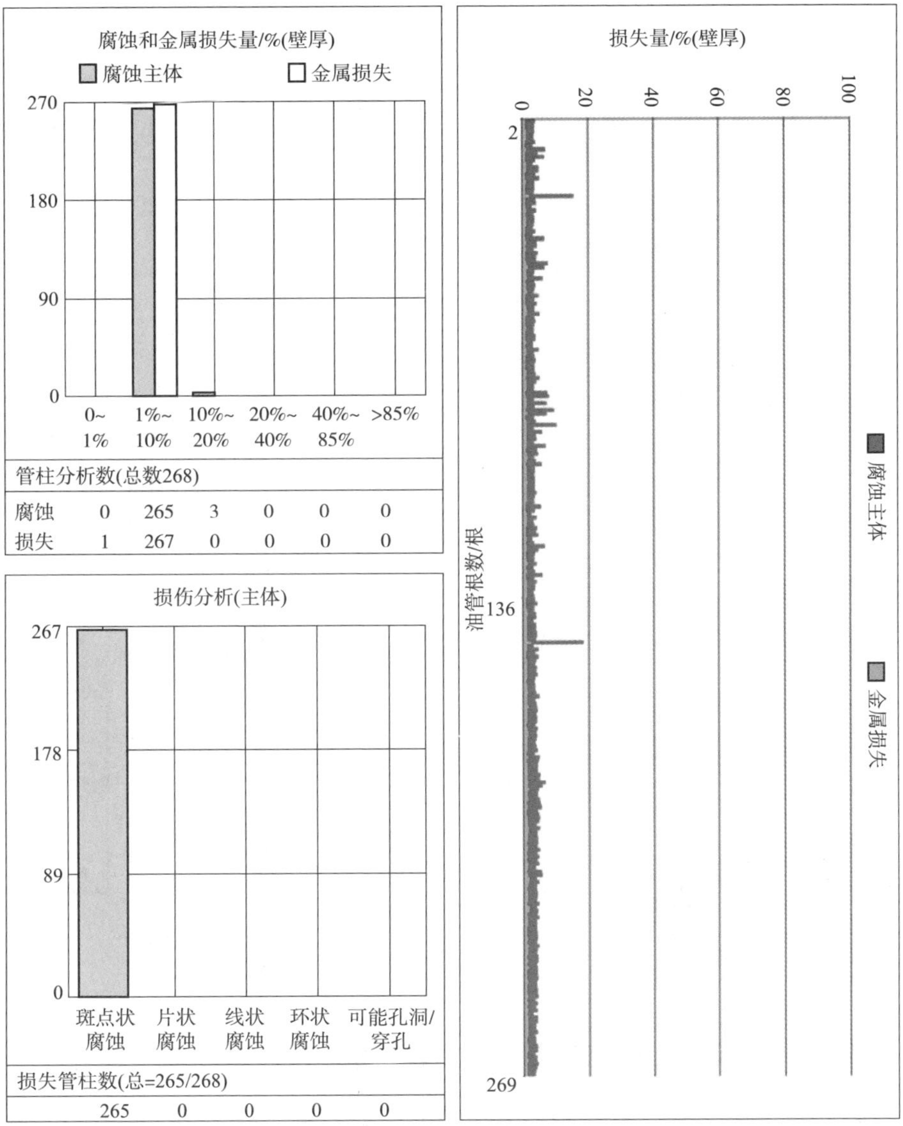

图 2－6 2023 年油管主体腐蚀情况综述图

2. 腐蚀情况对比

根据2020年与2023年的油管主体腐蚀情况综述图(图2－7)可知，近三年来，采样3井油管腐蚀量并未出现明显改变。

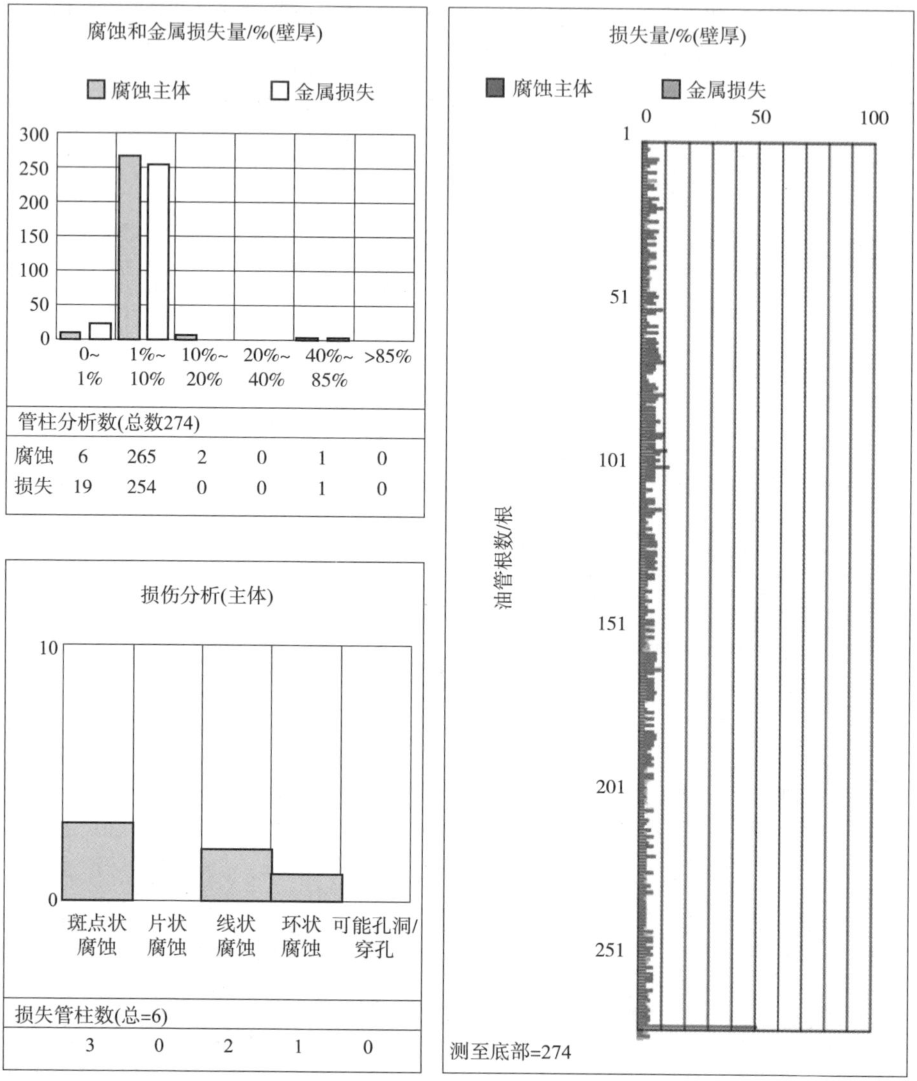

图2－7　2020年油管主体腐蚀情况综述图

2.1.4　采样气田部分气井的MIT数据汇总

采样气田不同气井的MIT数据汇总如表2－1所示，其分布图如图2－8～图2－11所示。

表 2-1 采样气田不同气井的 MIT 数据汇总表

井区	井号	检测油管总量/根	不同单根管柱最大腐蚀主体量的油管数/根						不同单根管柱金属损失量的油管数/根						主要腐蚀类型	测量范围/m
			0~1%	1%~10%	10%~20%	20%~40%	40%~85%	超过85%	0~1%	1%~10%	10%~20%	20%~40%	40%~85%	超过85%		
TPO井	S141	282	0	143	76	61	2	0	2	266	14	0	0	0	斑点状腐蚀	9.91~2740.97
	S141	283	0	63	126	92	2	0	5	255	23	0	0	0	斑点状腐蚀、线状腐蚀、片状腐蚀	17.39~2740.23
	S141	284	0	70	54	122	38	0	4	271	9	0	0	0	斑点状腐蚀、线状腐蚀	12.00~2749.00
	Y26-12	195	1	194	0	0	0	0	50	145	0	0	0	0	无	9.66~1903.16
	Y28-12	223	0	79	110	34	0	0	2	203	18	0	0	0	斑点状腐蚀	10.00~2161.00
	Y28-12	285	1	111	135	38	0	0	5	272	8	0	0	0	斑点状腐蚀、线状腐蚀	10.76~2756.50
	Y28-12	286	1	92	109	82	1	1	23	254	8	1	0	0	斑点状腐蚀、线状腐蚀	2.81~2763.00
	Y28-12	282	1	72	110	98	1	0	11	271	0	0	0	0	斑点状腐蚀	2.91~2718.25
	Yu29-10	305	12	291	1	0	0	1	46	258	0	1	0	0	斑点状腐蚀	4.11~2898.86
	Yu34-9	98	0	78	19	1	0	0	0	98	0	0	0	0	线状腐蚀	20.00~1100.00
	Yu34-9	88	0	40	39	9	0	0	1	87	0	0	0	0	线状腐蚀	1072.00~2045.00

续表

井区	井号	检测油管总量/根	不同单根管柱最大腐蚀主体量的油管数/根						不同单根管柱金属损失量的油管数/根						主要腐蚀类型	测量范围/m
			0~1%	1%~10%	10%~20%	20%~40%	40%~85%	超过85%	0~1%	1%~10%	10%~20%	20%~40%	40%~85%	超过85%		
采样1单分支水平井	CHANG3	274	6	265	2	0	1	0	19	254	0	0	1	0	斑点状腐蚀、线状腐蚀、环状腐蚀	20.00~2634.00
	CHANG3	268	0	265	3	0	0	0	1	267	0	0	0	0	斑点状腐蚀	6.35~2718.25
采样1双分支水平井	CB1-1	293	0	291	2	0	0	0	239	54	0	0	0	0	斑点状腐蚀、线状腐蚀	5.87~2806.28
	CB1-3	161	0	153	4	4	0	0	59	102	0	0	0	0	斑点状腐蚀、线状腐蚀	1206.41~3154.08
	CB4-2	37	0	36	1	0	0	0	32	5	0	0	0	0	斑点状腐蚀	2322.00~2684.00
	CB4-2	12	0	12	0	0	0	0	5	7	0	0	0	0	斑点状腐蚀	2962.00~3095.00
	CB4-2	26	0	24	2	0	0	0	12	14	0	0	0	0	斑点状腐蚀	3180.00~3487.00
	CB7-2	317	0	256	51	8	0	2	1	314	0	2	0	0	斑点状腐蚀、线状腐蚀	16.23~2848.15
	CB8-1	17	0	15	2	0	0	0	0	17	0	0	0	0	斑点状腐蚀	2142.30~2295.73
	CB12-1	297	1	220	75	1	0	0	10	287	0	0	0	0	线状腐蚀	24.67~2822.27
采样2直井	CB20-2	282	0	282	0	0	0	0	171	111	0	0	0	0	斑点状腐蚀	11.92~2552.40

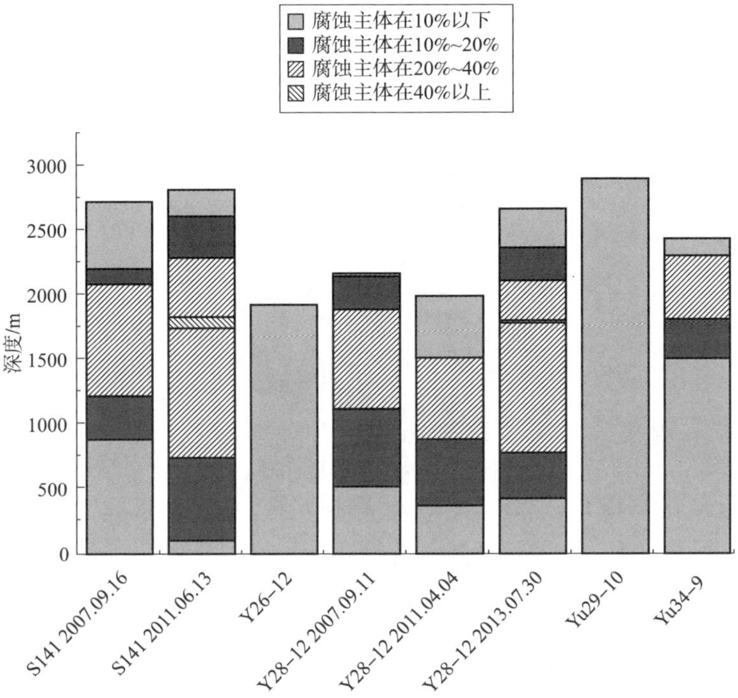

图 2-8　TPO 井型在不同深度下气井腐蚀状况分布图

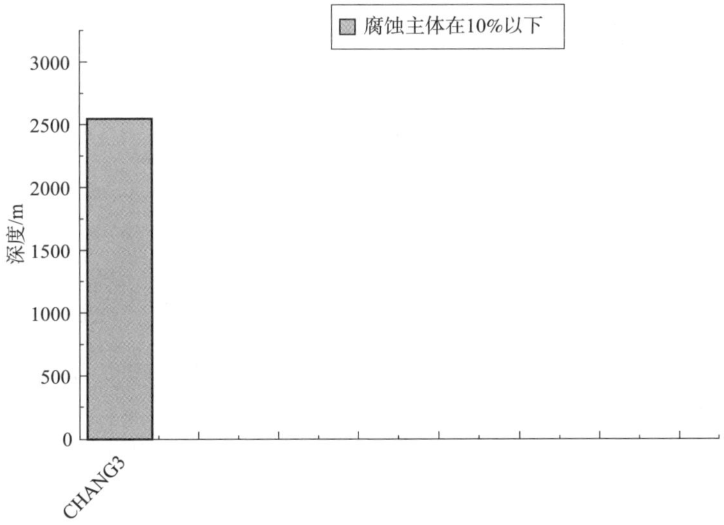

图 2-9　采样区块 1 单分支井型在不同深度下气井腐蚀状况分布图

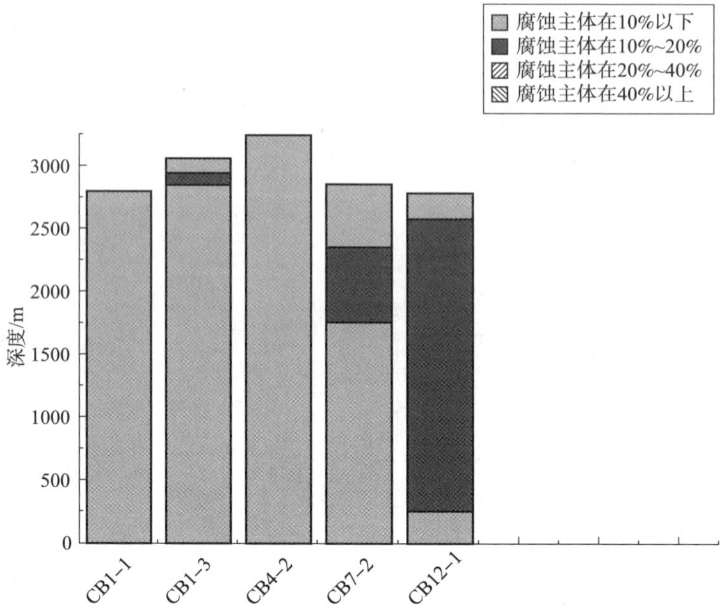

图 2-10　采样区块 1 双分支井型在不同深度下气井腐蚀状况分布图

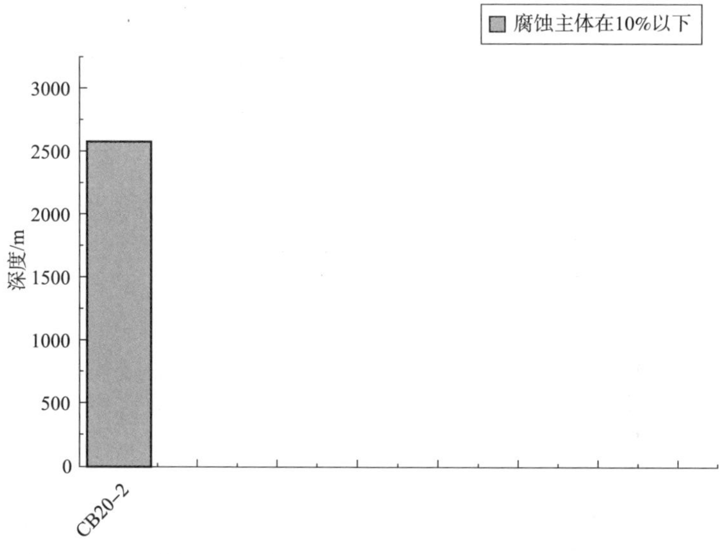

图 2-11　采样区块 2 直井型在不同深度下气井腐蚀状况分布图

从表 2-1 可见，采样气田许多气井均出现了不同程度的腐蚀。从图 2-8～图 2-11 可见，TPO 井区 S141 井、采样 28-12、Yu34-9 在 1000～2000m 均出现了明显的腐蚀，腐蚀管柱达 20% 以上。采样区块 1 双分支水平井区的 CB7-2

和 CB12 - 1 气井腐蚀管柱在 10% ~20%，其余管柱整体腐蚀速率缓慢。但 S141 井油管局部腐蚀速率增大，远远大于该井前期 MIT 检测时的腐蚀速率。另外，油管普遍两端腐蚀程度较低，中部腐蚀程度较重。具体原因分析如下。

(1)气井的压力、温度和 CO_2 的分压逐渐增加，油管沿井深方向的腐蚀速率越大。底部影响较小还应考虑腐蚀产物膜的保护作用。

(2)油管内气液二相流处于环雾流状态，即油管中心为高速雾状气流，油管内壁处有一相对静止的薄层液膜。液膜由地层水和凝析液构成，在一定的温度压力下，酸性气体的溶解度和凝析值是不相同的。在天然气开采过程中，酸性气体溶解度和凝析值随着井深的减少而急剧增加。显然，在这种情况下，上部油管内壁液膜中酸性腐蚀介质浓度高、腐蚀严重，并且由于高速气流冲刷不能形成保护膜，减缓腐蚀；而下部油管液膜中酸性腐蚀介质浓度低，腐蚀相对不严重。

(3)由于各种原因井下出现积液后，下部油管处于相对静止的浸泡环境，积液中不但有高矿化度的地层水，也有酸化后未能排尽的残酸，使得腐蚀加剧；但同时腐蚀产物未被冲刷而沉淀结垢，在一定程度上延缓了腐蚀进程，因此出现下部油管均匀腐蚀，内壁结垢严重的现象。

(4)当环境温度为 60℃左右时，气井的腐蚀产物主要为 $FeCO_3$，$FeCO_3$ 溶解度具有负的温度系数，随温度升高而降低；当环境温度为 60 ~90℃时，$FeCO_3$ 晶粒尺寸增大且变得疏松，晶粒之间的空隙为溶液中的腐蚀介质提供通道，介质通过孔隙到达基体表面，使得腐蚀增强；随着温度继续升高，表面产物膜由 $FeCO_3$ 膜变为 $Fe_3O_4 + FeCO_3$ 膜，膜层中 Fe_3O_4 量增加，产物附着力增强，对试样具有一定的保护作用。气井中段的服役温度为 60 ~90℃，处于腐蚀敏感区，容易发生腐蚀。

2.1.5 气井的生产状况

为了准确掌握采样气田气井腐蚀现状，选择了具有代表性 13 口目标气井进行研究。这 13 口目标气井如表 2 -2 所示。所选目标气井井深 2000 ~3000m，原始地层压力为 16 ~25MPa，气井投产日期介于 1999 ~2007 年，常规配产在 2.0×10^4 ~ $1.5\times10^5 m^3/d$ 之间。

表 2 -2 目标气井井型分类

井型	井号
TPO 井	S141、Yu36 -9
采样区块 1 单分支	CB19 -3

续表

井型	井号
采样区块 1 双分支	CB1 - 1、CB4 - 1、CB5 - 2、CB12 - 2、CB17 - 1、CB21 - 1
采样区块 1 直井	CB9 - 3
采样区块 2 直井	CB18 - 3、CB20 - 1、CB20 - 4

不同气井的温度和压力随井深的变化如图 2 - 12 和图 2 - 13 所示。从图 2 - 12 和图 2 - 13 可以看出，随着井深的增加，这些目标气井的温度和压力逐渐增加。

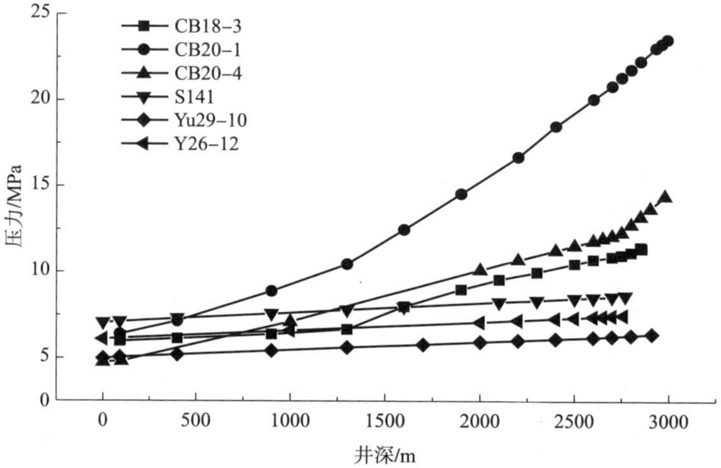

图 2 - 12　井深与压力关系图

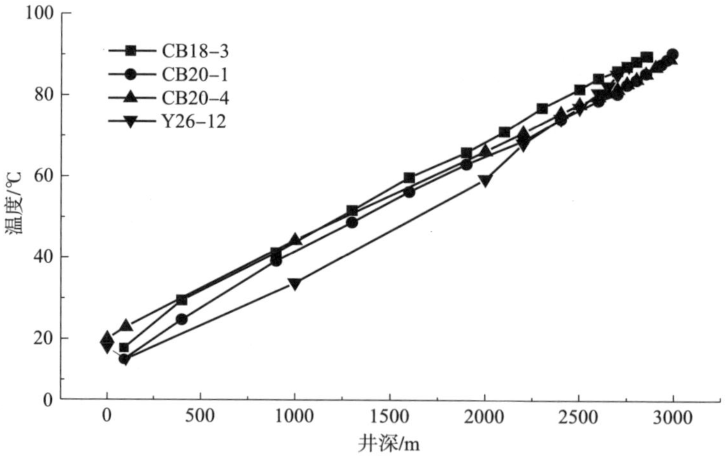

图 2 - 13　井深与温度关系图

2.1.6 目标气井气质分析

目标气井天然气组分体积分数分析结果如表2－3所示，各井 H_2S 用现场测定方法均未检测出来。CO_2体积分数基本在1.6%～2.0%，只有CB17－1井口检测CO_2体积分数达到了2.0376%，各井CH_4体积分数均在93%左右。

表2－3 部分目标气井气质体积分数分析结果 %（体积分数）

井号	He	CH_4	CO_2	H_2	H_2S
CB1－1	0.0166	93.7208	1.9263	0.0326	0
CB4－1	0.0302	93.4185	1.3166	0.0150	0
CB5－2	0.0169	93.9686	1.8134	0.0317	0
CB9－3	0.0127	93.8285	1.6578	0.0309	0
CB12－2	0.0167	93.5567	1.8678	0.0247	0
CB17－1	0.0284	93.9594	2.0376	0.0146	0
CB19－3	0.0137	93.7604	1.7591	0.0335	0
CB21－1	0.0274	93.6762	1.8163	0.0126	0
S141	0.0291	93.7940	1.7466	0.0091	0
Yu36－9	0.0110	93.3794	1.7854	0.0286	0

CO_2的腐蚀严重程度与CO_2的物质的量浓度和体系压力有关。按照腐蚀监测的国际标准，以腐蚀性气体的分压作为腐蚀严重程度的判据。然而，分压仅在一定状态下有效，例如，在超临界状态下，不能以分压作为腐蚀严重程度的判据。习惯上，对CO_2的物质的量浓度有以下几种描述方法。

（1）气体的物质的量浓度：标准状态下每立方米所含的某种气体的克质量数，g/m^3。

（2）气体的体积分数（%）。

①气体的体积分数与质量浓度的换算关系：

$$X\% = \frac{GV}{M \times 100} \tag{2-1}$$

式中 X——体积分数，%；

G——某种气体的物质的量浓度，g/m^3；

M——某种气体的摩尔质量，g/mol；

V——1mol该种气体在标准状态下的体积，L/mol。

如 CO_2 气体的体积分数换算：

CO_2 气体在标准状态下的体积：$V=22.16L/mol$；

CO_2 气体摩尔质量：$M=44.010g/mol$。

$$CO_2\text{的体积分数}=\frac{G\times22.16}{44.010\times100}=0.050G$$

②气体分压与体积分数的换算（分压＝系统压力×体积分数）。

CO_2 气体分压表示 CO_2 气体在天然气总压力中所占的压力份额，一般用 MPa 或大气压 atm 表示：

$$P_x=P_t\times X\% \tag{2-2}$$

式中　P_x——CO_2 气体分压或大气压，MPa；

　　P_t——气体总压力或大气压，MPa。

不同气井的 $p(CO_2)$ 随井深分布如图 2－14 所示。从图 2－14 可见，随着井深的增加，$p(CO_2)$ 逐渐增加。根据美国腐蚀工程师国际协会（NACE）针对 CO_2 腐蚀严重程度的划分标准，$p(CO_2)<0.021MPa$ 时为无腐蚀或轻微腐蚀，$0.021MPa\leqslant p(CO_2)\leqslant0.21MPa$ 时为中等腐蚀，$p(CO_2)>0.21MPa$ 时为严重腐蚀。因而仅从 CO_2 分压角度分析，随着井深的增加，各井的腐蚀速率逐渐增大，其中 S141 井腐蚀程度较重，属于中等腐蚀。

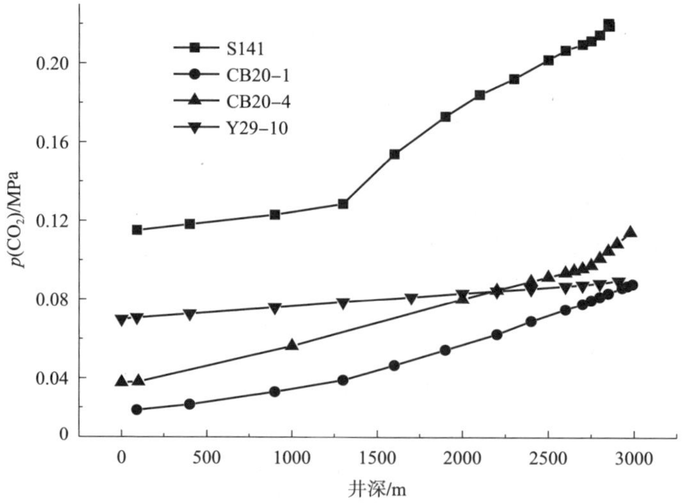

图 2－14　不同气井的 $p(CO_2)$ 随井深分布图

2.1.7　目标气井水质分析

根据采样区块作业分公司所提供的 2020 年部分目标气井水质分析情况。目标气井水质分析结果如表 2-4 所示。

表 2-4 部分目标气井水质分析结果

井号	Ca^{2+} 含量/(mg/L)	Mg^{2+} 含量/(mg/L)	Cl^- 含量/(mg/L)	Fe^{2+} 含量/(mg/L)	Fe^{3+} 含量/(mg/L)	总矿化度/(mg/L)
CB1-1	0	10.21	34.39	81.36	0	254.66
CB4-1	228.86	40.60	52.82	55.01	0	1224.53
CB5-2	0	0	18.08	79.68	0	422.66
CB9-3	36.47	12.40	18.08	45.17	0	598.67
CB12-2	24.45	14.83	35.80	45.53	0	399.46
CB17-1	15.63	26.25	18.08	21.92	0	655.86
CB19-3	1184.36	47.89	4887.23	88.02	22.00	13955.38
CB21-1	86.57	4.86	324.01	65.75	0	992.47
S141	2388.74	299.26	7018.22	200.56	63.03	18443.90
Yu36-9	55.31	33.55	70.55	176.04	0	1020.40

由表 2-4 可知以下结论。

(1)目标气井水质差异很大，CB1-1、CB5-2、CB9-3、CB12-2 井的矿化度很小，矿化度在 300~400mg/L，而 CB19-3 和 S141 井产出水的矿化度分别高达 13955.38mg/L 和 18443.90mg/L，属于具有极强腐蚀性的体系。

(2)CB19-3 和 S141 井产出水的 Cl^- 质量浓度较高，分别达到 4887.23mg/L 和 7018.22mg/L，存在腐蚀趋势。

(3)水样中 Fe^{3+} 含量较低，表明腐蚀程度较低。

2.2 采样气田各井区水气分析总结

为了更好地掌握采样区块气田腐蚀因素，分区块分析、统计研究气井 H_2S、CO_2、Cl^-、矿化度等情况，采样区块各井区腐蚀因素如表 2-5 所示。

由表 2-5 可以看出：各井型的 H_2S 平均质量浓度均为 0，CO_2 平均体积分数、Cl^- 平均质量浓度、平均矿化度均较低，其中 TPO 井型的 CO_2 平均体积分数达到 1.74%，Cl^- 平均质量浓度达到 617.64mg/L，平均矿化度达到 2107.63mg/L。因此，TPO 井型成为长庆长北腐蚀防护所研究的重点。

表 2-5 采样区块各井区水气分析总结

井型	井数	H_2S 平均质量浓度/(mg/m^3)	CO_2 平均体积分数/%	Cl^- 平均质量浓度/(mg/L)	平均矿化度/(mg/L)
TPO 井	12	0	1.74	617.64	2107.63
采样区块 1 单分支	3	0	1.84	304.87	955.79
采样区块 1 双分支	56	0	1.62	253.67	865.44
采样区块 1 直井	3	0	1.52	114.04	875.83
采样区块 2 直井	7	0	1.28	3015.63	6616.69

2.3 采样气田 S141 井挂片腐蚀监测及数据分析

2.3.1 实验原理

挂片法作为一种传统的离线腐蚀监测方法，是腐蚀领域常用的评价方法，能有效评估材料在苛刻腐蚀工况中的耐腐蚀性，反映油管腐蚀的真实情况，且不受实验周期限制。该检测方法的原理是选取与被检测材料相同的金属挂片，进行对比和平行实验，经过设定的腐蚀实验周期后，利用腐蚀速率公式计算挂片腐蚀速率，同时采用扫描电镜(SEM)、X 射线衍射仪(XRD)等材料表征技术对腐蚀产物进行分析，从而综合评估在现场工况下油管材料的耐腐蚀性。

挂片的腐蚀速率(r_c)表达式为：

$$r_c = C \cdot \Delta M/(A \cdot t \cdot \rho) \tag{2-3}$$

式中 ΔM——实验前后挂片的质量差，g；

C——常数 8.76×10^4；

A——挂片的总面积，cm^2；

ρ——挂片材料的密度，g/cm^3；

t——实验时间，h。

2.3.2 实验材料及实验方法

将 N80 钢和 P110 钢两种材料的腐蚀挂片下放至油管内壁目标深度 995m 和 1498m(MIT 检测中腐蚀严重的两个部位)，实验周期为 5520h。实验结束后，取出油管内的挂片，隔氧封装，带回实验室处理，并对挂片的宏观形貌和腐蚀速率进行分析。N80 钢与油管材料一致，P110 钢也被广泛应用于石油生产行业，两者的化学成分、显微组织及力学性能测试结果如表 2-6 和表 2-7 所示。

表 2-6 N80 钢、P110 钢的化学成分 %(质量)

牌号	C	Si	Mn	P	S	Cr	Mo	Ni	Nb	V	Ti	Cu
N80 钢	0.24	0.22	1.19	0.013	0.004	0.036	0.021	0.028	0.006	0.017	0.011	0.019
P110 钢	0.26	0.2	1.4	0.009	0.003	0.15	0.01	0.012	0.006	0.012	0.03	0.01

表 2-7 N80 钢、P110 钢的显微组织及力学性能

牌号	显微组织	夹杂物	晶粒度/级	抗拉强度/MPa	屈服强度/MPa	断后伸长率/%	洛氏硬度/HRC
N80 钢	回火索氏体	A0.5，B0.5，D1.0	4	822	598	24.8	17.3～19.2
P110 钢	回火索氏体	A0.5，B1.0，D0.5	9	980	909	22.1	32.0～32.1

2.3.3 实验试片宏观腐蚀形貌

在油管内壁目标深度995m处分别下入了1组编号8306～8310的N80钢挂片和1组编号9106～9110的P110钢挂片，在深度为1498m的位置分别下入了1组编号8301～8305的N80钢挂片和1组编号9101～9105的P110钢挂片，挂片宏观腐蚀形貌如图2-15～图2-18所示。

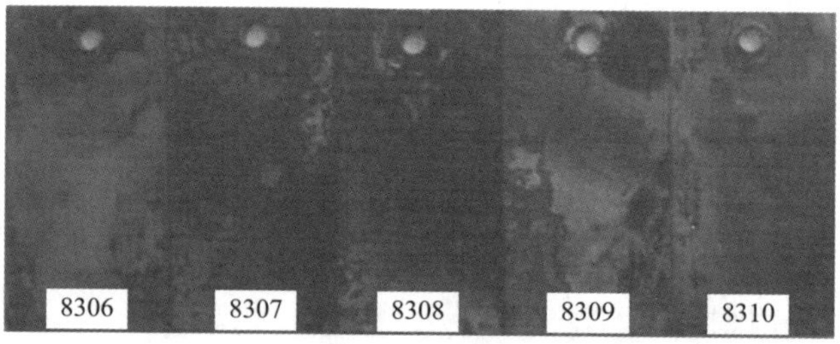

图 2-15 N80 钢挂片在深度为 995m 处的腐蚀形貌

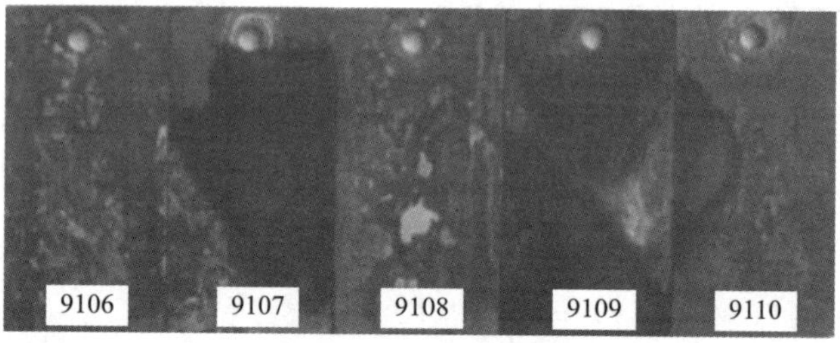

图 2-16 P110 钢挂片在深度为 995m 处的腐蚀形貌

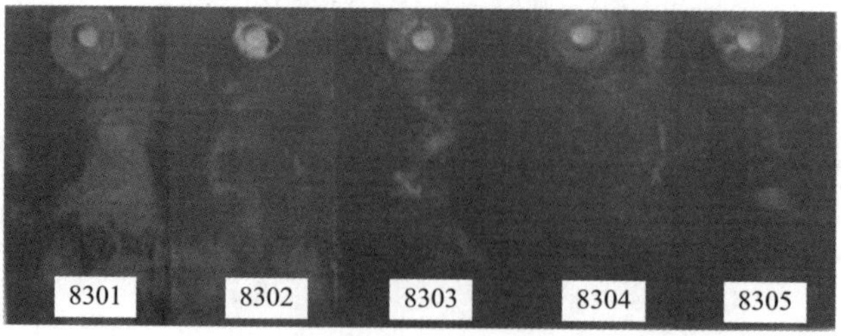

图 2-17 N80 钢挂片在深度为 1498m 处的腐蚀形貌

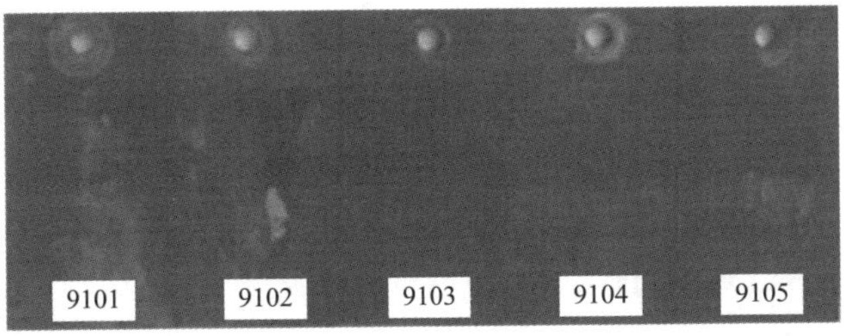

图 2－18 P110 钢挂片在深度为 1498m 处的腐蚀形貌

由图 2－15～图 2－18 可知，10 组挂片表面均产生了黑色的腐蚀产物，整体腐蚀情况较轻，但局部有小面积坑蚀现象。

表 2－8 为挂片腐蚀监测数据，995m 处挂片的平均腐蚀速率为 0.0145mm/a，高于 1498m 处挂片的平均腐蚀速率 0.00725mm/a，但是所有挂片整体均匀腐蚀速率均小于陕北 1 区块气田平均腐蚀速率 0.1mm/a 和 MIT 检测得到的腐蚀严重的单根油管平均腐蚀速率，原因是挂片表面覆盖了坚固且致密的腐蚀产物膜，对均匀腐蚀产生了一定的抑制作用。

表 2－8 失重法腐蚀监测实验数据

地层深度	试片编号	$m_{前}$/g	$m_{后}$/g	Δm/g	表面积/cm^2	时间/h	腐蚀速率/(mm/a)	平均腐蚀速率/(mm/a)
1498m	8301	20.3517	20.2118	0.1399	28.2766	8760	0.0063	0.0071
	8302	20.5348	20.3892	0.1456	28.3430	8760	0.0066	
	8303	20.4695	20.3146	0.1549	28.2384	8760	0.0070	
	8304	20.3780	20.2128	0.1652	28.1622	8760	0.0075	
	8305	20.4302	20.2468	0.1834	28.7465	8760	0.0082	
	9101	19.1770	19.0220	0.1550	28.5554	8760	0.0070	0.0074
	9102	19.1352	18.9764	0.1588	28.5016	8760	0.0071	
	9103	18.9792	18.8168	0.1624	28.6691	8760	0.0073	
	9104	19.1371	18.9621	0.1750	28.7250	8760	0.0078	
	9105	18.8413	18.6675	0.1738	28.5985	8760	0.0078	
995m	8306	20.2462	19.9475	0.2987	28.1537	8760	0.0136	0.0145
	8307	20.2996	19.9782	0.3214	27.8224	8760	0.0148	
	8308	20.0780	19.7769	0.3011	28.2167	8760	0.0137	
	8309	20.2526	19.9441	0.3085	28.2910	8760	0.0140	
	8310	20.4196	20.0539	0.3657	28.3408	8760	0.0165	

续表

地层深度	试片编号	$m_{前}$/g	$m_{后}$/g	Δm/g	表面积/cm^2	时间/h	腐蚀速率/(mm/a)	平均腐蚀速率/(mm/a)
995m	9106	18.6062	18.2195	0.3867	28.6008	8760	0.0173	0.0151
	9107	18.8909	18.6332	0.2577	28.6266	8760	0.0115	
	9108	19.1146	18.7515	0.3631	28.5308	8760	0.0163	
	9109	19.0848	18.6795	0.4053	28.5848	8760	0.0182	
	9110	18.8740	18.6074	0.2666	28.5358	8760	0.0120	

根据SY/T 5273—2000《油田采出水用缓蚀剂性能评价方法》中的腐蚀速率规定，结合表2-9中NACE对腐蚀程度的规定，在995m和1498m井深处，P110钢挂片目前处于轻度腐蚀状态。

表2-9 NACE对腐蚀程度的规定 mm/a

分类	平均腐蚀速率	点蚀速率
轻度腐蚀	<0.025	<0.127
中度腐蚀	0.025~0.125	0.127~0.201
严重腐蚀	0.126~0.254	0.202~0.381
极重腐蚀	>0.254	>0.381

2.3.4 微观腐蚀形貌分析

为了分析N80钢、P110钢两种材料在凝析水中的腐蚀行为，以及金属材料在不同温度、压力条件下的耐蚀机理，通过SEM对腐蚀产物进行微观分析，SEM形貌如图2-19~图2-22所示。

图2-19 P110钢挂片在深度为995m处的腐蚀产物SEM形貌

图 2 - 20　N80 钢挂片在深度为 995m 处的腐蚀产物 SEM 形貌

图 2 - 21　N80 钢挂片在深度为 1498m 处的腐蚀产物 SEM 形貌

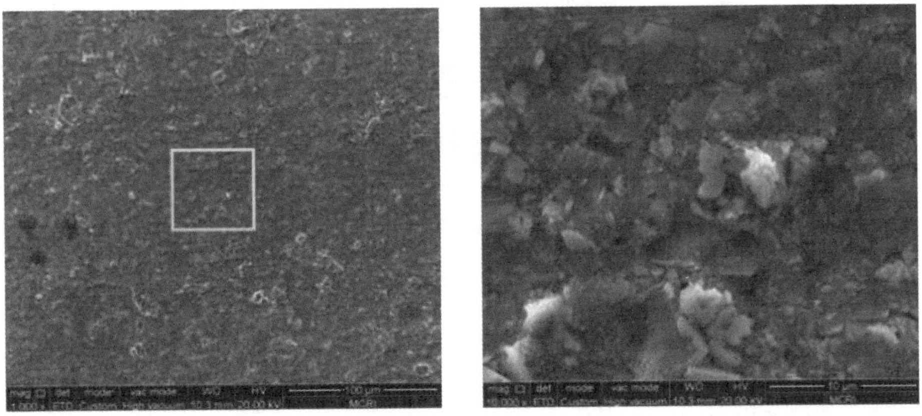

图 2 - 22　P110 钢挂片在深度为 1498m 处的腐蚀产物 SEM 形貌

由图 2－19 可见，995m 处 P110 钢挂片表面被多层晶粒大小不等的腐蚀产物膜覆盖，外层晶粒较小，且经过酸洗后，大片区域腐蚀产物已经被溶解或脱落，露出底层由较大晶粒组成的腐蚀产物膜，但因晶粒间稀疏，导致大面积基体金属露出。由图 2－20 可见，995m 处 N80 钢挂片表面致密的腐蚀产物膜是由大量的小晶粒堆积组成，晶粒间有缝隙且整个腐蚀产物表面离散分布了大量宽度为 5～6μm 的小孔，原因是凝析水中 Cl^- 穿透腐蚀产物膜形成了局部腐蚀。由图 2－21～图 2－22 可见，1498m 处的挂片也由腐蚀产物膜覆盖，但腐蚀产物膜表面没有小孔，腐蚀产物膜致密、均匀。

油管在相同的温度和压力条件下，两组材料挂片在不同深度处，P110 钢的腐蚀速率均大于 N80 钢的，可能与两种材料的化学成分差异有关。从表 2－6 N80 钢、P110 钢两种材料的化学成分来看，N80 钢的钼、镍等元素质量分数均比 P110 钢的高，这 3 种元素可提高钢材的耐腐蚀性。

整体来看，1498m 处的两种材料的表面腐蚀产物膜更致密、更均匀，995m 处的两种材料表面分别出现溶解脱落和孔蚀的现象，露出大面积基体，与宏观腐蚀形貌及失重实验结果一致。结合图 2－23 温度、压力随井深的变化曲线可知，随井深的增加，井内温度、压力均有所增加，说明高温、高压条件更有利于腐蚀产物晶粒的密集沉积，对金属基体的保护性好，能有效隔离液体对金属基体的腐蚀。

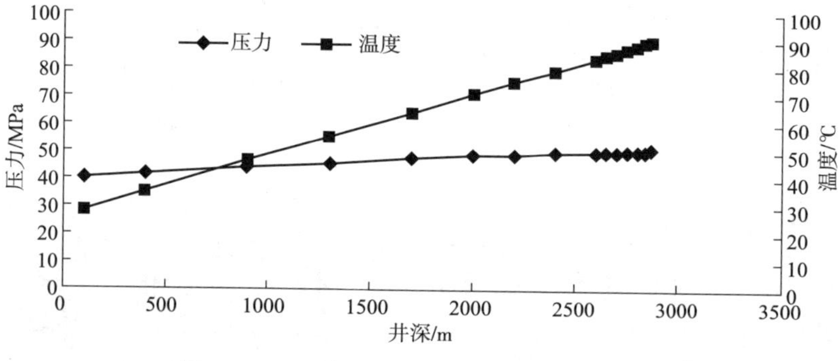

图 2－23　温度、压力随井深变化关系曲线

2.3.5　腐蚀产物成分分析

对挂片腐蚀产物的组成进行 XRD 分析，可知除铁外，其他能量峰均为 $FeCO_3$，说明在油管深度为 995m 和 1498m 处两种材料被腐蚀后生成的均为纯净的 $FeCO_3$ 相，1498m 处温度、压力较高，此区域沉积在金属表面的腐蚀产物膜更致

密；结合气相色谱分析结果仅检出 CO_2气体而未检出 H_2S 气体，综合分析确定实验监测气井油管腐蚀机理主要是由气相中 CO_2气体溶解在少量凝析水中引起的金属电化学腐蚀，与油管内流体特征分析结果相同。

2.3.6 实验结论

(1)采样气田 S141 井产水量较低，以低含量的凝析水为主，且水质矿化度低，氯化物等腐蚀性成分较少，从失重腐蚀实验数据分析发现，并未对参与气井井筒离线腐蚀监测实验的 N80、P110 两种材质金属试片造成严重腐蚀，且腐蚀以均匀腐蚀为主。

(2)通过 SEM 分析腐蚀试片的微观腐蚀形貌发现，1498m 处的两种材质表面腐蚀产物膜更致密、均匀，995m 处的两种材质表面分别出现溶解脱落和孔蚀特征，露出大面积基体，与宏观腐蚀形貌观察及失重实验结果一致，说明高温、高压条件更有利于腐蚀产物晶粒的密集沉积，能有效隔离液体对金属基体的腐蚀。

(3)通过 XRD 对腐蚀产物成分分析，995 和 1498m 处两种材质被腐蚀后生成的均为纯净的 $FeCO_3$相，结合气相色谱分析结果仅检出 CO_2而未检出 H_2S，综合分析确定实验监测气井油管腐蚀机理主要是由气相中 CO_2溶解在少量凝析水中引起的金属电化学腐蚀。

2.4 不同因素对井筒腐蚀影响实验研究

恶劣环境油井管的腐蚀过程是一种错综复杂的电化学过程，影响腐蚀速率的因素很多，主要有 CO_2 分压、H_2S 分压、温度、pH 值、流体的流速和组成(Ca^{2+}、Mg^{2+}、HCO_3^-、Cl^-质量浓度等)、管材的性质和所承受的载荷等。

高温高压反应釜适合用于腐蚀速率的测定。实验所用的高温高压反应釜如图 2－24 所示。其技术参数如下。

(1)材质：釜体为纯钛材质/或 316L 不锈钢，操作台面为 316L 不锈钢，耐工作压力 6MPa，工作温度在 400℃以下。

(2)加热方式：直接在反应釜大包围加热，简单方便、升温快、适用性强，用系列电热纤维炉/或电热环直接加热控温，加热功率为 300～500W，控温精度为 ±1℃。

(3)阀门管件为原装德国进口，接口均为标准配置。

(4)搅拌速度、精度均为数字显示 0～1500r/min，转速精度 ±1r/min；

(5)选用插入式针式 K 型传感器(专利)，工作温度为 400℃以下，显示精度为±1℃，标配含搅拌装置，纯钛材质反应釜本体，电热纤维炉，插入针式 K 型传感器等。

(6)可充惰性气体，保护反应物不与空气直接接触。

(7)可插入温度、压力、pH 值及电导率传感器，保证准确测量相关数据。

(8)技术亮点：让烦琐的实验简单化，可实现在同一操作台面上不同环境下的多元化串联实验，25ML/50ML/100ML/200ML/250ML/500ML 单独或并联、串联使用。

图 2-24　高温高压反应釜

2.4.1　CO_2分压对腐蚀的影响

在无水的环境中，CO_2通常不会对钢材产生腐蚀；而在有水的环境中，CO_2会溶于水形成碳酸，进而大大增加水中氢离子的浓度，这种酸性环境会使钢材产生氢去极化腐蚀的现象。一旦溶于水，CO_2会立即解离并释放出 H^+。H^+的去极化性极强，极易夺取金属原子的外层电子引发还原反应，进而促进阳极金属溶解，导致钢材的腐蚀。上述电化学腐蚀过程的反应方程式如下。

阳极反应：
$$Fe-2e^- \longrightarrow Fe^{2+} \tag{2-4}$$

阴极反应：
$$H_2O+CO_2 \longrightarrow H_2CO_3 \longrightarrow H^+ +HCO_3^- \tag{2-5}$$

$$2H^+ +2e^- \longrightarrow H_2 \tag{2-6}$$

腐蚀产物：
$$Fe+H_2CO_3 \longrightarrow FeCO_3 +H_2 \tag{2-7}$$

由以上反应式可以看出，单纯的 CO_2无法与 Fe 产生反应，钢材被腐蚀的主要原因是水溶液的环境。在含 CO_2的水溶液环境中，钢材发生腐蚀的化学反应方程式如下：

$$Fe + H_2CO_3 \xlongequal{} FeCO_3 + H_2 \tag{2-8}$$

这一反应的最终腐蚀产物为 $FeCO_3$，但 $FeCO_3$ 对金属材料的结合力和保护力差。CO_2 对钢材的腐蚀破坏主要表现为孔蚀和脓疮腐蚀，其腐蚀的速度很快。四川气田的气井曾发生过无 H_2S，CO_2 体积分数为 1.43% 的气井油管在投入生产的第二年即发生穿孔的事例，该事件中 CO_2 对钢材的最大腐蚀速率达到了 3mm/a。

CO_2 腐蚀速率的各个影响因素中，CO_2 的分压和温度是最重要的两个因素。CO_2 分压高时，水中溶解的 CO_2 浓度也高，整个水溶液的 pH 值降低、酸性增加，并导致 H^+ 去极化作用增强。同时，CO_2 分压高会使 $FeCO_3$ 的溶解度增加，削减了 $FeCO_3$ 腐蚀产物膜作为保护膜的作用，从而大大增加了钢材被腐蚀的速率。根据 SY/T 0515—2014 标准中按 CO_2 分压划分腐蚀环境：CO_2 分压大于 0.1MPa(绝对压力)，有明显腐蚀；CO_2 分压为 0.05～0.1MPa(绝对压力)，应考虑腐蚀作用；CO_2 分压小于 0.05MPa(绝对压力)，一般不考虑腐蚀作用。

温度同样是影响 CO_2 对金属材料腐蚀速率的重要参数。环境温度低于 60℃ 时，CO_2 腐蚀钢材的最终产物为 $FeCO_3$ 膜，该膜结合力和保护力差，钢材表面为均匀腐蚀；环境温度处于 60～100℃ 之间时，CO_2 腐蚀钢材的速率高，其表现以局部腐蚀为主，并将在钢材表面产生严重的坑蚀(深坑)，其腐蚀的最终产物为粗结晶的 $FeCO_3$，该产物层厚而松；环境温度超过 150℃ 时，$FeCO_3$ 的溶解度逐步降低，很快就在钢材表面形成薄而致密的保护膜(大约在钢铁接触到腐蚀介质的最初 20h 内)，该产物膜具有保护钢材的作用。

钢材表面腐蚀最终产物的组成、结构等会受到腐蚀环境中腐蚀介质的组成、分压、温度等因素的影响。若钢材表面生成的腐蚀产物膜是无保护性的，那么 CO_2 对钢材的腐蚀速率遵循 De Waar 的方程式，CO_2 会以最大的腐蚀速率均匀腐蚀钢材；若钢材表面生成的是成型不完整或被损坏、脱落的腐蚀产物膜，则可能诱发钢材的局部点蚀，进而导致严重的穿孔破坏出现；若钢材表面生成的腐蚀产物是致密且附着力强的稳定腐蚀产物膜，那么钢材在腐蚀环境中的腐蚀速率就会降低。

2.4.2　CO_2 分压对腐蚀速率影响的实验研究

模拟采样区块气田采出水的条件下，在室内高温高压反应釜内进行 CO_2 分压对腐蚀速率影响的评价实验(室内模拟出水条件：$MgCl_2$、Na_2SO_4、$NaHCO_3$、NaCl、KCl 和 $CaCl_2$ 质量浓度分别为 0.07g/L、0.28g/L、0.32g/L、8.16g/L、0.67g/L 和 11.60g/L)。由调研资料及适应室内实验的设备要求与经济可行性分析得出，在实验室内分别取 CO_2 分压为 0.05MPa、0.10MPa、0.15MPa、0.20MPa、0.25MPa 的条件下进行L80、P110、N80钢片挂片的室内模拟腐蚀实验，实验转速为100r/min，实验温度为50℃，实验时间为24h。实验CO_2分压改变情况如表2－10所示。具体的实验结果如表2－11所示。

表2－10 实验CO_2分压改变情况

CO_2分压/MPa	温度/℃	转速/(r/min)	实验周期/h
0.05	50	100	24
0.10	50	100	24
0.15	50	100	24
0.20	50	100	24
0.25	50	100	24

表2－11 不同CO_2分压下不同挂片的失重实验数据

CO_2分压/MPa	挂片类型	表面积/cm^2	初重/g	后重/g	失重量/g	腐蚀速率/(mm/a)	平均腐蚀速率/(mm/a)
0.05	L80	13	11.2892	11.2880	0.0012	0.0425	0.0414
		13	11.3070	11.3059	0.0011	0.0402	
	P110	13	11.2578	11.2566	0.0012	0.0412	0.0389
		13	11.2642	11.2632	0.0010	0.0365	
	N80	13	11.4184	11.4174	0.0010	0.0353	0.0359
		13	11.3778	11.3768	0.0010	0.0365	
0.10	L80	13	11.3095	11.3078	0.0017	0.0612	0.0607
		13	11.2981	11.2964	0.0017	0.0601	
	P110	13	11.2670	11.2658	0.0012	0.0426	0.0421
		13	11.2582	11.2570	0.0012	0.0415	
	N80	13	11.3823	11.3812	0.0011	0.0387	0.0384
		13	11.6303	11.6292	0.0011	0.0381	
0.15	L80	13	11.3021	11.2997	0.0024	0.0859	0.0888
		13	11.2662	11.2636	0.0026	0.0917	
	P110	13	10.8789	10.8770	0.0019	0.0684	0.0681
		13	11.2651	11.2632	0.0019	0.0677	
	N80	13	11.4859	11.4844	0.0015	0.0536	0.0524
		13	11.4234	11.4220	0.0014	0.0512	

续表

CO_2分压/MPa	挂片类型	表面积/cm^2	初重/g	后重/g	失重量/g	腐蚀速率/(mm/a)	平均腐蚀速率/(mm/a)
0.20	L80	13	11.3089	11.3058	0.0031	0.1101	0.1112
		13	11.2952	11.2921	0.0031	0.1123	
	P110	13	11.2578	11.2558	0.0020	0.0723	0.0715
		13	11.1876	11.1856	0.0020	0.0706	
	N80	13	11.4546	11.4528	0.0018	0.0646	0.0664
		13	11.4348	11.4329	0.0019	0.0681	
0.25	L80	13	11.2970	11.2935	0.0035	0.1233	0.1242
		13	11.2606	11.2571	0.0035	0.1251	
	P110	13	10.8701	10.8677	0.0024	0.0843	0.0853
		13	11.2530	11.2506	0.0024	0.0862	
	N80	13	11.4806	11.4783	0.0023	0.0813	0.0840
		13	11.4172	11.4148	0.0024	0.0867	

不同CO_2分压与腐蚀速率的变化关系曲线如图2－25所示。从图2－25可以看出：CO_2的分压越高，CO_2含量越高，腐蚀越严重；钢片的腐蚀速率随CO_2分压变化较大，其中P110钢腐蚀明显。

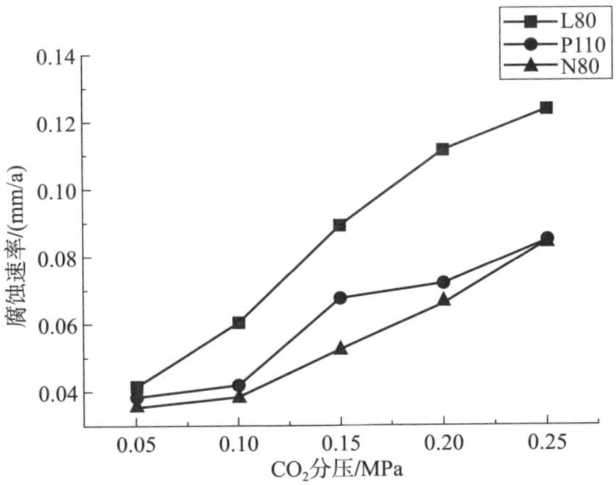

图2－25 不同CO_2分压对钢片L80、P110、N80腐蚀速率的影响

这是因为当CO_2分压较低时，CO_2在水中的含量很少且溶解度也很低，在水介质中形成的HCO_3^-也很少，所以腐蚀速率较低；随着CO_2分压的增加，腐蚀速

率变大，因为随着 CO_2 分压的升高 CO_2 在水中溶解度逐渐增大，在水中不断地形成碳酸，碳酸进一步又分解 H^+ 会阻碍 $FeCO_3$ 保护膜的形成，从而使腐蚀速率上升。

2.5 介质 pH 值

pH 值对 CO_2 腐蚀的影响可分为两个方面，一是影响阴阳极电化学反应的速度，二是影响腐蚀产物膜 $FeCO_3$ 的溶解度。pH 值的变化会直接影响 H_2CO_3 在水溶液中的存在形式，通常当 pH < 4 时，主要以 H_2CO_3 的形式存在；当 pH 值在 4 ~ 10 时，主要以 HCO_3^- 的形式存在；当 pH > 10 时，主要以 CO_3^{2-} 的形式存在。一般说来，增大水溶液的 pH 值可使其中的 H^+ 质量浓度减少，并使得氢的还原速度下降，从而可降低腐蚀环境中钢材的腐蚀速率。

采样气田 pH 值数据如图 2－26 所示。由图 2－26 可以看到，目标气井的 pH 值大部分在 5 ~ 6，呈弱酸性，存在的 H^+ 会加速腐蚀速率。弱酸介质也不利于 $FeCO_3$ 保护膜的生成，从而增加钢的腐蚀速率。

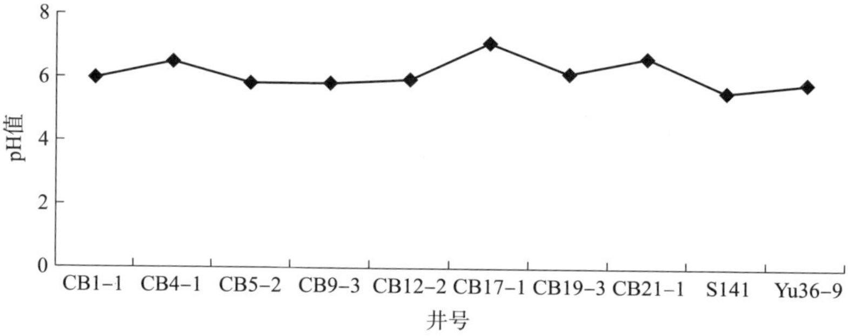

图 2－26 采样气田 pH 值数据图

2.6 介质温度

温度在天然气气井腐蚀中起着非常重要的作用，温度升高会导致腐蚀反应中每种物质所需的能量增加，从而增加腐蚀反应速率。此外，温度的变化也会影响金属表面腐蚀产物的形成，从而改变金属钢材的腐蚀反应速率。当温度升高时，化学反应、电化学反应、腐蚀反应的传质过程加速，从而加速腐蚀的发生。当温度上升到一定程度时，温度升高可能会影响腐蚀产物的成膜机理，因为温度过高所形成的腐蚀产物膜可能会因均匀致密化而抑制腐蚀的进行，并且由于多孔和不均匀的腐蚀促进局部腐蚀。

在天然气气井中，当气井井筒温度超过60℃后天然气气井井筒的腐蚀机理会发生质的变化。当气井井筒温度<60℃时，由于$FeCO_3$的溶解度和温度成反比关系，因此随着温度的升高，$FeCO_3$的溶解度也就相对减弱。所以在这个温度范围内，钢材腐蚀速率相对较低；当气井井筒温度在60~110℃时，由于较低的温度，$FeCO_3$的溶解度与形成率仍然较高。此时生成的$FeCO_3$成核量较小，晶粒生长速度慢。另外，由于不均匀性的严重且井筒的表面将形成较厚的、多孔的、大的$FeCO_3$薄膜，这种薄膜厚而松散、渗透性大，膜上形成多个小孔隙导致发生非常严重的点腐蚀。但是当温度达到高温(120℃以上)时，这种膜又会具有较好的保护所用，腐蚀速率也会相应地减慢。

温度对腐蚀速率影响的实验研究过程如下。在室内高温高压反应釜内模拟长庆长北探区气田采出水的条件下，进行温度对试样腐蚀速率影响的腐蚀实验(室内模拟出水条件：$MgCl_2$、Na_2SO_4、$NaHCO_3$、NaCl、KCl和$CaCl_2$质量浓度分别为0.07g/L、0.28g/L、0.32g/L、8.16g/L、0.67g/L和11.60g/L)。其他条件及实验温度运行改变情况以及不同温度下不同挂片对腐蚀速率的影响如表2-12所示。

表2-12 实验温度改变情况

CO_2分压/MPa	挂片类型	平均腐蚀速率/(mm/a)	
		50℃	60℃
0.05	L80	0.0414	0.0523
	P110	0.0389	0.0406
	N80	0.0359	0.0383
0.10	L80	0.0607	0.0869
	P110	0.0421	0.0591
	N80	0.0384	0.0413
0.15	L80	0.0888	0.0976
	P110	0.0681	0.0755
	N80	0.0524	0.0651

以钢片N80为例分析，从图2-27中可以看出，随着温度的升高，L80、P110、N80挂片的腐蚀速率呈现增大的趋势。因为温度升高会使在金属表面形成的腐蚀产物膜迅速破裂并使其溶解在水中，腐蚀产物膜破裂导致金属腐蚀加剧，腐蚀速率迅速升高。

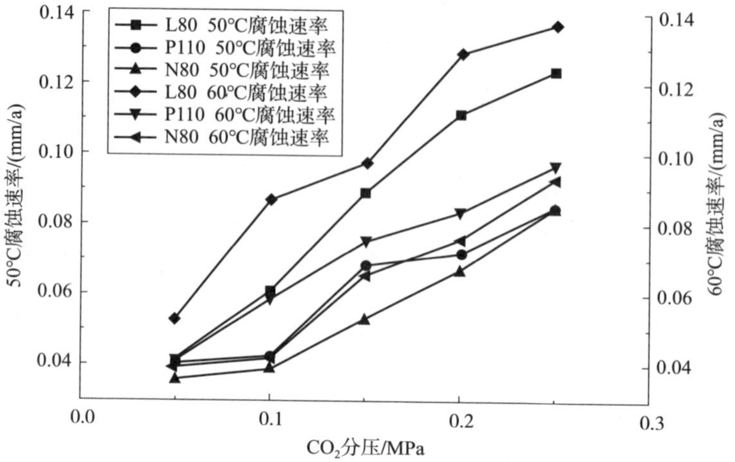

图 2－27　不同温度下 L80、P110、N80 挂片对腐蚀速率的影响

2.7　介质 Cl^- 质量浓度

井下腐蚀环境中的 Cl^- 大多来自气田自身地层水中的矿化物和酸化作业后的残酸。Cl^- 对钢材的腐蚀，一方面因为 Cl^- 总是吸附在钢材的表面阻碍了具有保护性的硫化铁膜在钢材表面成型，另一方面腐蚀环境中的 Cl^- 还能通过钢材表面硫化铁保护膜内的细孔或缺陷渗入，使得硫化物保护膜的开裂加剧。同时，腐蚀环境中 Cl^- 金属材料表面的接触会加快铁离子在环境中的溶解速度，并导致生成易水解的 $FeCl_3$，进一步加速腐蚀。另外，腐蚀环境中带负电荷的 Cl^- 比缓蚀剂分子中的 OH^- 等更容易被吸附到金属材料或破损的阳极表面，从而干扰缓蚀剂在钢材表面的保护作用正常发挥。

Cl^- 在 CO_2 溶液中的电化学腐蚀机理可表示为如下方程式。

阳极反应：

$$CO_2 + H_2O \longrightarrow H_2CO_3 \tag{2-9}$$

$$Fe + Cl^- + H_2O = [FeCl(OH)]_{ad} + H^+ + e^- \tag{2-10}$$

$$[FeCl(OH)]_{ad} \longrightarrow FeClOH + e^- \tag{2-11}$$

$$FeClOH + H^+ = Fe^{2+} + Cl^- + H_2O \tag{2-12}$$

阴极反应：

$$CO_2 + H_2O = H_2CO_3 \tag{2-13}$$

$$H_2CO_3 \longrightarrow H^+ + HCO_3^- \tag{2-14}$$

$$HCO_3^- \longrightarrow H^+ + CO_3^{2-} \tag{2-15}$$

$$H_{ad} + H_{ad} = H_2 \tag{2-16}$$

通常认为，只有当 Cl^- 质量浓度达到某个值时才会发生点蚀，这也与材料的整体性质有关。在某些地区，随着溶液中 Cl^- 质量浓度的增加，部分金属的腐蚀速率增加是因为较高的 Cl^- 质量浓度会促进金属基质中的阳离子在金属表面聚集引起产物膜与金属基质的宏观尺度上的分离破坏了保护膜的形成，从而使腐蚀速率上升。

以下为目标气田 Cl^- 质量浓度、总矿化度数据情况，如图 2－28 所示。

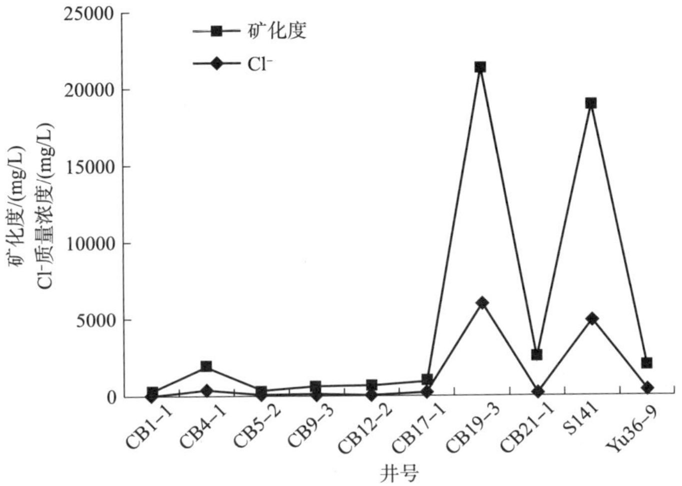

图 2－28　采用区块气田 2018 年 Cl^- 质量浓度和总矿化度图

由图 2－28 可以看到目标气井的 Cl^- 质量浓度和矿化度分布范围较广，CB19－3 和 S141 井的 Cl^- 质量浓度和矿化度最高，其中矿化度达到 1.5×10^5mg/L，Cl^- 质量浓度在 5000mg/L 以上，表明 CB19－3 和 S141 井井筒具有明显的腐蚀倾向。

Cl^- 质量浓度对腐蚀速率影响的实验研究

用氯化钠盐水配制不同的氯离子质量浓度气田采出水的条件下，在 60℃ 和 0.1MPa CO_2 下进行不同 Cl^- 质量浓度对腐蚀速率影响的室内腐蚀模拟实验，实验结果如图 2－29 所示。

由图 2－29 可知，随着 Cl^- 质量浓度的增加试样的腐蚀速率增加得非常快，因为此时的溶液中随着 Cl^- 质量浓度的增加，自由活动的离子增多，从而使溶液的导电性增强、钢片的腐蚀面积增大、溶液的电阻降低，则电化学腐蚀反应被加速。

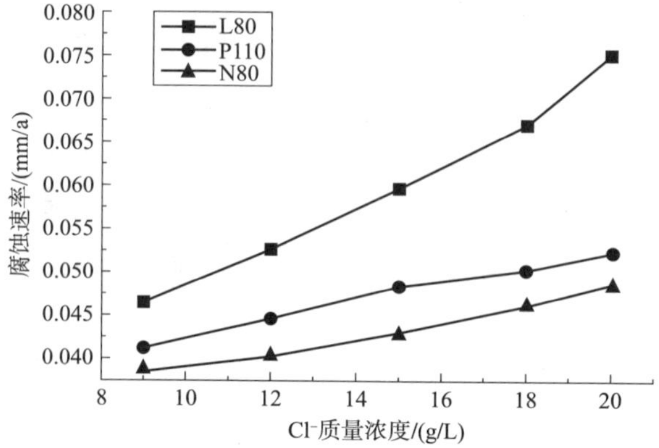

图 2-29　不同 Cl^- 质量浓度下 L80、P110、N80 挂片对腐蚀速率的影响

2.8　介质 HCO_3^- 质量浓度

在天然气的采出水中，水质矿化度非常高，含不同质量浓度的离子组成会影响井筒管柱的腐蚀，其中 HCO_3^- 是其中一种。HCO_3^- 的存在会抑制 $FeCO_3$ 的溶解，促进钝化膜的形成，从而降低碳钢的腐蚀速率。钢铁在高质量浓度的 HCO_3^- 溶液中，钝化电位区间较大，击穿电位也较高，点蚀的敏感性降低。溶液中 Cl^-、HCO_3^-、Ca^{2+}、Mg^{2+} 及其他离子可影响到钢铁表面腐蚀产物膜的形成和性质，从而影响腐蚀性。HCO_3^- 和 Ca^{2+}、Mg^{2+} 等共存时，钢铁表面易形成有保护性能的表面膜(结垢)，也会降低腐蚀速率。

研究发现，CO_2 腐蚀速率与采出水中的 HCO_3^- 的电价数和物质的量浓度相乘的比值有关。而 HCO_3^- 的存在会使溶液的 pH 值升高，溶液的 pH 值不同，会影响金属腐蚀速率。正常情况随着溶液 pH 值的升高，金属腐蚀速率是会下降的。一方面因为 pH 值升高，溶液中的 H^+ 浓度下降，影响金属腐蚀反应阴极过程；另一方面随着溶液的 pH 值升高，形成腐蚀产物膜的主要成分 $FeCO_3$ 的溶解度不断的降低，可以在金属表面形成腐蚀产物保护膜，则腐蚀速率下降。当 HCO_3^- 质量浓度相对较低且温度低于 30℃，在该溶液中的 HCO_3^- 会阻碍腐蚀反应中阴极反应过程的进行，从而降低金属的腐蚀速率；当温度小于 60℃时，HCO_3^- 在一定程度上抑制管材的腐蚀。

以下为采样气田目标气井 HCO_3^- 质量浓度数据情况，如图 2-30 所示。

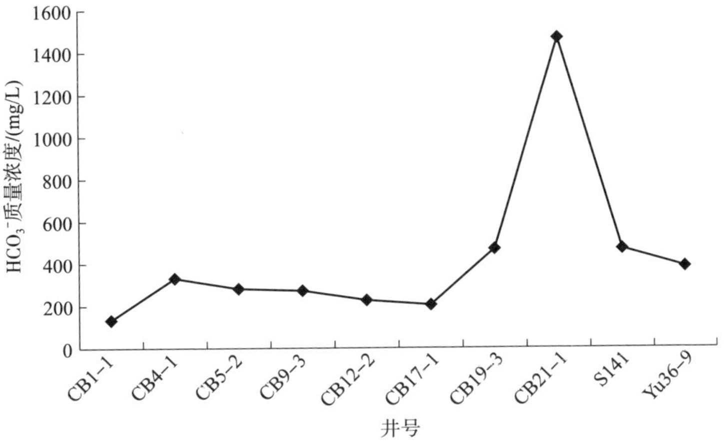

图2－30　采样气井 HCO_3^- 质量浓度图

由图2－30可以看到目标气井的 HCO_3^- 质量浓度都小于600mg/L，只有CB21－1井 HCO_3^- 质量浓度在1400mg/L以上，对 $FeCO_3$ 钝化膜溶解的抑制作用较小，从而增大了腐蚀的可能性。

HCO_3^- 质量浓度对腐蚀速率影响的实验研究

模拟采样区块气田采出水的条件下，在60℃和 CO_2 分压为0.1MPa下进行不同 HCO_3^- 质量浓度对腐蚀速率影响的评价实验。实验结果如图2－31所示。

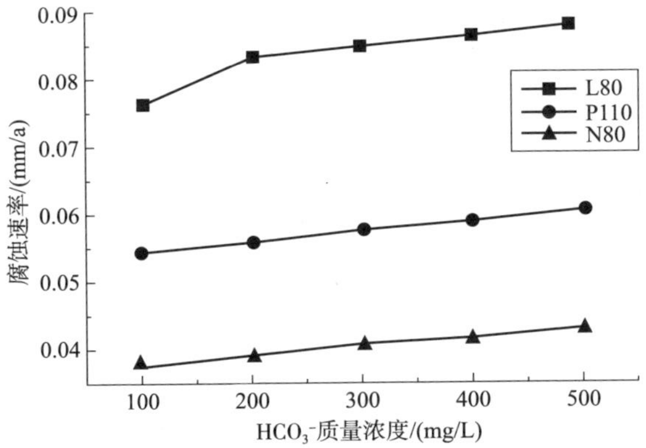

图2－31　不同 HCO_3^- 质量浓度下L80、P110、N80挂片对腐蚀速率的影响

从图2－31可以知道，当溶液中 HCO_3^- 质量浓度增大时，试样的腐蚀速率呈现略有增加，表明在较低的 HCO_3^- 质量浓度下对 $FeCO_3$ 钝化膜溶解的抑制作用较

小，从而增大了腐蚀的可能性。

2.9 介质 Ca^{2+}、Mg^{2+} 质量浓度

Ca^{2+}、Mg^{2+}的存在，增大了溶液的硬度，使离子强度增大，导致CO_2溶解在水中的亨利常数增大。根据亨利定律，当其他条件相同时，溶液中的CO_2含量将会减少。此外，这两种离子的存在会使介质的导电性增强，介质的结垢倾向也会因此增大。一般说来，在其他条件相同时，这两种离子的存在，会降低全面腐蚀，但局部腐蚀的严重性会增强。

以下为采样气田 Ca^{2+}、Mg^{2+} 质量浓度数据情况，如图 2－32 所示。

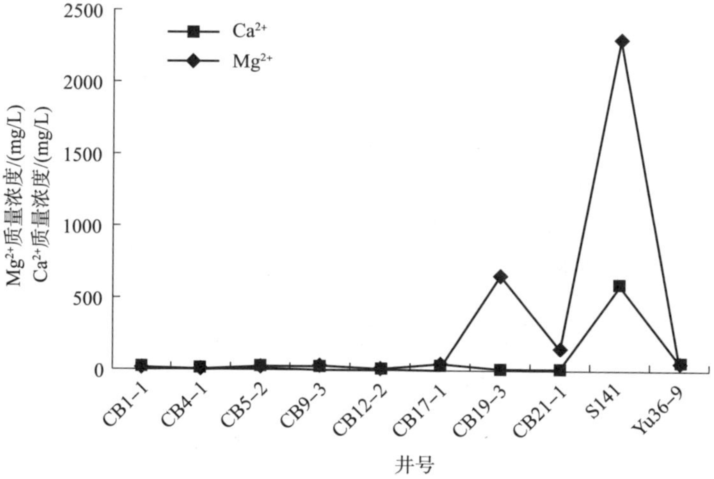

图 2－32　采样气田 Ca^{2+}、Mg^{2+} 质量浓度图

由图 2－32 可以看到目标气井中 Ca^{2+} 质量浓度比 Mg^{2+} 的多，这在一定程度上抑制了 CO_2在水中的溶解，增大了其在气相的质量浓度，增强了局部腐蚀的严重性。

模拟采样区块气田采出水的条件下，在 60℃和 CO_2分压为 0.1MPa 下进行不同 Ca^{2+} 质量浓度对腐蚀速率影响的评价实验。实验结果如图 2－33 所示。由图 2－33可知，Ca^{2+} 质量浓度减小，钢片的腐蚀速率增加。这是因为 Ca^{2+} 质量浓度较小时，在一定程度上抑制了 CO_2 在水中的溶解，增大了其在气相的质量浓度，促进腐蚀，同时也增强局部腐蚀的严重性。

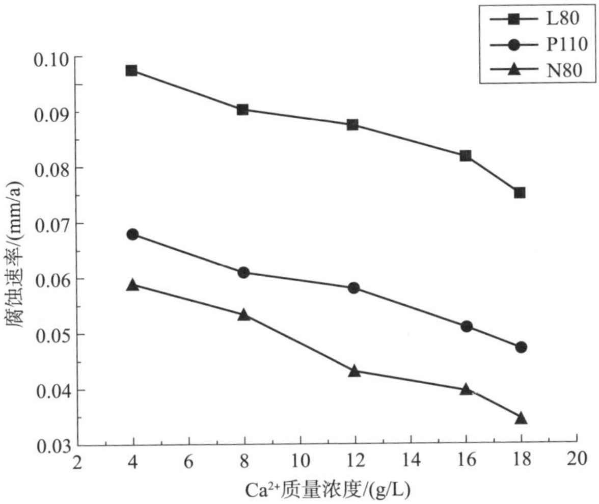

图 2-33　不同 Ca^{2+} 质量浓度下 L80、P110、N80 挂片对腐蚀速率的影响

2.10　井筒腐蚀机理分析

气井井下油管 CO_2 腐蚀主要包括均匀腐蚀、局部腐蚀和冲刷腐蚀三种类型。从油气田现场腐蚀的统计资料可以发现，气井油管内腐蚀一般表现为腐蚀成片密集分布在管柱内壁一定部位，蚀坑截面形状呈内大外小的喇叭口状，该现象反映出腐蚀是从管柱内壁开始，然后逐渐向深部腐蚀，直至腐蚀到油管外壁而导致油管穿孔。

局部腐蚀是油管最常见也是最易造成油管断裂的腐蚀类型，在采气过程中，高速气体流经油管时一般会发生局部腐蚀。但是，现场发现，即使气体的流速不快，也会发生局部腐蚀。这种腐蚀与油气井本身生产的流体性质有关。另外，由于管柱接箍处会突然变细，是引起流体湍流的一个变径点，气体冲刷更严重，并且接箍处由于存在缝隙，容易滞留产出水，故管柱接箍处也是容易发生严重腐蚀的部位。

对于油气井的直管段，由于管壁通常会吸附有一薄层液膜，使腐蚀介质和油管无法直接接触，两者之间的质量和能量传递较少，即使对于高度腐蚀井，由于液膜的缓冲作用，实际腐蚀速率也较小，且多为均匀腐蚀；在管道的连接处，由于发生紊流且水中各成分会发生较大变化，所以很容易发生局部电流耦合，导致局部腐蚀且腐蚀速率变大。

由水样和气样分析结果可推知，长北气井的井筒腐蚀主要为溶解的 CO_2 酸性腐蚀，包括均匀腐蚀、局部腐蚀和点蚀，其机理如下。

1. CO_2均匀腐蚀机理

$$Fe + H_2O \xlongequal{} Fe(H_2O)_{ad} \tag{2-17}$$

$$Fe(H_2O)_{ad} \xlongequal{} Fe(OH)_{ad} + H^+ + e^- \tag{2-18}$$

$$Fe(OH)_{ad} \xlongequal{} Fe(OH)^+ + e^- \tag{2-19}$$

$$Fe(OH)^+ + H^+ \xlongequal{} Fe^{2+} + H_2O \tag{2-20}$$

2. CO_2局部腐蚀机理

根据挂片分析结果可知，腐蚀产物 $FeCO_3$和垢样 $CaCO_3$覆盖在井筒内壁。但在金属表面大部分区域，腐蚀产物 $FeCO_3$及结垢物 $CaCO_3$或不同的生成物膜在钢铁表面不同区域的覆盖度不同，并且有的地方腐蚀产物膜和试样表面紧密接触，腐蚀介质难以穿过膜层到达金属表面。而在最靠近试样表面的腐蚀产物膜层由于存在缝隙，可允许腐蚀介质穿过到达金属表面，这些区域便成为电化学反应的阳极，而腐蚀介质难以到达的地方成为阴极。这种小阳极大阴极腐蚀将使金属在很短时间内形成严重的局部腐蚀区。

3. 点腐蚀的形成机理

点蚀坑的形成分为两个阶段。第一阶段为蚀孔成核(发生)阶段。Cl^-破坏钝化膜，形成可溶性氯化物，然后在新露出的基体金属的特定点(如晶界、夹杂、位错和异相组织)上生成小蚀坑形成点蚀核，孔径通常为 20～30μm(图 2-34)。第二阶段为蚀孔生长(发展)阶段，主要以“闭塞电池”的形成为基础，并进而形成“活化-钝化腐蚀电池”的自催化理论。

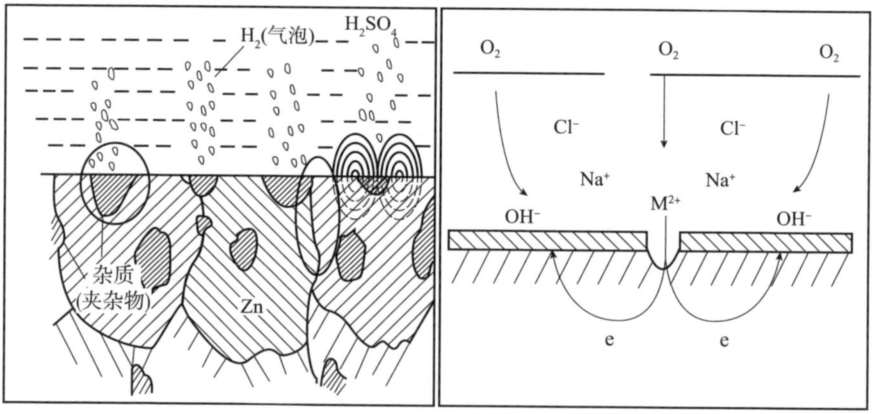

图 2-34　点蚀坑形成机理

(1)点腐蚀的萌生通常在钝化膜的局部缺陷区域，钝化膜受到侵蚀性离子作用而发生破裂，导致金属基体发生溶解。钝化膜破坏的起始过程的理论模型有三类，其模型如图 2－35 所示。

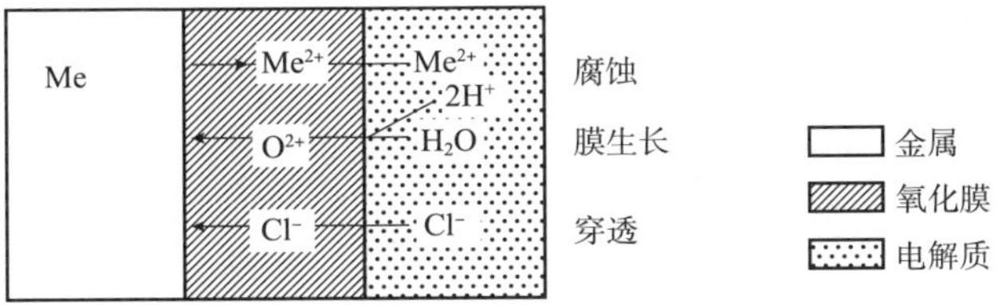

(a)穿透机理

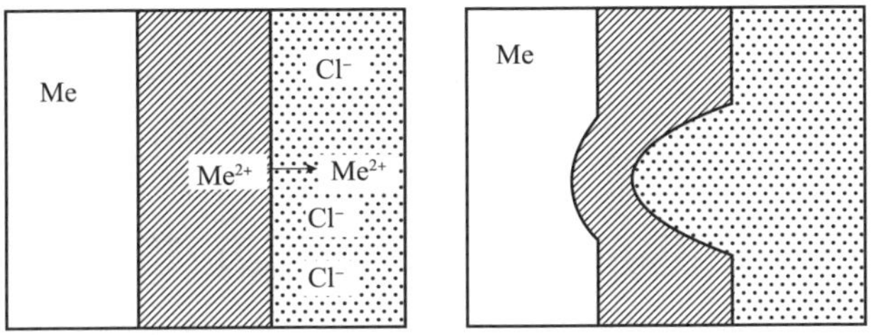

(b)吸附机理

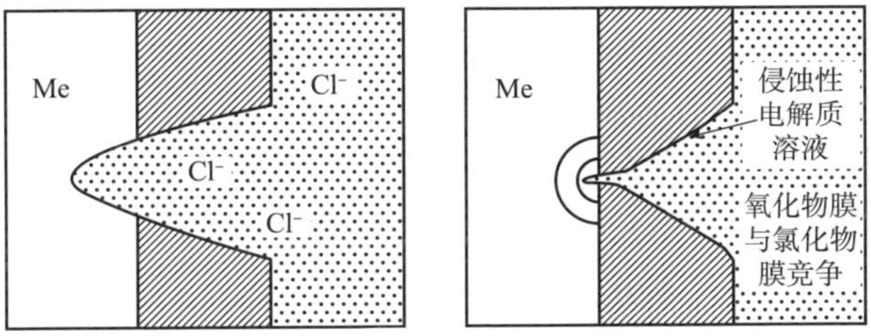

(c)破膜机理

图 2－35　点蚀发生导致钝化膜破坏的模型

①穿透模型，侵蚀性离子通过钝化膜迁移到金属/氧化物界面，进一步促进基体金属的溶解。

②吸附模型，该模型认为氯离子的局部吸附增强了该部位氧化物保护膜的溶解，使得钝化膜减薄，直至发生活性溶解。

③钝化膜破坏模型，在侵蚀性电解质溶液中，氧化物膜和氯化物膜存在竞争，在薄弱处机械应力作用下导致了钝化膜的破坏。

三种模型在一定程度上反映了点蚀萌生的部分本质，但还没有一个普遍适用的模型可以解释全部点蚀的萌生过程。

(2)点蚀坑的成核位置。

金属材料表面组织和结构的不均匀性使表面钝化膜的某些部位较为薄弱，从而成为点蚀坑容易成核的部位，如晶界、夹杂物、位错和异相组织等。

①起源于表面较粗糙部位。

凹坑区域滞留腐蚀性介质，构成腐蚀性环境。污物沉积的浓差效应和尖端效应造成电极电位差异形成化学原电池，凹槽的最低处为阳极，发生阳极反应，诱发点腐蚀，如图 2 –36 所示。

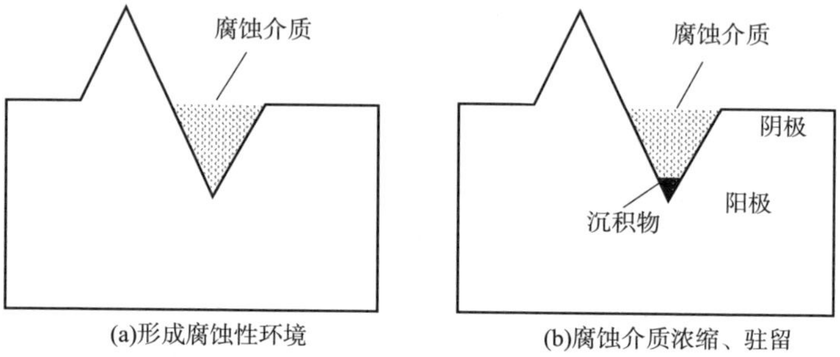

图 2 –36　表面粗糙的凹坑区域产生点腐蚀示意图

②起源于晶界。

表面结构不均匀性，特别是在晶界处有析出相时，如在奥氏体不锈钢晶界析出碳化物相及铁素体或复合不锈钢晶界析出的高铬 σ 相，使不均匀性更为突出。此外，由于晶界结构的不均匀性及吸附导致了晶界处产生化学不均匀性。

③起源于异相组织。

耐蚀合金元素在不同相中的分布不同，使不同的相具有不同的点独敏感性，即具有不同的 E_b 值。例如：在铁素体 – 奥氏体双相不锈钢中，铁素体相中的 Cr、Mo 元素质量分数较高，易钝化；而奥氏体相容易破裂。所以，点蚀一般发生在铁素体和奥氏体的相界处奥氏体一侧。

④起源于位错。

金属材料表面露头的位错也是产生点蚀的敏感部位。

⑤起源于夹杂物。

硫化物夹杂是碳钢、低合金钢、不锈钢以及 Ni 等材料萌生点蚀最敏感的位置。如：常见的 FeS 和 MnS 夹杂物容易在稀的强酸中溶解，成为点蚀起源。同时，产生 H^+ 或 H_2S，起活化作用，妨碍蚀孔再钝化，使之继续溶解。在氧化性介质中，特别是中性溶液中，硫化物不溶解，但其促进局部微电池的形成，作为局部阴极而促进蚀孔的形成。

在夹杂物(或第二相)与基体的交界处首先产生电偶腐蚀→嘴蚀产物溢出→底部腐蚀产物因体积膨胀将夹杂物或第二相颗粒拱出，萌生点腐蚀起源，如图2－37所示。图2－37(a)为夹杂物露头，发生电偶腐蚀；图2－37(b)为示意界面区域发生腐蚀；图2－37(c)为示意腐蚀持续，夹杂物底部的腐蚀产物将夹杂物拱出，形成点蚀坑起源。

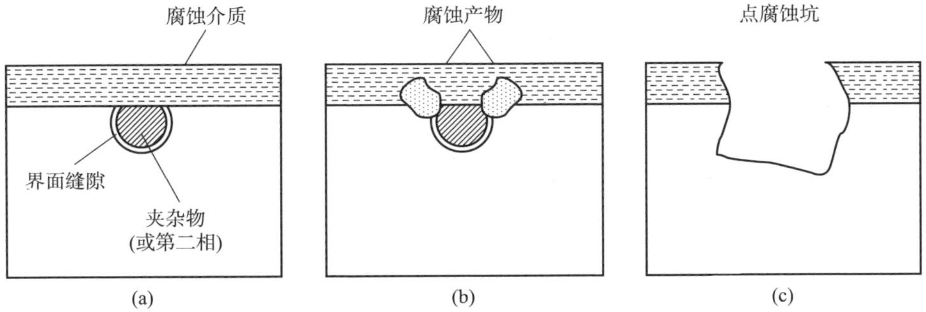

图2－37　点蚀起源于夹杂物(或第二相)示意图

(3)点蚀坑的孕育期。

点蚀坑的孕育期是指金属与溶液接触到点蚀产生的这段时间。孕育期随溶液中 Cl^- 质量浓度增加和电极电位的升高而缩短。低碳钢发生点蚀的孕育期 τ 的倒数与 Cl^- 质量浓度呈线性关系，即：

$$\frac{1}{\tau}=k[Cl^-] \tag{2-21}$$

式中　k——常数；

$[Cl^-]$——在一定临界值以下不发生点蚀。

(4)蚀孔的生长(发展)。

蚀孔内部的电化学条件发生了显著的改变，对蚀孔的生长有很大的影响，因此蚀孔一旦形成，便迅速发展。蚀孔发展的主要理论是以“闭塞电池”(Occluded Cell)的形成为基础，并进而形成“活化－钝化腐蚀电池”的自催化理论。

①闭塞电池的形成条件。

a. 在反应体系中具备阻碍液相传质过程的几何条件。如在孔口腐蚀产物的塞积可在局部造成传质困难。缝隙及应力腐蚀的裂纹均会出现类似的情况。

b. 有导致局部不同于整体的环境。

c. 存在导致局部不同于整体的电化学和化学反应。

②蚀孔的自催化发展过程。

a. 点蚀一旦发生，蚀孔内外会发生一系列变化[图2－38(a)]。

蚀孔外金属处于钝化状态

阳极过程：
$$M \longrightarrow M^{n+} + ne^- \tag{2-22}$$

阴极过程：
$$O_2 + 2H_2O + 4e^- \longrightarrow 4OH^- \tag{2-23}$$

该阴极过程中供氧较充分。

蚀孔内金属发生溶解，即：

阳极过程：
$$M \longrightarrow M^{n+} + ne^- \tag{2-24}$$

阴极过程：
$$O_2 + 2H_2O + 4e^- \longrightarrow 4OH^- \tag{2-25}$$

该阴极过程中氧扩散困难，导致缺氧，发生吸氧反应。孔内缺氧、孔外富氧，形成供氧差异电池。

b. 孔内金属离子质量浓度增加。

蚀孔内 M^+ 质量浓度的增高，将导致 Cl^- 向蚀孔内迁移，以保持蚀孔内溶液的电中性[图 2－38(b)]。所形成的金属氯化物 MCl 和金属离子发生水解：

$$MCl + H_2O \longrightarrow MOH + HCl \tag{2-26}$$

$$M^{n+} + n(H_2O) \longrightarrow nMOH + nH^+ \tag{2-27}$$

水解的结果是 H^+ 质量浓度升高，pH 值下降 2～3，孔内严重酸化。

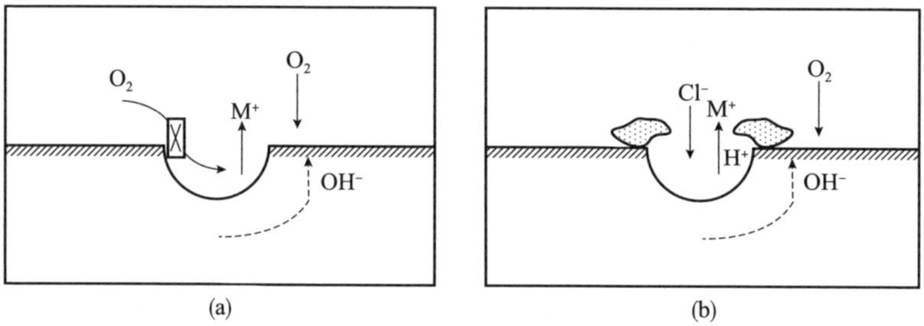

图 2－38　金属在中性充气的氯化物溶液中发生点蚀及其扩展的过程示意图

c. 孔内介质。

随着 Cl^- 进入，蚀孔内形成含 HCl 的介质，金属处于活化溶解态；而孔外富养，表面维持钝化态。构成“活化(孔内)－钝化(孔外)腐蚀电池”，形成自催化过程，如图 2－39 所示。

在该“闭塞电池”中发生了以下反应。

阳极反应为：

$$Fe \longrightarrow Fe^{2+} + 2e^- \tag{2-28}$$

$$Cr \longrightarrow Cr^{3+} + 3e^- \tag{2-29}$$

$$Ni \longrightarrow Ni^{2+} + 2e^- \tag{2-30}$$

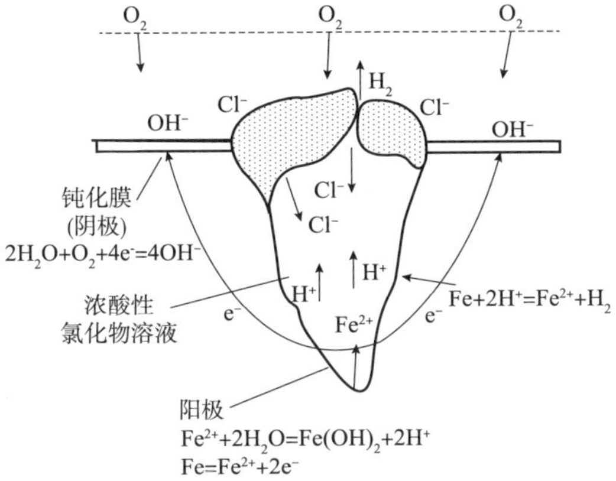

(a)闭塞电池示意图

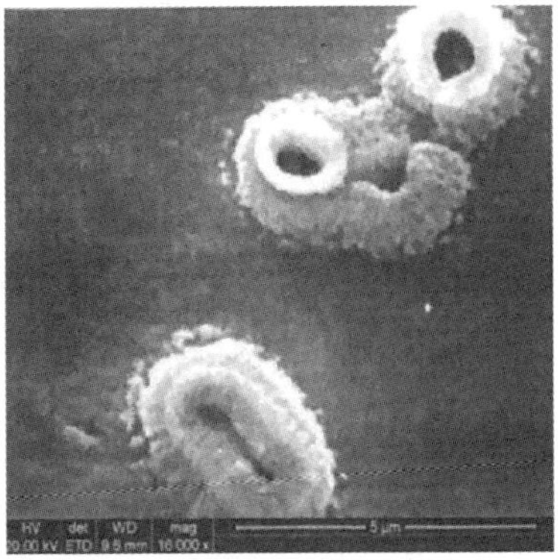
(b)SEM形貌

图 2－39　蚀孔形貌

阴极反应为：

$$O_2 + 2H_2O + 4e^- \longrightarrow 4OH^- \tag{2-31}$$

蚀坑内氯化物的水解反应为：

$$FeCl_3 + 3H_2O \longrightarrow Fe(OH)_3 + 3H^+ + 3Cl^- \tag{2-32}$$

$$FeCl_2 + 2H_2O \longrightarrow Fe(OH)_2 + 2HCl \tag{2-33}$$

蚀孔开口部位聚集的腐蚀产物主要成分为 $Fe(OH)_3$和 $CaCO_3$沉积物，在整个反应过程中，Cl^-可以循环起作用，有“搬运工”的功能，所以在点蚀过程中，较低的 Cl^-质量浓度可造成比较严重的腐蚀现象。总体来说，点蚀的萌生和扩展是一个复杂的过程，受多个因素的影响，很多方面还存在争议，有待进一步讨论。

3 气田水样和气样分析

气井的腐蚀是一个电化学过程，天然气的开采过程中，H_2S、CO_2、有机硫化物、地层水、矿物质等介质均会对处于复杂环境中的气井井下管柱产生腐蚀。为了研究影响腐蚀的因素，需对气田的水质和气体组成进行详细分析。

3.1 气田水样分析方法

参照部分水质分析国标和SY/T 5523—2006《油田水分析方法》对产出水进行分析。

3.1.1 总硬度和 Ca^{2+}、Mg^{2+}质量浓度测定方法

Ca^{2+}、Mg^{2+}在 pH 值为 10 的氨－氯化铵缓冲溶液中，以铬黑 T 为指示剂，以 EDTA 标准溶液滴定可测得水样中 Ca^{2+}、Mg^{2+}质量浓度，即总硬度。在 pH 值为 12 的介质中，以钙试剂为指示剂，用 EDTA 标准溶液滴定可测得水样中 Ca^{2+}的含量。水样中 Mg^{2+}质量浓度等于 Ca^{2+}、Mg^{2+}质量浓度与 Ca^{2+}质量浓度的差值。

具体测定时，大多数水样可直接滴定。但有少部分水样由于某些有机物的存在，会干扰 EDTA 滴定水中 Ca^{2+}、Mg^{2+}的终点。对于这样的水样测定时需事先将适量的硝酸溶液(1∶1)加入水样中，加热煮沸，利用硝酸的氧化性和酸性破坏水样中的有机质，然后再用 EDTA 对水样进行滴定分析。若水样中含 Ba^{2+}、Si^{2+}时，应在 pH 值为 3～4 的介质中以硫酸钠作沉淀剂将其除去后滴定。

3.1.2 铁含量测定方法

铁含量测定采用邻二氮菲分光光度法。在 pH 值为 2～9 的溶液中，Fe(Ⅱ)能与邻二氮菲形成红色的邻二氮菲－亚铁络合物，该红色络合物的最大吸收峰位于510nm 处。通过测定样品与邻二氮菲形成的络合物的吸光度，即可在标准吸收

曲线上查得溶液中 Fe(Ⅱ)含量，进而计算水样中 Fe(Ⅱ)含量。

1. 总铁含量测定方法

取待测水样加入一定量的盐酸羟胺，将水样中的 Fe(Ⅲ)还原为 Fe(Ⅱ)，然后调节 pH 值在5左右，再加入邻二氮菲，测定邻二氮菲－亚铁络合物的吸光度，即可在标准吸收曲线上查得溶液中 Fe(Ⅱ)含量，进而计算水样中总铁的含量。

2. Fe(Ⅱ)含量测定方法

取待测水样调节 pH 值在 5 左右，再加入邻二氮菲，即形成红色的邻二氮菲－亚铁络合物，测其吸光度，即可在标准吸收曲线上查得溶液中 Fe(Ⅱ)质量浓度，进而计算水样中 Fe(Ⅱ)质量浓度。

3. Fe(Ⅲ)含量测定方法

Fe(Ⅲ)含量等于总铁质量浓度与 Fe(Ⅱ)质量浓度的差值。

3.1.3 Cl^-质量浓度测定方法

在中性或弱碱性溶液中，以 K_2CrO_4为指示剂，用 $AgNO_3$标准溶液滴定 Cl^-质量浓度。为了消除水样中可能含有的 H_2S 或 S^{2-}等的影响，测定前需在水样中加入适量的硝酸溶液(1∶1)使水样呈酸性，并加热煮沸至无 H_2S 气味，冷却后，再进行测定。

3.1.4 SO_4^{2-}质量浓度测定方法

在油田常规分析中，通常采用 EDTA－钡间接容量法测定 SO_4^{2-} 质量浓度。该法具有快速、简单、抗干扰能力差等特点，一般适用于在水质较好条件下进行分析。由于油井产出水水样组成复杂，EDTA 与金属离子络合滴定终点颜色不易判断，水中残余有机物的辅助络合效应会造成 EDTA 与金属离子络合能力的降低，往往使测定结果的准确性很难保证。因此，对 SO_4^{2-} 的测定本项目采用重量法。

具体测定方法是：①取一定体积的水样，加入盐酸酸化，加热沸腾 3～5min；②再在不断搅拌的情况下缓慢滴加氯化钡溶液，SO_4^{2-} 与 Ba^{2+}形成硫酸钡沉淀；③沉淀经沉化、过滤、洗涤、干燥后，称取形成硫酸钡的质量，计算水样中 SO_4^{2-} 质量浓度。

3.1.5 CO_3^{2-}、OH^-和HCO_3^-质量浓度测定方法

采用盐酸标准溶液滴定水样，依次用酚酞和甲基橙为指示剂，用两次滴定所消耗盐酸标准溶液的体积，计算水样中CO_3^{2-}、OH^-和HCO_3^-质量浓度。

3.1.6 硫化物(二价硫)质量浓度测定方法

取一定量的废水样于100mL容量瓶中，用蒸馏水稀释至刻度线，加入0.2mL醋酸锌溶液和0.1mL氢氧化钠溶液，摇匀。将反应后的水样用滤纸过滤后，连同滤纸一起转入250mL锥形瓶中，用玻璃棒搅碎，加50mL水及10mL碘标准溶液，5mL(1+5)硫酸溶液，密塞摇匀。暗处放置5min，用硫代硫酸钠标准溶液滴定至溶液呈淡黄色时，加入1mL淀粉指示剂，继续滴定至蓝色刚好消失，记录用量。同时做空白实验。

3.1.7 Ba^{2+}和Si^{2+}质量浓度测定方法

通过ICP－MS测定Ba^{2+}和Si^{2+}质量浓度，采用标准工作曲线，样品适当稀释，一次进样，同时测定。

3.1.8 Na^+和K^+质量浓度测定方法

水样中Na^+和K^+质量浓度是根据水样中阴离子所带电荷总和应等于阳离子所带电荷总和的原则，由实验测得的阴、阳离子差而求得。

3.1.9 悬浮物质量浓度测定方法

悬浮物质量浓度的测定采用滤膜过滤法。该法让水通过已称至恒重的平均孔径为0.45μm的滤膜，根据过滤水的体积和滤膜的增重，计算悬浮物质量浓度。

3.1.10 油质量浓度测定方法

水样中的油质可以被石油醚、汽油、三氯甲烷等有机溶剂提取，提取液的颜色深浅度与油质量浓度呈线性关系，因此可以用比色的方法进行测定。取适量含油水样置于分液漏斗中，加入一定量的石油醚，在酸性条件下提取水中油品，提取液经无水氯化钙脱水后过滤，滤液于70～80℃水浴上蒸去石油醚或汽油，即得标准油样。将得到的标准油样用石油醚稀释，配成系列标准溶液，在430nm处测定标准油样的吸光度，绘制标准曲线。以同样的方法处理一定体积的水样，测其

吸光度，即可求得水样中的油质量浓度。

3.1.11 细菌质量浓度测定方法

参考中华人民共和国石油天然气行业标准《油田注入水细菌分析方法 绝迹稀释法》(SY/T 0532—1993)以及经验方法进行测定，采用绝迹稀释法，即将待测水样用无菌注射器逐级稀释接种并注入测试瓶中，送恒温培养箱中培养。根据细菌瓶阳性反应和稀释倍数，估算出水样中细菌的大致数目。

3.1.12 水型判断方法

油气田水样水型是根据水样中 Cl^-、Na^+、Mg^{2+}、${SO_4}^{2-}$ 物质的量浓度(单位：mmol/L)计算原生水型特性系数，油气田水样水型依据苏林分类法将其分为以下几类。

(1)当 Cl^- 物质的量浓度 < Na^+ 物质的量浓度时：若 $\frac{Na^+ - Cl^-}{{SO_4}^{2-}} > 1$，水型为 $NaHCO_3$ 型；

若 $\frac{Na^+ - Cl^-}{{SO_4}^{2-}} < 1$，水型为 Na_2SO_4 型；

若 $\frac{Na^+ - Cl^-}{{SO_4}^{2-}} = 1$，水型为 Na_2SO_4 型。

(2)当 Cl^- 物质的量浓度 > Na^+ 物质的量浓度时：若 $\frac{Cl^- - Na^+}{Mg^{2+}} < 1$，水型为 $MgCl_2$ 型；

若 $\frac{Cl^- - Na^+}{Mg^{2+}} > 1$，水型为 $CaCl_2$ 型；

若 $\frac{Cl^- - Na^+}{Mg^{2+}} = 1$，水型为 $CaCl_2$ 型。

3.2 水样分析结果

对采样区块 3－试 2 和采样区块 3－试 128 两个井区的 25 口气井产出水和混合水进行水样分析，结果如表 3－1～表 3－4 所示。

表 3－1　单井水样离子分析结果 I

mg/L

取样点	阳离子质量浓度								阴离子质量浓度		
	Sr^{2+}	Ba^{2+}	Ca^{2+}	Mg^{2+}	ΣFe	Fe^{3+}	Fe^{2+}	$Na^{+}+K^{+}$	HCO_3^{-}	Cl^{-}	SO_4^{2-}
试 20	727.3	1.2	8894.1	774.6	110.7	34.5	76.1	6471.8	599.7	27807.1	4.2
试 61	17.7	4.8	245.0	52.1	98.6	35.4	63.1	922.0	1918.2	1039.5	2.5
延 196	56.2	25.4	1831.3	166.2	84.2	39.9	44.3	2772.8	572.8	7800.9	3.4
试 14	1085.5	4.5	13592.0	3726.2	115.6	7.6	108.0	8704.7	707.2	48207.2	1.7
试 17	430.7	324.7	22245.0	1819.1	99.5	27.8	71.7	16472.9	221.1	70128.7	0.8
试 2	23.5	3.0	190.7	17.5	乳化	乳化	乳化	290.2	138.5	752.7	4.2
试 24	400.2	1.8	13621.4	1291.0	71.7	17.0	54.6	8734.1	200.6	41349.0	10.1
试 48	439.7	3.9	22441.0	3344.8	133.1	53.8	79.3	7515.4	367.9	61150.6	未检出
试 5	4684.6	4.9	41550.1	3990.2	110.7	3.1	107.5	27766.8	410.5	127987.3	2.5
试 56－1	116.4	92.7	658.5	56.3	79.7	22.9	56.9	3740.2	195.0	7097.7	0.8
试 38	3005.5	4.9	24106.9	1936.4	124.1	5.8	118.3	14982.6	9344.6	66188.3	1.7
延 185	1564.8	165.4	29947.5	3473.9	121.0	8.5	112.5	21021.3	6310.4	92124.9	8.4
试 21	3148.4	1693.5	7251.7	762.8	141.1	14.6	126.6	6681.2	261.3	25412.9	3.4

续表

取样点	阳离子质量浓度								阴离子质量浓度		
	Sr^{2+}	Ba^{2+}	Ca^{2+}	Mg^{2+}	$\sum Fe$	Fe^{3+}	Fe^{2+}	$Na^{+}+K^{+}$	HCO_3^{-}	Cl^{-}	SO_4^{2-}
试 221	1120.8	628.0	3457.3	435.4	36.0	4.8	31.2	20222.9	443.7	38356.3	8.4
试 226	7893.3	6068.5	17511.8	1390.7	38.1	2.2	35.9	86336.8	373.3	167989.6	0.8
试 248	372.7	11.3	471.2	81.2	16.3	6.4	10.0	420.3	452.3	1481.4	2.5
试 248－2	2230.3	0.8	2939.9	284.0	129.4	47.7	81.7	3561.4	413.4	11482.0	0.8
试 244	1365.8	370.1	8212.0	2558.5	138.3	10.7	127.7	6462.4	395.6	31996.8	0.8
试 244－1	655.3	2.8	6091.4	436.6	134.4	3.4	131.1	8077.7	125.4	24614.9	未检出
试 249	3350.8	4.6	43118.1	4825.8	31.0	3.6	27.4	52478.5	282.1	171291.0	3.4
试 249－3	222.4	1.3	42804.5	3286.1	30.2	7.5	22.7	76216.9	406.7	202704.8	3.4
试 247－1	23.5	0.9	112.3	15.1	19.4	9.2	10.2	585.6	108.6	1105.3	10.9
试 250	14.5	4.6	34.7	4.8	10.0	1.4	8.7	60.0	74.0	137.9	0.8
试 262－1	5.6	4.3	35.3	6.4	10.3	2.7	7.6	32.9	91.8	92.8	0.8

表 3－2　单井水样离子分析结果Ⅱ

mg/L

取样点	阳离子质量浓度								阴离子质量浓度		
	Sr^{2+}	Ba^{2+}	Ca^{2+}	Mg^{2+}	ΣFe	Fe^{3+}	Fe^{2+}	$Na^{+}+K^{+}$	HCO_3^{-}	Cl^{-}	SO_4^{2-}
试 20	396.7	150.1	10868.0	1135.1	198.5	39.8	158.8	4163.0	621.6	28905.9	5.9
试 37	439.1	60.6	15678.6	1331.8	157.1	37.0	120.1	9532.7	818.8	46105.0	5.0
试 48	525.0	90.6	10362.5	1029.1	134.6	17.9	116.7	2659.8	468.1	25379.4	1.7
试 24	185.0	1.9	800.0	60.9	39.5	12.3	27.1	1158.4	526.2	3121.8	15.1
试 56－1	76.4	0.9	2355.6	449.0	33.5	20.2	13.4	4867.4	830.5	12559.6	11.8
试 1	782.0	203.0	2825.7	244.2	110.5	5.6	104.9	3229.1	793.9	10377.2	2.5
试 15	176.0	5.4	6040.6	655.8	171.6	77.4	94.2	5422.5	1046.0	20638.8	0.8
试 2	161.0	4.4	561.8	117.6	11.5	1.2	10.3	5525.0	918.0	9336.6	3.4
试 36	556.0	8.9	4771.8	407.6	140.2	6.7	133.5	4611.8	656.2	16553.5	0.8
试 38	1773.1	282.4	13050.0	1347.0	126.8	25.8	101.0	6848.1	1128.2	37134.5	8.4
试 234	85.7	0.8	584.7	119.3	143.6	22.4	121.2	618.7	731.3	2110.1	1.7
试 217	6.8	0.1	1733.8	110.0	127.9	15.7	112.2	2674.8	2475.8	6234.0	19.3

续表

取样点	阳离子质量浓度								阴离子质量浓度		
	Sr^{2+}	Ba^{2+}	Ca^{2+}	Mg^{2+}	$\sum Fe$	Fe^{3+}	Fe^{2+}	$Na^{+}+K^{+}$	HCO_3^{-}	Cl^{-}	SO_4^{2-}
试 207－1	526.0	70.4	3386.8	363.2	133.5	21.3	112.2	3814.2	745.0	12689.7	4.2
试 204	19.8	0.3	2813.9	330.9	106.6	42.6	64.0	3529.0	707.1	11143.2	3.4
试 210	14.8	1.6	2765.0	197.8	2.6	2.6	0.0	3340.9	1559.2	9712.4	16.0
试 231	515.0	95.4	6891.5	499.4	125.1	19.1	106.0	3840.6	823.3	19275.4	3.4
试 244	607.0	147.0	17709.0	1543.7	109.0	57.4	51.6	19292.1	570.6	65462.3	3.4
试 213－2	39.6	0.9	342.4	154.6	9.1	0.9	8.2	336.8	175.5	1481.9	13.4
试 249－3	685.0	179.0	1700.1	151.3	26.2	10.2	16.0	1322.5	153.3	5424.7	26.1
试 249	672.0	3.5	17051.8	973.6	90.9	8.1	82.8	16858.1	295.4	58968.1	5.9
试 263	42.4	0.4	257.5	75.5	123.4	4.5	118.9	383.9	720.8	1009.8	0.8
试 247－1	213.0	1.0	266.9	18.6	150.3	84.1	66.2	144.6	444.0	721.7	19.3
试 262－1	516.0	72.5	451.2	95.0	103.8	27.5	76.3	559.3	339.5	1889.5	4.2
试 250	525.0	27.5	139.6	103.4	89.7	3.4	86.4	342.7	352.3	990.5	1.7

表 3-3 单井水样其他指标分析结果Ⅰ mg/L

取样点	其他水质指标					
	pH 值	悬浮物质量浓度	油质量浓度	*SI*（饱和指数）	总矿化度	水型
试 20	6.15	117	6.25	1.76	40356	$CaCl_2$
试 61	7.66	161	29.89	2.21	4066	$CaCl_2$
延 196	6.10	161	15.51	1.00	11878	$CaCl_2$
试 14	6.15	228	8.53	2.01	71493	$CaCl_2$
试 17	5.71	370	7.40	1.28	121971	$CaCl_2$
试 2	5.72	未检出	55.48	-0.98	1235	$CaCl_2$
试 24	6.10	985	18.55	1.42	64612	$CaCl_2$
试 48	5.84	317	1.59	1.64	115186	$CaCl_2$
试 5	5.47	469	17.79	1.58	197774	$CaCl_2$
试 56-1	5.88	129	27.16	-0.13	10721	$CaCl_2$
试 38	6.16	404	8.74	3.39	111056	$CaCl_2$
延 185	6.11	908	9.45	3.26	163868	$CaCl_2$
试 21	6.25	992	7.11	1.41	43943	$CaCl_2$
试 221	6.41	367	31.74	1.48	59415	$CaCl_2$
试 226	6.00	487	29.23	1.70	134955	$CaCl_2$
试 248	7.97	未检出	28.53	2.18	3154	$CaCl_2$
试 248-2	6.68	未检出	22.12	1.65	19761	$CaCl_2$
试 244	6.43	250	16.75	1.82	49454	$CaCl_2$
试 244-1	6.22	307	14.36	0.99	42788	$CaCl_2$
试 249	5.91	699	2.73	1.88	137014	$CaCl_2$
试 249-3	5.74	442	2.19	1.86	137495	$CaCl_2$
试 247-1	6.48	未检出	115.68	-0.55	1798	$CaCl_2$
试 250	5.78	未检出	144.99	-1.93	407	$CaCl_2$
试 262-1	5.99	未检出	84.66	-1.62	270	$CaCl_2$

表 3-4 单井水样其他指标分析结果Ⅱ mg/L

取样点	其他水质指标					
	pH 值	悬浮物质量浓度	油质量浓度	*SI*（饱和指数）	总矿化度	水型
试 20	6.14	106	3.95	1.85	45898	$CaCl_2$
试 37	6.02	715	5.15	2.01	73628	$CaCl_2$
试 48	5.86	456	2.27	1.43	40035	$CaCl_2$

续表

取样点	其他水质指标					
	pH 值	悬浮物质量浓度	油质量浓度	*SI*（饱和指数）	总矿化度	水型
试 24	6.22	1202	3.99	0.73	5722	$CaCl_2$
试 56 - 1	6.01	460	5.28	1.84	21107	$CaCl_2$
试 1	6.28	803	7.83	1.51	17583	$CaCl_2$
试 15	6.58	227	3.73	2.26	33976	$CaCl_2$
试 2	6.69	331	5.09	1.29	16473	$CaCl_2$
试 36	6.16	442	5.18	1.54	27141	$CaCl_2$
试 38	6.12	640	5.09	2.17	59643	$CaCl_2$
试 234	6.78	376	4.16	1.29	4309	$CaCl_2$
试 217	6.65	146	5.28	2.17	13375	$CaCl_2$
试 207 - 1	6.27	385	3.75	1.55	21136	$CaCl_2$
试 204	6.20	621	0.57	1.38	18634	$CaCl_2$
试 210	6.75	未检出	4.01	2.27	17593	$CaCl_2$
试 231	6.31	386	4.50	1.95	31458	$CaCl_2$
试 244	5.77	220	4.09	1.66	104690	$CaCl_2$
试 213 - 2	6.31	480	4.93	0.03	2513	$CaCl_2$
试 249 - 3	6.39	628	1.93	0.69	8804	$CaCl_2$
试 249	6.01	236	5.57	1.58	94243	$CaCl_2$
试 263	6.26	225	2.79	1.57	2004	$CaCl_2$
试 247 - 1	5.95	182	3.87	-0.09	1765	$CaCl_2$
试 262 - 1	5.84	445	4.28	-0.09	3442	$CaCl_2$
试 250	5.73	206	4.40	-0.70	2019	$CaCl_2$

表 3-5　硫酸钡结垢趋势预测　　mg/L

取样点	Ba^{2+} 质量浓度	SO_4^{2-} 质量浓度	*B*（物质的量浓度）	判断依据	结垢趋势
试 20	1.2	4.2	5.84×10^{-6}	$B>0$	有
试 61	4.8	2.5	1.91×10^{-5}	$B>0$	有
延 196	25.4	3.4	3.47×10^{-5}	$B>0$	有
试 14	4.5	1.7	1.23×10^{-5}	$B>0$	有
试 17	324.7	0.8	8.29×10^{-6}	$B>0$	有
试 2	3.0	4.2	1.76×10^{-5}	$B>0$	有

续表

取样点	Ba^{2+}质量浓度	SO_4^{2-}质量浓度	B(物质的量浓度)	判断依据	结垢趋势
试24	1.8	10.1	1.19×10^{-5}	$B>0$	有
试48	3.9	0.0	-3.50×10^{-6}	$B<0$	无
试5	4.9	2.5	1.93×10^{-5}	$B>0$	有
试56-1	92.7	0.8	8.17×10^{-6}	$B>0$	有
试38	4.9	1.7	1.29×10^{-5}	$B>0$	有
延185	165.4	8.4	8.74×10^{-5}	$B>0$	有
试2	1693.5	3.4	3.54×10^{-5}	$B>0$	有
试221	628.0	8.4	8.75×10^{-5}	$B>0$	有
试226	6068.5	0.8	8.33×10^{-6}	$B>0$	有
试248	11.3	2.5	2.42×10^{-5}	$B>0$	有
试248-2	0.8	0.8	-3.51×10^{-6}	$B<0$	无
试244	370.1	0.8	8.29×10^{-6}	$B>0$	有
试244-1	2.8	0.0	-4.42×10^{-6}	$B<0$	无
试249	4.6	3.4	2.39×10^{-5}	$B>0$	有
试249-3	1.3	3.4	5.76×10^{-6}	$B>0$	有
试247-1	0.9	10.9	5.54×10^{-6}	$B>0$	有
试250	4.6	0.8	4.54×10^{-6}	$B>0$	有
试262-1	4.3	0.8	4.27×10^{-6}	$B>0$	有

表3-6 硫酸锶结垢趋势预测 mg/L

取样点	Sr^{2+}质量浓度	SO_4^{2-}质量浓度	Q(离子积商)	K_{SP}(溶解度积常数)	判断依据	结垢趋势
试20	727.3	4.2	3.63×10^{-7}	3.4×10^{-7}	$Q>K_{SP}$	有
试61	17.7	2.5	5.26×10^{-9}	3.4×10^{-7}	$Q<K_{SP}$	无
延196	56.2	3.4	2.27×10^{-8}	3.4×10^{-7}	$Q<K_{SP}$	无
试14	1085.5	1.7	2.19×10^{-7}	3.4×10^{-7}	$Q<K_{SP}$	无
试17	430.7	0.8	4.10×10^{-8}	3.4×10^{-7}	$Q<K_{SP}$	无
试2	23.5	4.2	1.17×10^{-8}	3.4×10^{-7}	$Q<K_{SP}$	无
试24	400.2	10.1	4.81×10^{-7}	3.4×10^{-7}	$Q>K_{SP}$	有
试48	439.7	0.0	0	3.4×10^{-7}	$Q<K_{SP}$	无
试5	4684.6	2.5	1.39×10^{-6}	3.4×10^{-7}	$Q>K_{SP}$	有
试56-1	116.4	0.8	1.11×10^{-8}	3.4×10^{-7}	$Q<K_{SP}$	无
试38	3005.5	1.7	6.08×10^{-7}	3.4×10^{-7}	$Q>K_{SP}$	有

续表

取样点	Sr^{2+} 质量浓度	SO_4^{2-} 质量浓度	Q（离子积商）	K_{SP}（溶解度积常数）	判断依据	结垢趋势
延 185	1564.8	8.4	1.56×10^{-6}	3.4×10^{-7}	$Q>K_{SP}$	有
试 2	3148.4	3.4	1.27×10^{-6}	3.4×10^{-7}	$Q>K_{SP}$	有
试 221	1120.8	8.4	1.12×10^{-6}	3.4×10^{-7}	$Q>K_{SP}$	有
试 226	7893.3	0.8	7.51×10^{-7}	3.4×10^{-7}	$Q>K_{SP}$	有
试 248	372.7	2.5	1.11×10^{-7}	3.4×10^{-7}	$Q<K_{SP}$	无
试 248－2	2230.3	0.8	2.12×10^{-7}	3.4×10^{-7}	$Q<K_{SP}$	无
试 244	1365.8	0.8	1.30×10^{-7}	3.4×10^{-7}	$Q<K_{SP}$	无
试 244－1	655.3	0.0	0	3.4×10^{-7}	$Q<K_{SP}$	无
试 249	3350.8	3.4	1.35×10^{-6}	3.4×10^{-7}	$Q>K_{SP}$	有
试 249－3	222.4	3.4	8.99×10^{-8}	3.4×10^{-7}	$Q<K_{SP}$	无
试 247－1	23.5	10.9	3.05×10^{-8}	3.4×10^{-7}	$Q<K_{SP}$	无
试 250	14.5	0.8	1.38×10^{-9}	3.4×10^{-7}	$Q<K_{SP}$	无
试 262－1	5.6	0.8	5.33×10^{-10}	3.4×10^{-7}	$Q<K_{SP}$	无

表 3－7 碳酸钙结垢趋势预测 mg/L

取样点	Ca^{2+} 质量浓度	HCO_3^- 质量浓度	CO_3^{2-} 质量浓度	pH 值	SI	判断依据	结垢趋势
试 20	8894.1	599.7	0	6.15	1.76	$SI>0$	有
试 61	245.0	1918.2	0	7.66	2.21	$SI>0$	有
延 196	1831.3	572.8	0	6.1	1	$SI>0$	有
试 14	13592	707.2	0	6.15	2.01	$SI>0$	有
试 17	22245	221.1	0	5.71	1.28	$SI>0$	有
试 2	190.7	138.5	0	5.72	－0.98	$SI<0$	无
试 24	13621.4	200.6	0	6.1	1.42	$SI>0$	有
试 48	22441	367.9	0	5.84	1.64	$SI>0$	有
试 5	41550.1	410.5	0	5.47	1.58	$SI>0$	有
试 56－1	658.5	195	0	5.88	－0.13	$SI<0$	无
试 38	24106.9	9344.6	0	6.16	3.39	$SI>0$	有
延 185	29947.5	6310.4	0	6.11	3.26	$SI>0$	有
延 2	7251.7	261.3	0	6.25	1.41	$SI>0$	有
试 221	3457.3	443.7	0	6.41	1.48	$SI>0$	有
试 226	17511.8	373.3	0	6	1.7	$SI>0$	有

续表

取样点	Ca^{2+} 质量浓度	HCO_3^- 质量浓度	CO_3^{2-} 质量浓度	pH 值	SI	判断依据	结垢趋势
试 248	471.2	452.3	0	7.97	2.18	$SI>0$	有
试 248-2	2939.9	413.4	0	6.68	1.65	$SI>0$	有
试 244	8212	395.6	0	6.43	1.82	$SI>0$	有
试 244-1	6091.4	125.4	0	6.22	0.99	$SI>0$	有
试 249	43118.1	282.1	0	5.91	1.88	$SI>0$	有
试 249-3	42804.5	406.7	0	5.74	1.86	$SI>0$	有
试 247-1	112.3	108.6	0	6.48	-0.55	$SI<0$	无
试 250	34.7	74.0	0	5.78	-1.93	$SI<0$	无
试 262-1	35.3	91.8	0	5.99	-1.62	$SI<0$	无

表 3-8　硫酸钙结垢趋势预测　mg/L

取样点	Ca^{2+} 质量浓度	SO_4^{2-} 质量浓度	Q(离子积商)	K_{SP}(溶解度积常数)	判断依据	结垢趋势
试 20	8894.1	4.2	9.73×10^{-6}	7.1×10^{-5}	$Q<K_{SP}$	无
试 61	245.0	2.5	1.60×10^{-7}	7.1×10^{-5}	$Q<K_{SP}$	无
延 196	1831.3	3.4	1.62×10^{-6}	7.1×10^{-5}	$Q<K_{SP}$	无
试 14	13592.0	1.7	6.02×10^{-6}	7.1×10^{-5}	$Q<K_{SP}$	无
试 17	22245.0	0.8	4.63×10^{-6}	7.1×10^{-5}	$Q<K_{SP}$	无
试 2	190.7	4.2	2.09×10^{-7}	7.1×10^{-5}	$Q<K_{SP}$	无
试 24	13621.4	10.1	3.58×10^{-5}	7.1×10^{-5}	$Q<K_{SP}$	无
试 48	22441.0	0.0	0	7.1×10^{-5}	$Q<K_{SP}$	无
试 5	41550.1	2.5	2.71×10^{-5}	7.1×10^{-5}	$Q<K_{SP}$	无
试 56-1	658.5	0.8	1.37×10^{-7}	7.1×10^{-5}	$Q<K_{SP}$	无
试 38	24106.9	1.7	1.07×10^{-5}	7.1×10^{-5}	$Q<K_{SP}$	无
延 185	29947.5	8.4	6.55×10^{-5}	7.1×10^{-5}	$Q<K_{SP}$	无
试 21	7251.7	3.4	6.42×10^{-6}	7.1×10^{-5}	$Q<K_{SP}$	无
试 221	3457.3	8.4	7.56×10^{-6}	7.1×10^{-5}	$Q<K_{SP}$	无
试 226	17511.8	0.8	3.65×10^{-6}	7.1×10^{-5}	$Q<K_{SP}$	无
试 248	471.2	2.5	3.07×10^{-7}	7.1×10^{-5}	$Q<K_{SP}$	无
试 248-2	2939.9	0.8	6.12×10^{-7}	7.1×10^{-5}	$Q<K_{SP}$	无
试 244	8212.0	0.8	1.71×10^{-6}	7.1×10^{-5}	$Q<K_{SP}$	无
试 244-1	6091.4	0.0	0	7.1×10^{-5}	$Q<K_{SP}$	无

续表

取样点	Ca^{2+} 质量浓度	SO_4^{2-} 质量浓度	Q(离子积商)	K_{SP}(溶解度积常数)	判断依据	结垢趋势
试 249	43118.1	3.4	3.82×10^{-5}	7.1×10^{-5}	$Q<K_{SP}$	无
试 249-3	42804.5	3.4	3.79×10^{-5}	7.1×10^{-5}	$Q<K_{SP}$	无
试 247-1	112.3	10.9	3.19×10^{-7}	7.1×10^{-5}	$Q<K_{SP}$	无
试 250	34.7	0.8	7.23×10^{-9}	7.1×10^{-5}	$Q<K_{SP}$	无
试 262-1	35.3	0.8	7.35×10^{-9}	7.1×10^{-5}	$Q<K_{SP}$	无

由表 3-1 ~ 表 3-8 可以得出以下认识。

(1)绝大多数水样具有“三高一低”的特点，即矿化度高，Ca^{2+}、Mg^{2+}质量浓度高，水样中游离 Cl^-、HCO_3^-质量浓度较高，水样 pH 值较低，均属于 $CaCl_2$型水。

(2)绝大多数气井产出水 pH 值小于 6.50，说明大多数产出水体系偏酸性。

(3)在气井生产过程中，受地层各种因素变化和产气量的影响，产出水的矿化度及组成在一定范围内波动。试 250 和试 262-1 井的矿化度最小为 407mg/L 和 270mg/L，而试 249-3 井产出水的矿化度最高达 137495mg/L，水质极差，具有极强腐蚀性。

(4)参照 SY/T 0600—1997《油田水结垢趋势预测》分析气井产出水结垢趋势，所得结果如表 3-5 ~ 表 3-7 所示，可以发现大部分气井具有碳酸钙和硫酸钡结垢趋势，少部分气井具有硫酸锶结垢趋势，无硫酸钙结垢趋势。

(5)由于 Fe^{2+}、Fe^{3+}普遍存在，说明气井存在不同程度的腐蚀。

3.3 气田气样分析

对现场采集的试验井的天然气气样，实验室参考标准 GB/T 13610—2003《天然气的组成分析》，采用气相色谱法测定天然气组分，气样分析结果如表 3-9 所示。从气样分析表 3-9 可看出，数据表中显示除常规天然气成分外，还含少量 CO_2气体，CO_2气体含量在 1.3012% ~5.1909%（摩尔分数）。按技术报表中各个气井的套压计算得到 CO_2分压如表 3-10 所示，现场井口 CO_2分压值介于 0.1180 ~ 0.7263MPa 之间，绝大部分大于 0.21MPa，会产生腐蚀。

对采样区块 3-试 2 及采样区块 3-试 128 井区的部分气井进行了现场 H_2S 气体含量测定，结果如表 3-11 所示，从表 3-11 可以发现，采样区块 3 气田部分气井含有 H_2S 气体，但其质量浓度极低，均小于 1mg/L，暂时对腐蚀及生产安全不构成威胁，但是需要实时监测其含量变化，做好防护工作。

表 3－9 气样分析结果

%

取样点	层位	送样日期	组分（摩尔分数）										
			CO_2	H_2	O_2	N_2	CH_4	C_2H_6	C_3H_8	*i*C6	*n*C6	*i*C7	*n*C7
试 205	山$_1$盒$_8$	2014. 06. 26	1. 4755	0. 0109	1. 1521	3. 4060	93. 5054	0. 4189	0. 0313	35. 00	0. 7128	31. 54	0. 5918
试 207－1	山$_2$	2014. 06. 26	5. 1909	0. 0412	1. 0986	4. 1346	89. 2807	0. 2540	0. 0000	33. 31	0. 7578	30. 00	0. 6292
试 213	山$_2$	2014. 06. 27	3. 7494	0. 0693	0. 4757	1. 4860	94. 0196	0. 2000	0. 0000	35. 04	0. 7232	31. 56	0. 6004
试 231	山$_2$	2014. 06. 26	4. 4540	0. 0706	0. 6114	1. 8386	92. 7832	0. 2424	0. 0000	34. 60	0. 7344	31. 17	0. 6098
试 232	山$_2$	2013. 11. 26	4. 6263	0. 1240	0. 3626	1. 4116	93. 2007	0. 2748	0. 0000	34. 78	0. 7326	31. 34	0. 6082
试 249	山$_2$	2014. 06. 27	3. 8885	0. 0500	0. 4910	1. 5476	93. 7979	0. 2250	0. 0000	34. 97	0. 7256	31. 50	0. 6024
试 250	山$_2$	2014. 06. 27	3. 6288	0. 0634	0. 4498	1. 4386	94. 1682	0. 2512	0. 0000	35. 12	0. 7218	31. 64	0. 5992
试 250－1	山$_2$	2014. 06. 27	3. 4717	0. 0696	0. 5628	1. 7822	93. 9313	0. 1824	0. 0000	34. 99	0. 7220	31. 52	0. 5994
试 219－2	盒$_8$	2014. 06. 26	1. 3012	0. 0221	1. 2216	4. 9951	90. 2834	0. 4191	0. 0423	35. 92	0. 7501	32. 40	0. 6228
延 217－1	本$_1$	2014. 06. 27	3. 3176	0. 0500	0. 5207	1. 5864	94. 3436	0. 1815	0. 0000	35. 14	0. 7190	31. 65	0. 5970
试 15	本$_2$	2013. 10. 21	2. 6700	0. 1564	0. 3818	1. 7330	94. 6873	0. 3520	0. 0195	35. 41	0. 7120	31. 90	0. 5911
试 17	本溪	2013. 10. 21	4. 2394	0. 1597	0. 6729	2. 8884	91. 7951	0. 2348	0. 0097	34. 26	0. 7371	30. 86	0. 6120
试 225	山$_2$	2013. 11. 26	3. 3642	0. 1014	0. 6554	2. 5162	92. 4928	0. 2965	0. 2028	35. 17	0. 7344	31. 70	0. 6098

续表

取样点	层位	送样日期	组分(摩尔分数)										
			CO_2	H_2	O_2	N_2	CH_4	C_2H_6	C_3H_8	*i*C6	*n*C6	*i*C7	*n*C7
试27	山$_2$	2013. 11. 26	3. 4016	0. 1166	0. 8794	3. 2580	90. 5250	0. 2472	0. 3637	35. 57	0. 7563	32. 08	0. 6280
试4	山$_2$	2013. 10. 21	3. 5768	0. 1784	0. 3157	1. 8007	93. 8194	0. 2992	0. 0097	35. 05	0. 7218	31. 58	0. 5993
试40	山$_2$	2013. 04. 24	2. 2074	2. 2297	0. 2635	1. 7626	95. 2543	0. 2636	0. 0190	0. 00	0. 0000	0. 00	0. 0000
试41	太原	2013. 04. 24	4. 3302	0. 2010	0. 2973	1. 3908	93. 7210	0. 0419	0. 0106	0. 00	0. 0000	0. 00	0. 0000
试56－1	山$_1$盒$_8$	2013. 10. 16	1. 3902	0. 1915	0. 3736	5. 8344	91. 5358	0. 5980	0. 0716	34. 45	0. 7192	31. 04	0. 5972
试57	本$_2$	2013. 11. 26	1. 5420	0. 1216	0. 1422	1. 1252	94. 8270	0. 5315	0. 3994	37. 56	0. 7242	33. 88	0. 6013
试58	山$_2$	2013. 11. 26	1. 4311	0. 1256	0. 3526	2. 2884	94. 3592	0. 5386	0. 2744	36. 48	0. 7171	32. 89	0. 5954
延196	山$_2$	2013. 10. 16	3. 4340	0. 1512	0. 8570	4. 0789	91. 2088	0. 2596	0. 0105	34. 50	0. 7350	30. 68	0. 6103
试232	山$_2$	2015. 05. 25	3. 4404	0. 0102	0. 5544	2. 2032	93. 3990	0. 3940	0. 0000	0. 00	0. 0000	0. 00	0. 0000
试207－1	山$_2$	2015. 05. 25	4. 3448	0. 0201	0. 9389	3. 4982	90. 9476	0. 2506	0. 0000	0. 00	0. 0000	0. 00	0. 0000
延196	山$_2$	2015. 05. 28	3. 2690	0. 0201	0. 3222	1. 4091	94. 6872	0. 2923	0. 0000	0. 00	0. 0000	0. 00	0. 0000
试4	山$_2$	2015. 05. 28	3. 4294	0. 0203	0. 4620	1. 9283	93. 9156	0. 2536	0. 0000	0. 00	0. 0000	0. 00	0. 0000

表 3-10 CO_2 分压计算结果

取样点	套压/MPa	CO_2 体积分数/%	CO_2 分压/MPa
试 205	8. 0	1. 4755	0. 1180
试 207-1	13. 8	5. 1909	0. 7163
试 213	13. 0	3. 7494	0. 4874
试 231	13. 0	4. 4540	0. 5790
试 232	15. 7	4. 6263	0. 7263
试 249	10. 2	3. 8885	0. 3966
试 250	14. 1	3. 6288	0. 5116
试 250-1	16. 0	3. 4717	0. 5554
试 219-2	14. 1	1. 3012	0. 1834
延 217-1	8. 1	3. 3176	0. 2687
试 15	13. 0	2. 6700	0. 3471
试 17	13. 0	4. 2394	0. 5511
试 225	12. 9	3. 3642	0. 4339
试 27	15. 2	3. 4016	0. 5170
试 4	13. 0	3. 5768	0. 4649
试 40	12. 0	2. 2074	0. 2648
试 41	13. 8	4. 3302	0. 5975
试 56-1	17. 5	1. 3902	0. 2432
试 57	16. 0	1. 5420	0. 2460
试 58	17. 0	1. 4311	0. 2432
试 196	12. 6	3. 4340	0. 4326

表 3-11 H_2S 含量现场测定结果

mg/L

取样点	H_2S 质量浓度	取样点	H_2S 质量浓度
试 7	0. 8	试 246	0. 2
试 21	0. 5	试 261-1	0. 1
试 10	0. 0	试 261	0. 0
试 23	0. 5	试 207-1	0. 3
试 4-2	0. 2	试 232	0. 5
试 4-1	0. 6		

4 气井油套管腐蚀预测模型的建立

4.1 灰色关联模型和人工神经网络模型的对比分析

由于气井油套管腐蚀速率呈现出一定变化规律但又有所波动，故针对此腐蚀速率的预测方法，目前常用的模型有灰色关联模型和人工神经网络模型两大类，均通过建立腐蚀预测模型实现以短期腐蚀数据推测长期腐蚀行为，以小样本腐蚀数据推测大样本腐蚀规律，以简单条件室内腐蚀数据推测实际环境管道腐蚀。

灰色关联法是灰色系统分析方法的一种，是根据因素之间发展相似或相异的程度，即“灰色关联度”，研究和确定因素的关联程度。对于两个系统之间的因素，其随时间或不同对象而变化的关联性的量度，称为关联度。在系统发展过程中，若两个因素变化的趋势具有一致性，即同步变化程度较高，即可谓二者关联程度较高；反之，则较低。因此，灰色关联法是根据因素之间发展趋势的相似或相异程度，作为衡量因素间关联程度的一种方法。

对于灰色关联模型来说，它是按照发展趋势进行分析的，因此对样本量没有过多要求，也不需要典型的分布规律，而且计算量较小，是一种较简单、方便的预测方法，由于现有的一些计算灰色关联度的量化模型都有各自的优点和适用范围，随着灰色关联分析理论应用领域的不断扩大，其模型自身存在的一些不足之处，使其不能很好地解决某些方面的实际问题。尽管所需训练数据比人工神经网络少，但对数据的适应能力和精确性弱于人工神经网络模型。

对于人工神经网络模型来说，作为一个非线性动态系统，具有良好的自学习、自组织、自适应和非线性映射能力，特别适合处理在已知条件和结果之间没有明确数学关系的数据，并能够在条件与结果之间建立一定的关系，从而用切合实际的模型代替原型试验进行数值仿真，抽象出系统的运行特点、得到优化系统运行状态的相关对策，有效地避免大量的试验。

4.2 BP 人工神经网络简介

BP 人工神经网络通常是指基于误差反向传播算法的多层前向神经网络，是目前应用最广泛、基本思想最直观、最容易被理解的一种神经网络。采用最小均方差学习方式，须教师训练，可用于识别、分类、预测语言综合和自适应控制等用途。

BP 人工神经网络是由 D E Rumelhart 和 J L Mc Clelland 及其研究小组在 1986 年研究并设计出来的，包括输入层、隐含层和输出层，其隐含层可为单层或者多层。样本数据通过输入层神经元进入前馈神经网络中，通过隐含层内部函数的训练，将其结果前馈到输出层，通过将输出层得到的结果与期望值对比，系统会自动将计算出模拟值与期望值之间的误差进行比对，并将误差值从输出层开始反向传递，调节每层之间的连接权值和阈值，直至达输入层，此为 BP 算法的一个循环周期。整个系统在训练的过程中，系统会不断修正各层间的权值和阈值以减小输出层的计算误差，直到输出的结果在误差允许范围内，则停止训练。

BP 人工神经网络具有对周围环境自学习、自适应功能，也可用于处理带噪声的、不完整的数据集；BP 人工神经网络能模拟人类的学习过程，具有并行结构和并行处理功能，具有很强的容错能力、综合推理能力。而且网络的中间层数、各层的处理单元及网络的学习系数等参数可根据具体情况任意设定，灵活性较大。相比于其他数学模型，此方法的可靠度更高，且考虑的因素更全面。因此，BP 人工神经网络具有广泛的适应性和有效性，其预测结果较理想，与实测值非常接近，通常在误差允许范围内。

同时，BP 人工神经网络也有局限性：输入层必须是具体的数值，而某些无法量化的影响因素不能考虑进去；中间层(隐含层)的层数及其单元数的选取无理论上的指导，而是根据经验确定的，因此网络的设计有时不是最佳的，所以需要通过多套网络设计方案以优选最佳的方案；网络的学习、记忆具有不稳定性，一个训练好的 BP 网络，当提供新的记忆模式时，将使已有的连接权打乱，导致原来的记忆消失，如当有新的影响因素加入时，会导致计算结果有误差，所以必须将原来的学习模式连同新的因素一起重新进行训练。

BP 人工神经网络学习算法是将神经网络的输入样本与其对应的输出样本之间的映射问题转化成一个非线性优化问题，由正向传播和反向传播组成。正向传播是当输入信号从输入层经隐含层到输出层，当输出层输出了期望值时学习算法结束；否则进行反向传播。反向传播是将样本期望输出与网络实际输出之间的误差按原路反向计算，用梯度下降法调整各层节点的权值和阈值使误差最小。

单隐含层的 BP 人工神经网络如图 4－1 所示。

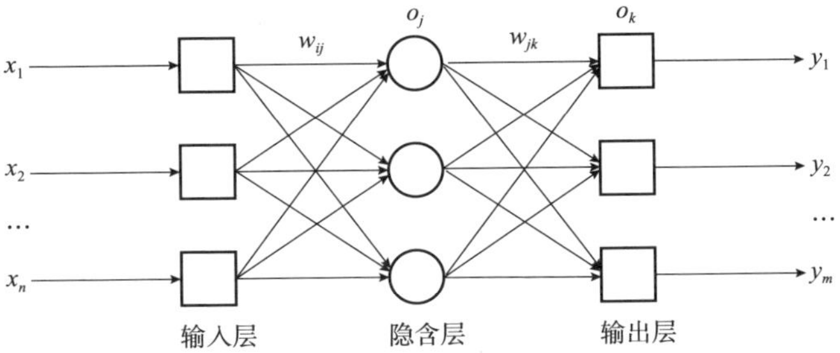

图 4-1　单隐含层的 BP 人工神经网络

单隐含层的 BP 人工神经网络由输入层、隐含层和输出层组成，各层间通过权值相连接。其中，$X=[x_1, x_2, x_3, \cdots, x_n]$是神经网络的输入向量，$x_i$表示第 i 个神经元的输入；$Y=[y_1, y_2, y_3, \cdots, y_m]$是神经网络的输出向量，$y_i$表示第 i 个神经元的输出；o_j表示隐含层阈值，o_k表示输出层阈值；w_{ij}表示输入层到隐含层的权值，w_{jk}表示隐含层到输出层的权值。

上述 BP 人工神经网络的学习算法主要包括以下步骤。

(1)初始化网络。

设置 w_{ij}和 w_{jk}的初始连接权值，初始连接权值是在[-1, 1]区间随机选取的非零值，同时给定计算精度值 $\varepsilon(\varepsilon>0)$。

(2)指定输入样本和输出样本，计算网络的输出。

当 $q=1, 2, 3, \cdots, l$ 时，设第 q 组样本输入 $x_q=[x_{1q}, x_{2q}, x_{3q}, \cdots, x_{nq}]$，期望输出 $d_q=[d_{1q}, d_{2q}, d_{3q}, \cdots, d_{mq}]$，则节点 i 在第 q 组样本输入时的网络实际输出 y_{iq}为：

$$y_{iq}(t)=f[x_{iq}(t)]=f\left[\sum_j w_{ij}(t)I_{jq}\right] \tag{4-1}$$

式中　$w_{ij}(t)$——输入层到隐含层经 t 次调整的权值；

I_{jq}——在第 q 组样本输入时节点 i 的第 j 个输入。

(3)计算网络的目标函数。

设在第 q 组样本输入时网络的目标函数为 E_q，则：

$$E_q(t)=\frac{1}{2}\sum_k[d_{kq}-y_{kq}(t)]^2=\frac{1}{2}\sum_k e_{kq}^2(t) \tag{4-2}$$

式中　$y_{kq}(t)$——在第 q 组样本输入时经 t 次权值调整后网络的输出；

k——输出层第 k 个节点。

(4)网络的总目标函数。

$$J(t)=\sum_q E_q(t) \tag{4-3}$$

作为对网络学习情况的评价，若

$$J(t)\leqslant\varepsilon \tag{4-4}$$

算法结束，否则进行下一步。

(5)反向传播计算。

根据 J 由输出层按梯度下降法反向计算并逐层调整权值，步长 η 取常值，由 $a_{k+1}=a_k-\eta_k\dfrac{\partial J(a_k)}{\partial a_k}$式得节点 j 到节点 i 的经 $t+1$ 次调整的权值：

$$w_{ij}(t+1)=w_{ij}(t)-\eta\frac{\partial J(t)}{\partial w_{ij}(t)}=w_{ij}(t)-\eta\sum_p\frac{\partial E_p(t)}{\partial w_{ij}(t)}=w_{ij}(t)+\Delta w_{ij}(t) \tag{4-5}$$

具体算法如下：

$$\frac{\partial E_q}{\partial w_q}=\frac{\partial E_q}{\partial x_{iq}}\frac{\partial x_{iq}}{\partial w_{ij}} \tag{4-6}$$

设

$$\delta_{iq}=\frac{\partial E_q}{\partial x_{iq}} \tag{4-7}$$

设式中 δ_{iq}是第 q 组样本输入时第 i 个节点的状态 x_{iq}对 E_q的灵敏度。

由式(4-5)和式(4-6)可得：

$$\frac{\partial E_q}{\partial w_{ij}}=\delta_{iq}I_{jq} \tag{4-8}$$

当 $i=k$ 时，即 i 为输出节点，由式(4-2)和式(4-6)可得：

$$\delta_{iq}=\delta_{kq}=\frac{\partial E_q}{\partial y_{kq}}\frac{\partial y_{kq}}{\partial x_{kq}}=-e_{kq}f(x_{kq})I_{jq} \tag{4-9}$$

将式(4-7)代入式(4-6)，则

$$\frac{\partial E_q}{\partial w_{ij}}=-e_{kq}f(x_{kq}) \tag{4-10}$$

当 $i\neq k$ 时，即 i 不是输出节点，此时式(4-7)为：

$$\delta_{iq}=\frac{\partial E_q}{\partial x_{iq}}=\frac{\partial E_q}{\partial y_{iq}}\frac{\partial y_{iq}}{\partial x_{iq}}=\frac{\partial E_q}{\partial y_{iq}}f(x_{iq}) \tag{4-11}$$

其中：

$$\frac{\partial E_q}{\partial y_{iq}}=\sum_{m1}\frac{\partial E_q}{\partial x_{m1q}}\frac{\partial x_{m1q}}{\partial y_{iq}}=\sum_{m1}\frac{\partial E_q}{\partial x_{m1q}}\frac{\partial}{\partial y_{iq}}\sum_j w_{m1q}I_{jq}^{*}=\sum_{m1}\frac{\partial E_q}{\partial x_{m1q}}w_{m1j}=\sum_{m1}\delta_{m1q}w_{m1i} \tag{4-12}$$

式中　m_1——节点 i 下一层的第 j 个节点；

I_{jq}^*——第 q 组样本输入时节点 m_1 的第 j 个输入。

当 $i=j$ 时，$y_{jq}=I_{jq}^*$ 时，将式(4－11)和式(4－12)代入式(4－6)中，则有：

$$\frac{\partial E_q}{\partial w_{ij}}=f(x_{iq})o_{jq}\sum_{m1}\frac{\partial E_q}{\partial x_{m1q}}w_{m1i}=f(x_{iq})o_{jq}\sum_{m1}\delta_{m1q}w_{m1i} \tag{4－13}$$

由此可见，由式(4－10)和式(4－13)可对式(4－5)的权值进行调整和计算。

4.2.1 网络结构的创建

BP 人工神经网络通常包括一个输入层、一个输出层和一个或多个隐含层，同层神经元间无关联，异层神经元间向前连接。一般说来，应根据对象的复杂程度来选择适当的网络结构。输入层需要收集大量的样本数据，输出层为一个即腐蚀速率，隐含层是内部样本训练过程。由于 1989 年 Robert Hecht－Nielson 证明了对于任何闭区间内的一个连续函数都可以用一个隐含层的网络逼近，即利用一个三层的 BP 网络可以完成任意的 n 维到 m 维的映射，故本项目采用含一个隐含层的三层网络结构创建 BP 人工神经网络。

4.2.2 隐含层节点数的确定

对于隐含层节点数来说，Komogorov 理论证明一个具有 n 个节点的输入层、$2n+1$ 个节点的隐含层和 m 个节点的输出层的三层 BP 网络可以精确地表达任一个连续函数。因此，当输入层的节点数为 n 个、输出层的节点数为 m 个时，若选择隐含层的节点数为 $2n+1$ 个，则所确定的单隐含层 BP 网络不仅能够准确反映实际情况，而且还可以保证网络精度满足相关要求。

4.2.3 传递函数的选择

传递函数是神经元的核心，反映了神经元的输入/输出关系。BP 人工神经网络中的传递函数有很多种，最常用的是 purelin 函数(线性函数)和 sigmoid 函数(S 型函数)，其中，sigmoid 函数又可分为对数 S 型函数 logsig 和正切 S 型函数 tansig 这两种，其表达式分别如下：

$$f(x)=\frac{1}{1+e^{-x}} \tag{4－14}$$

$$f(x)=\frac{e^x-e^{-x}}{e^x+e^{-x}} \tag{4－15}$$

由于 sigmoid 函数具有连续、可微的性质，故得到了非常广泛的应用。S 型函数具有非线性放大系数功能，可以把输入从负无穷大到正无穷大的信号变成

-1到1之间的输出，对较大的输入信号，放大系数较小；而对较小的输入信号，放大系数则较大，采用S型函数可以灵活地处理和逼近非线性的输入/输出关系。

本项目将正切S型函数tansig作为输入层到隐含层之间的传递函数。

BP人工神经网络最后一个神经元的特性决定整个神经网络的输出特性，当最后一层神经元采用sigmoid函数时，整个网络的输出就被限制在一个较小的范围内；如果最后一层神经元采用线性函数，则整个网络输出可以取任意值。

本项目选取purelin函数为隐含层到输出层之间的传递函数。

4.2.4 训练方法的选择

BP人工神经网络除了标准的最速下降法以外，还有若干种改进的训练算法。训练算法的选择与问题本身、训练样本的个数都有关系。一般说来，对于包含数百个权值的函数逼近网络，使用LM算法收敛速度最快，均方误差也较小。然而，需要指出的是，LM算法对于模式识别相关问题的处理能力较弱且需要较大的储存空间；对于模式识别问题，使用RPROP算法能够收到较好的效果；而SCG算法对于模式识别和函数逼近问题都有较好的性能表现。

LM算法是最广泛的非线性最小二乘法，其利用了目标函数的泰勒展开式把非线性函数的最小二乘化问题化为每次迭代的线性函数的最小二乘化问题，由于若初始点距离极小值点过远或迭代步长过大均会导致迭代下一代的函数值不一定小于上一代的函数值，故在高斯—牛顿法中加入了因子μ。当μ大时相当于最速下降法，当μ小时相当于高斯—牛顿法，因此，LM算法同时具有最速下降法和高斯—牛顿法的优点。

考虑训练时间及训练误差等因素，本项目选择LM算法作为BP人工神经网络的训练方法。

4.2.5 数据的归一化处理

由于原始数据通常不一定是在同一个数量级上，故如果输入数据的上下界相差很大，则相应的权值也需在宽范围内变动，对权值的调节难度加大，因此需对原始数据进行归一化处理，即将原始数据的上下界压缩到[-1，1]区间内，从而提高BP人工神经网络的训练速度。

归一化处理的公式如下：

$$x^* = 2 \times \frac{x - x_{mid}}{x_{max} - x_{min}} \tag{4-16}$$

式中　x——处理前的样本值；

x^*——处理后的样本值；

x_{mid}——样本最中间值，$x_{mid}=\frac{1}{2}(x_{max}-x_{min})$；

x_{min}——样本最小值；

x_{max}——样本最大值。

4.2.6 目标误差的确定

考虑工程允许的最大误差为10%，如果目标误差为零会导致整个网络训练时间过长并出现难以收敛或过吻合等情况，故本算例中取0.01为目标误差。

4.2.7 学习率的确定

学习率的作用是不断调整权值阈值。学习速率太小容易陷入局部极值点，而学习速率太大则会使算法变得不稳定，容易导致网络性能发散。对于利用LM算法建立的BP人工神经网络来说，学习速率一般取0.01~0.1之间。通过多次调试比较，最终确定该腐蚀速率预测模型的学习率取为0.05。

4.3 BP人工神经网络的建立

气井油套管腐蚀预测模型的准确性和稳定性很大程度上依赖于输入信号的有效性，合理的信号输入不仅能够较好地反映出客观实际情况，而且还可以保证预测精度满足相关要求。然而，当输入信号作用强度较弱，即因素变化对输出结果无影响或影响不显著时，BP人工神经网络进化缓慢、震荡剧烈且极易陷入局部最小，因此，本项目在上述多因素方差分析研究结果的基础上，针对气井油套管腐蚀的不同特征，系统建立了以二氧化碳分压、硫化氢分压、Cl^-质量浓度、Ca^{2+}、Mg^{2+}质量浓度、流率和温度为自变量，以腐蚀速率为因变量的气井油套管腐蚀预测模型，即：

$$y=f(x_1, x_2, x_3, x_4, x_5, x_6)x^* = 2\times\frac{x-x_{mid}}{x_{max}-x_{min}} \tag{4-17}$$

式中 $x_1\sim x_6$——分别表示二氧化碳分压、硫化氢分压、Cl^-质量浓度、Ca^{2+}、Mg^{2+}质量浓度、流率和温度这6个腐蚀影响因素；

y——气井油套管腐蚀速率。

气井油套管腐蚀预测模型的函数关系如下：

气井油套管腐蚀速率 $=f$(二氧化碳分压，硫化氢分压，Cl^-质量浓度，Ca^{2+}及Mg^{2+}质量浓度，流率，温度)x^*

除此之外，本项目还以室内实验结果为依据，将气井油套管腐蚀预测模型得到的预测值与之进行比较、分析，从准确性和可靠性这两个角度验证此模型。

4.4 气井油套管腐蚀速率的测定

为了准确、直观地模拟气井油套管的实际腐蚀效果，室内多相动态高温高压釜检测装置主要由温度控制系统、压力控制系统、流率控制系统等部分组成。该装置由高纯氮气、二氧化碳和硫化氢共同组成的气体混合物模拟现场气井油套管内的气相腐蚀介质，并按一定比例配制的模拟地层水来模拟现场气井油套管内的液相腐蚀介质。

4.4.1 挂片预处理

本项目按照 SY/T 5273—2000《油田采出水用缓蚀剂性能评价方法》中的相关要求对气井油套管的腐蚀速率进行了失重法检测。

失重法所采用的挂片材质为20#钢，尺寸为 50mm×13mm×1.5mm，在一端距边线 10mm 处钻一直径为 4mm 的小孔并打上记号，如图 4－2 所示。检测前，分别用400#、600#、1000#和 1200#耐水砂纸逐级打磨挂片表面，用蒸馏水冲洗后先用滤纸擦净，然后放入盛有沸程为60～90℃的石油醚的烧杯中，用脱脂棉除去挂片表面的油脂后，再放入无水乙醇中浸泡约 5min，进一步脱脂和脱水。取出挂片放在滤纸上，用冷风吹干后再用滤纸将挂片包好，贮于干燥器中，放置1h 后再测量尺寸和称量，精确至 0.1mg。

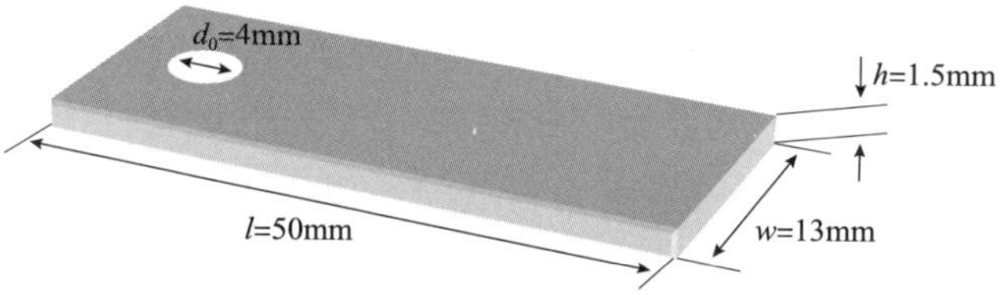

图 4－2 挂片的外观示意图

4.4.2 腐蚀产物去除

为了快速、有效地除去挂片上的全部腐蚀产物沉积物而基本上不侵蚀金属本体，本项目根据 GB/T 16545—1996《金属和合金的腐蚀 腐蚀试样上腐蚀产物的清除》中的相关要求，利用酸清洗液对挂片进行了处理，同时，为了减少和消除挂片因酸洗过程而造成的重量损失，保证检测结果的准确无误，在酸洗前对挂片进行了酸洗校正实验。

1. 酸清洗液配制

准确称取 7g 六次甲基四胺溶于 50mL 蒸馏水中，加浓盐酸 100mL，用水稀释至 1L，摇匀待用。

2. 挂片清洗

用镊子将挂片取出，观察、记录挂片表面的腐蚀形态及腐蚀产物黏附状况后，立即用蒸馏水小心冲洗并用滤纸擦干。然后，将挂片放入盛有沸程为 60 ~ 90℃的石油醚的器皿中，用脱脂棉除去挂片表面油脂后，再放入无水乙醇中浸泡约 5min，进一步脱脂和脱水。

将挂片取出放入上述酸清洗液中浸泡 5min，同时用镊子夹少量脱脂棉轻拭挂片表面的腐蚀产物。从酸清洗液中取出挂片，用蒸馏水冲去表面残液后，立即将挂片浸入 60g/L 氢氧化钠溶液中，30s 后再用蒸馏水冲洗，然后放入无水乙醇中浸泡约 5min，清洗脱水两次。取出挂片放在滤纸上，冷风吹干用滤纸包好，贮存于干燥器中，放置 1h 后再测量其尺寸和质量 m。

3. 酸洗校正实验

选取 3 个尺寸、材质与腐蚀实验完全相同的挂片，按相同步骤处理后，在未受腐蚀的状态下，用酸清洗液进行化学清洗 5min，将清洗后的挂片洗净、干燥、称量，计算出 3 个挂片的平均质量损失 Δm，则挂片的实际重量应为 $m_t = m + \Delta m$。需要注意的是，在酸洗校正实验中，要求挂片本身被腐蚀的质量损失应小于 1.0mg。

4.4.3 腐蚀速率测定

$$J = \frac{8.76 \times 10^4 \times (m_0 - m_t)}{S \times t \times \rho} \tag{4-18}$$

式中 J——气井油套管腐蚀速率，mm/a；

m_0——腐蚀前的挂片质量，g；

m_t——腐蚀后的挂片质量，g；

S——挂片的总面积，cm^2；

t——实验时间，h；

ρ——挂片的密度，g/cm^3。

对于挂片的总面积 S 来说，

$$S = 2 \times (l \times w + l \times h + w \times h) - 2 \times \frac{1}{4}\pi d_0{}^2 + \pi d_0 \times h \tag{4-19}$$

式中 S——挂片的总面积，cm^2；

l——挂片的长度，cm；

w——挂片的宽度，cm；

h——挂片的高度，cm；

d_0——挂片的圆孔直径，cm。

同时，为了得到挂片密度的准确数据，本项目利用 AG285 型密度天平对 20# 钢的密度进行了检测。

对于挂片的密度 ρ 来说，

$$\rho = \frac{W_1}{W_1 - W_2} \times \rho_0 + \rho_a \tag{4-20}$$

式中 ρ——挂片的密度，g/cm^3；

W_1——挂片在空气中的重量，g；

W_2——挂片在蒸馏水中的重量，g；

ρ_0——蒸馏水的密度，$\rho_0 = 0.9992 g/cm^3$；

ρ_a——空气浮力的修正系数，$\rho_a = 0.0012 g/cm^3$。

4.5 BP 人工神经网络样本数据的采集

由于建立气井油套管腐蚀预测模型需要足够的样本数据，故如果仅依靠室内实验结果，则不仅需要开展大量的室内腐蚀实验，同时还必须考虑室内实验结果与现场实际工况可能存在的一定误差，因此，本项目除了广泛收集目前国内外文献已经报道的相关数据外，还针对性地引入了一部分历史腐蚀监测数据，这样既可以显著缩短研究周期、节约实验费用，同时还能够最大限度上确保所采集的样本数据与生产现场的更吻合，从而进一步提高气井油套管腐蚀速率预测模型的适用性。

根据上述方法，本项目分别针对长北 TPO 井、双分支水平井和长北二期直井采集不同工况下的有效样本数据各 50 组，其中，第 1 ~ 25 组随机数据用于输入气井油套管腐蚀预测模型进行训练，而第 26 ~ 50 组随机数据作为验证和测试样本不参加训练。当气井油套管腐蚀预测模型经过反复训练满足指定的允许收敛误差限后，将第 26 ~ 40 组随机数据输入训练好的人工神经网络验证腐蚀预测模型的准确性与可靠性，若其仍然满足允许收敛误差限的相关要求，则继续将第 41 ~ 50 组随机数据输入气井油套管腐蚀预测模型进行测试，最后比较模型预测结果与实际测试结果。

采样区块 TPO 井的 BP 人工神经网络样本数据如表 4 – 1 所示。

表 4-1 采样区块 TPO 井的 BP 人工神经网络样本数据一览表

序号	二氧化碳分压/MPa	硫化氢分压/MPa	Cl^- 质量浓度/(mg/L)	Ca^{2+}、Mg^{2+} 质量浓度/(mg/L)	流率/(m/s)	温度/℃	气井油套管腐蚀速率/(mm/a)
1	0.15	0.06	80000	520	1	40	0.0897
2	0.5	0.1	106997	760	1	60	0.3181
3	0.026	0.0053	130000	450	0.25	55	0.8077
4	0.01	0.00032	132000	325	0.11	30	0.2259
5	0.026	0.0053	130000	450	0.25	55	0.7456
6	0.25	0.0132	130000	668	4	75	0.1995
7	0.002	0.0006	130000	450	0.25	55	0.0423
8	0.01	0.01	71400	764	0.4	40	0.1251
9	0.002	0.0053	130000	450	0.25	80	0.0798
10	1.08	0.34	21685	418	1.73	25	0.1582
11	0.05	0.0006	130000	450	0.25	55	0.0658
12	0.026	0.0053	80000	450	0.25	30	0.4015
13	0.115	0.0064	75000	647	0.1	30	0.0977
14	1.2	0.014	150000	780	1	80	2.4435
15	0.002	0.01	130000	450	0.25	55	0.735
16	0.028	0.0285	88532	1108	0.66	70	0.8502
17	0.026	0.0053	80000	450	0.25	80	0.0992

续表

序号	二氧化碳分压/MPa	硫化氢分压/MPa	Cl^-质量浓度/(mg/L)	Ca^{2+}、Mg^{2+}质量浓度/(mg/L)	流率/(m/s)	温度/℃	气井油套管腐蚀速率/(mm/a)
18	0.025	0.0001	130000	785	1	60	0.1027
19	0.035	0.0048	158194	932	0.27	73	1.355
20	0.05	0.01	130000	450	0.25	55	1.2915
21	0.028	0.0079	164141	591	0.32	48	0.6669
22	0.026	0.0053	130000	450	0.25	55	0.8362
23	0.026	0.0053	180000	450	0.25	30	0.7345
24	0.05	0.0053	130000	450	0.25	80	0.1021
25	0.002	0.0053	80000	450	0.25	55	0.2021
26	0.026	0.0053	180000	450	0.25	80	0.1259
27	1.2	0.0014	150000	627	1	100	1.6327
28	0.05	0.0053	130000	450	0.25	30	0.2933
29	0.025	0.0066	70000	825	1	60	0.1106
30	0.026	0.0053	130000	450	0.25	55	1.0685
31	0.05	0.01	178873	937	0.05	33	1.245
32	0.05	0.0053	80000	450	0.25	55	0.4572
33	0.026	0.0006	180000	450	0.25	55	0.0652
34	0.044	0.01	123000	840	0.09	33	0.1665

续表

序号	二氧化碳分压/MPa	硫化氢分压/MPa	Cl^-质量浓度/(mg/L)	Ca^{2+}、Mg^{2+}质量浓度/(mg/L)	流率/(m/s)	温度/℃	气井油套管腐蚀速率/(mm/a)
35	0.015	0.0054	152611	503	0.66	79	1.2268
36	0.002	0.0053	130000	450	0.25	30	0.1924
37	0.026	0.0006	80000	450	0.25	55	0.0525
38	0.026	0.0053	130000	450	0.25	55	0.9022
39	0.021	0.0055	125258	334	0.76	78	1.0404
40	0.026	0.01	80000	450	0.25	55	0.0985
41	0.3	0.013	150000	789	1	100	0.2916
42	0.05	0.0053	180000	450	0.25	55	0.6231
43	0.026	0.01	130000	450	0.25	80	0.928
44	0.026	0.01	180000	450	0.25	55	0.5692
45	0.026	0.01	130000	450	0.25	30	1.0501
46	0.028	0.0015	147343	331	0.94	47	1.0617
47	0.026	0.0006	130000	450	0.25	80	0.392
48	0.028	0.0075	96162	845	0.94	46	1.2376
49	0.026	0.0006	130000	450	0.25	30	0.0479
50	0.002	0.0053	180000	450	0.25	55	0.2246

为了便于进一步对比、分析和研究，现将采样区块 TPO 井的 BP 人工神经网络样本数据如图 4－3、图 4－4 所示。

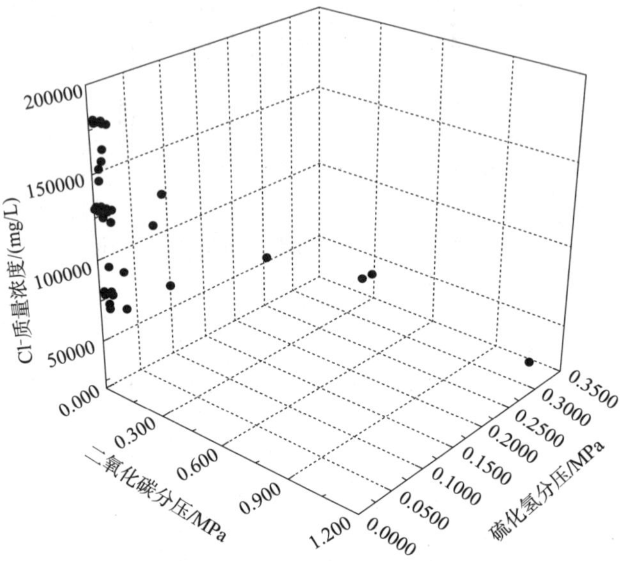

图 4－3　采样区块 TPO 井的二氧化碳分压、硫化氢分压和 Cl^- 质量浓度三维立体图

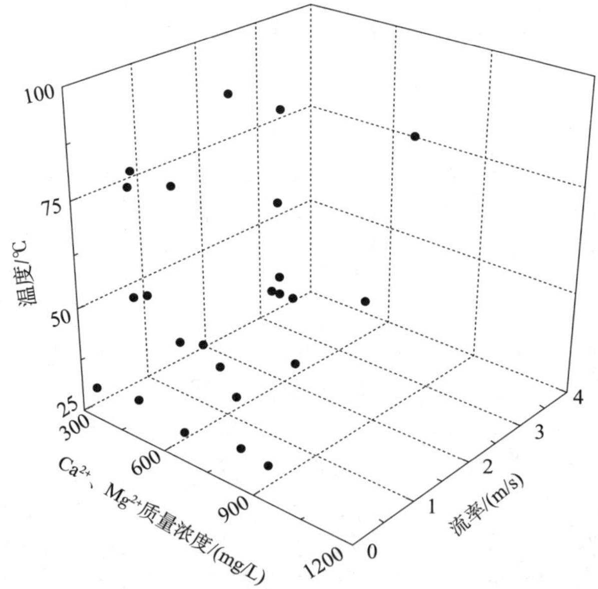

图 4－4　采样区块 TPO 井的 Ca^{2+}、Mg^{2+} 的质量浓度、流率和温度三维立体图

双分支水平井的 BP 人工神经网络样本数据如表 4－2 所示。

表 4-2 双分支水平井的 BP 人工神经网络样本数据一览表

序号	二氧化碳分压/MPa	硫化氢分压/MPa	Cl^- 质量浓度/(mg/L)	Ca^{2+}、Mg^{2+} 质量浓度/(mg/L)	流率/(m/s)	温度/℃	气井油套管腐蚀速率/(mm/a)
1	0.309	0.0009	50915	222	2.25	81	0.6084
2	0.618	0.0625	67795	393	3.13	44	0.1624
3	0.457	0.0016	90359	420	0.29	37	1.0722
4	0.529	0.0799	63763	606	1.88	69	0.1105
5	0.371	0.0997	90896	468	0.25	93	0.9048
6	0.39	0.0295	38202	464	3.02	47	0.9798
7	0.46	0.0856	54714	799	1.1	67	0.0921
8	0.523	0.0596	24161	462	2.53	44	0.2811
9	0.631	0.0189	17805	506	0.05	60	1.3673
10	0.348	0.1174	77402	413	1.6	35	0.2161
11	0.348	0.0579	98133	300	3.12	84	1.3627
12	0.438	0.0224	61221	682	3.74	59	0.1817
13	0.605	0.0895	68210	369	2.47	33	0.619
14	0.234	0.0719	41700	810	3.07	44	1.2066
15	0.091	0.0635	76935	639	0.3	79	0.7723
16	0.068	0.1029	60654	304	3.61	92	0.3601
17	0.274	0.0235	50636	432	1.74	53	1.2001

续表

序号	二氧化碳分压/MPa	硫化氢分压/MPa	Cl^-质量浓度/(mg/L)	Ca^{2+}、Mg^{2+}质量浓度/(mg/L)	流率/(m/s)	温度/℃	气井油套管腐蚀速率/(mm/a)
18	0.39	0.032	50008	767	0.72	89	0.9858
19	0.226	0.1194	33921	249	0.63	88	0.8668
20	0.661	0.0339	68860	453	0.98	64	0.3931
21	0.322	0.0177	89803	309	1.46	93	1.0875
22	0.503	0.0385	20654	720	1.34	37	0.5276
23	0.191	0.0149	65079	216	3.48	30	0.6824
24	0.398	0.0525	88997	381	1.26	34	0.6037
25	0.028	0.0759	52049	758	3.6	45	0.4219
26	0.098	0.0285	95160	654	0.65	79	0.8868
27	0.424	0.1024	17081	576	1.67	51	0.4555
28	0.142	0.0127	75516	836	0.05	72	0.7567
29	0.494	0.101	80476	356	2.72	88	0.1854
30	0.271	0.0193	84911	420	3.28	74	0.7195
31	0.492	0.0782	21347	522	1.07	38	0.8106
32	0.55	0.0202	46975	314	0.44	32	1.0446
33	0.409	0.0221	42070	316	0.51	44	0.5052
34	0.104	0.0987	77919	596	0.35	59	0.9852

续表

序号	二氧化碳分压/MPa	硫化氢分压/MPa	Cl^- 质量浓度/(mg/L)	Ca^{2+}、Mg^{2+} 质量浓度/(mg/L)	流率/(m/s)	温度/℃	气井油套管腐蚀速率/(mm/a)
35	0. 264	0. 079	72429	874	3. 23	50	1. 1482
36	0. 022	0. 0384	51328	268	0. 99	79	0. 2775
37	0. 05	0. 0753	25200	619	3. 82	66	0. 9782
38	0. 667	0. 0417	28715	524	3. 84	70	0. 2758
39	0. 256	0. 0924	72464	417	3. 79	76	1. 0723
40	0. 434	0. 0965	67509	661	3. 96	49	1. 0861
41	0. 274	0. 049	71646	712	1. 71	66	0. 7684
42	0. 613	0. 0376	94881	398	2. 39	76	0. 9496
43	0. 002	0. 0625	98632	368	3. 35	29	1. 1783
44	0. 484	0. 1186	84212	596	0. 36	88	0. 8734
45	0. 22	0. 1045	48303	648	2. 91	80	1. 0713
46	0. 268	0. 0203	66194	245	1. 5	88	1. 0736
47	0. 172	0. 0767	22123	655	3. 35	37	1. 3528
48	0. 393	0. 0318	20525	483	3. 4	69	0. 2531
49	0. 524	0. 055	95879	852	0. 68	78	1. 2502
50	0. 014	0. 0544	94038	864	3. 34	54	1. 0978

为了便于进一步对比、分析和研究，现将双分支水平井的 BP 人工神经网络样本数据如图 4－5、图 4－6 所示。

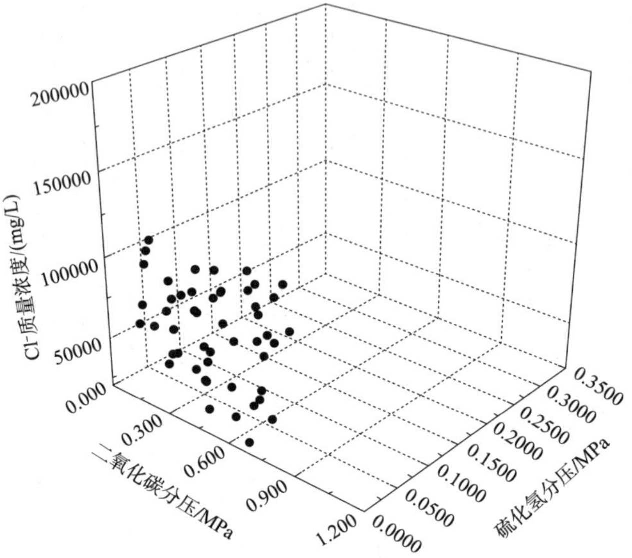

图 4－5　双分支水平井的二氧化碳分压、硫化氢分压和 Cl^- 质量浓度三维立体图

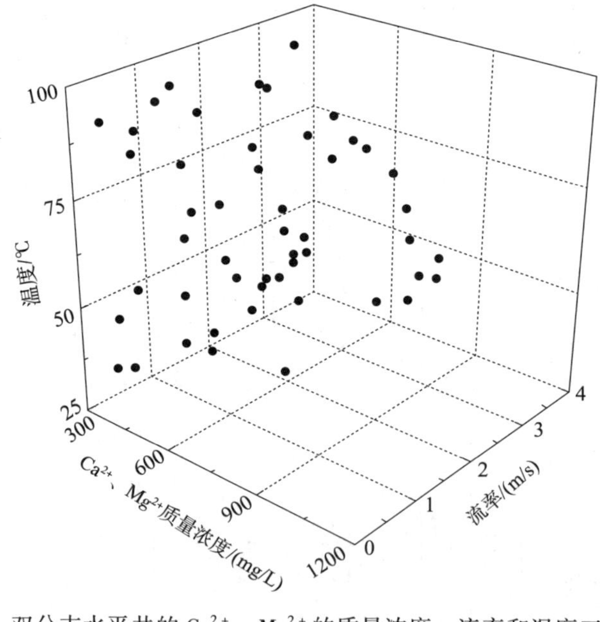

图 4－6　双分支水平井的 Ca^{2+}、Mg^{2+} 的质量浓度、流率和温度三维立体图

采样区块二期直井的 BP 人工神经网络样本数据如表 4－3 所示。

表 4－3 采样区块二期直井的 BP 人工神经网络样本数据一览表

序号	二氧化碳分压/MPa	硫化氢分压/MPa	Cl^- 质量浓度/(mg/L)	Ca^{2+}、Mg^{2+} 质量浓度/(mg/L)	流率/(m/s)	温度/℃	气井油套管腐蚀速率/(mm/a)
1	0.25	0.0132	130000	745	4	75	0.8379
2	0.002	0.0006	130000	650	0.35	55	0.8974
3	0.025	0.0066	70000	514	1	60	0.298
4	0.05	0.0006	130000	650	0.35	55	0.2373
5	0.002	0.01	130000	650	0.35	55	0.429
6	0.115	0.0064	75000	647	0.1	30	0.1612
7	0.05	0.01	130000	650	0.35	55	0.3811
8	0.026	0.0053	130000	650	0.35	55	0.8435
9	0.044	0.01	123000	840	0.09	33	0.2369
10	0.026	0.0053	80000	650	0.35	30	0.5524
11	0.026	0.0006	80000	650	0.35	55	0.1883
12	0.026	0.0053	180000	650	0.35	30	0.5797
13	0.016	0.0017	146931	704	0.35	45	0.2056
14	0.026	0.0053	80000	650	0.35	80	0.8357
15	0.016	0.0035	121652	868	0.72	70	0.7317
16	0.026	0.0053	180000	650	0.35	80	0.0487
17	0.026	0.0053	130000	650	0.35	55	0.9467

续表

序号	二氧化碳分压/MPa	硫化氢分压/MPa	Cl^- 质量浓度/(mg/L)	Ca^{2+}、Mg^{2+} 质量浓度/(mg/L)	流率/(m/s)	温度/℃	气井油套管腐蚀速率/(mm/a)
18	0.016	0.0072	96893	972	0.38	31	0.4048
19	0.002	0.0053	130000	650	0.35	30	0.9032
20	0.016	0.0025	168082	900	0.5	71	0.9942
21	0.05	0.0053	130000	650	0.35	30	0.8054
22	0.002	0.0053	130000	650	0.35	80	0.2977
23	0.05	0.0053	130000	650	0.35	80	0.8828
24	0.016	0.0073	115632	811	0.19	31	0.6041
25	0.026	0.01	80000	650	0.35	55	0.7236
26	0.016	0.0087	128081	1171	0.42	57	0.531
27	0.016	0.0009	85980	924	0.21	79	0.1846
28	0.026	0.01	180000	650	0.35	55	0.6895
29	0.006	0.0066	130000	425	1	60	0.7387
30	0.026	0.0006	180000	650	0.35	55	0.2968
31	0.016	0.0037	125292	805	0.88	71	0.2521
32	0.05	0.0053	80000	650	0.35	55	0.5818
33	0.026	0.0053	130000	650	0.35	55	0.9392
34	0.016	0.0072	96893	972	0.38	31	0.0578

续表

序号	二氧化碳分压/MPa	硫化氢分压/MPa	Cl^-质量浓度/(mg/L)	Ca^{2+}、Mg^{2+}质量浓度/(mg/L)	流率/(m/s)	温度/℃	气井油套管腐蚀速率/(mm/a)
35	0.002	0.0053	180000	650	0.35	55	0.7733
36	0.016	0.0056	109106	318	0.94	45	0.0825
37	0.05	0.0053	180000	650	0.35	55	0.2038
38	0.016	0.0043	177728	583	0.16	52	0.3474
39	0.026	0.0006	130000	650	0.35	30	0.6162
40	0.006	0.0066	70000	794	1	60	0.8594
41	0.026	0.01	130000	650	0.35	30	0.3429
42	0.025	0.0001	130000	274	1	60	0.3807
43	0.026	0.0053	130000	650	0.35	55	0.7942
44	0.026	0.0006	130000	650	0.35	80	0.6879
45	0.025	0.0066	130000	227	1	60	0.8956
46	0.002	0.0053	80000	650	0.35	55	0.6934
47	0.026	0.01	130000	650	0.35	80	0.7795
48	0.016	0.0072	124174	930	0.83	79	0.2119
49	0.026	0.0053	130000	650	0.35	55	0.6184
50	0.016	0.0025	173259	793	0.4	60	0.9807

为了便于进一步对比、分析和研究，现将长北二期直井的 BP 人工神经网络样本数据如图 4－7、图 4－8 所示。

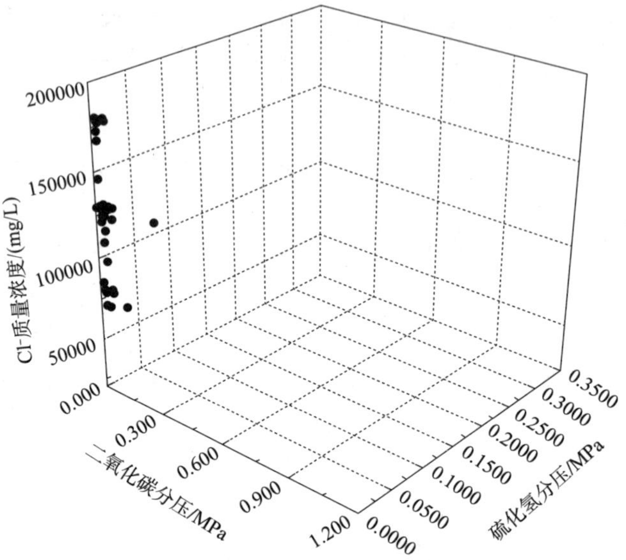

图 4－7　采样区块二期直井的二氧化碳分压、硫化氢分压和 Cl^- 质量浓度三维立体图

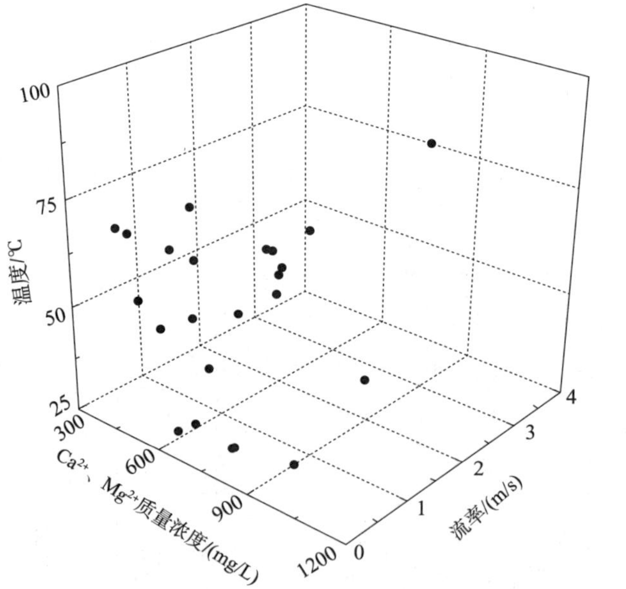

图 4－8　采样区块二期直井的 Ca^{2+}、Mg^{2+} 的质量浓度、流率和温度三维立体图

4.6　BP 人工神经网络的训练、验证和测试

本项目采用 NeuroSolutions 7.1.0.0 软件建立 BP 人工神经网络的气井油套管腐蚀预测模型并对其进行训练、验证和测试，要求允许收敛误差限应不大于 0.01，当模型利用训练数据经过反复迭代达到允许收敛误差限时，表明该人工神经网络已达到训练要求，此时可采用其他数据对人工神经网络进行进一步的验证和测试。

4.6.1　采样区块 TPO 井

图 4－9 展示了采样区块 TPO 井的 BP 人工神经网络在训练阶段的均方误差随迭代次数增加的变化情况。由图 4－9 可知，随着迭代次数的增加，该预测模型的均方误差在逐渐减小，准确度呈递增趋势，当迭代次数达到 1710 次后，预测模型的均方误差变为 0.0099，小于允许收敛误差限，这表明此时该 BP 人工神经网络已达到收敛要求。

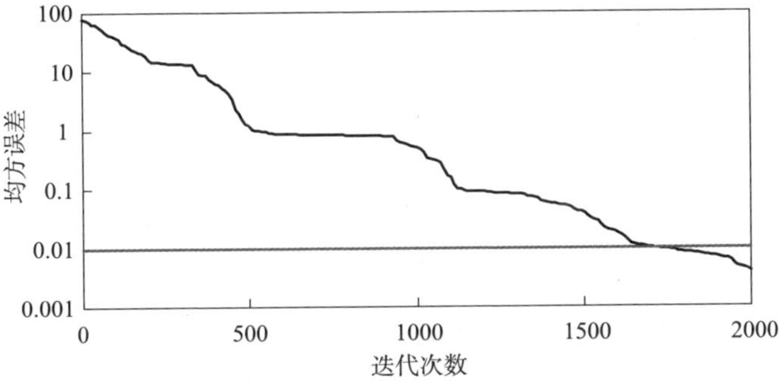

图 4－9　训练阶段采样区块 TPO 井的 BP 人工神经网络均方误差变化趋势

图 4－10、图 4－11、图 4－12 依次为采样区块 TPO 井的 BP 人工神经网络在训练阶段、验证阶段和测试阶段的输出值与期望值的对比图。

由图 4－10、图 4－11 和图 4－12 可知，对于采样区块 TPO 井的 BP 人工神经网络来说，由其实际腐蚀速率和预测腐蚀速率组成的试验点均匀分布在回归线两侧，近似呈线性关系，其训练阶段、验证阶段与测试阶段的决定系数分别为 0.978、0.980、0.950，表明了此模型中的实际腐蚀速率及预测腐蚀速率存在较高的相关性。

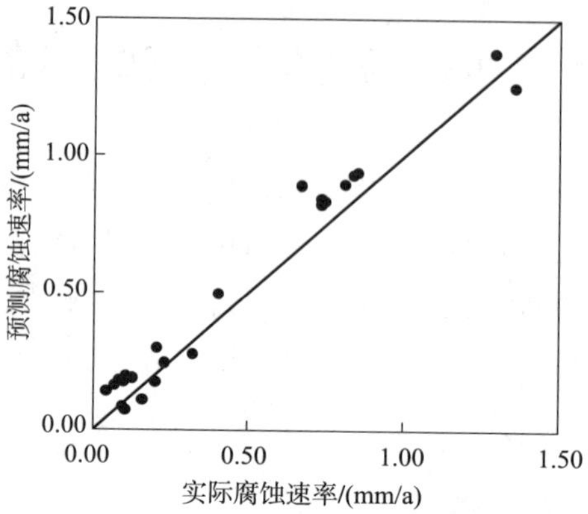

图 4-10　采样区块 TPO 井训练阶段的实际值与预测值对比图

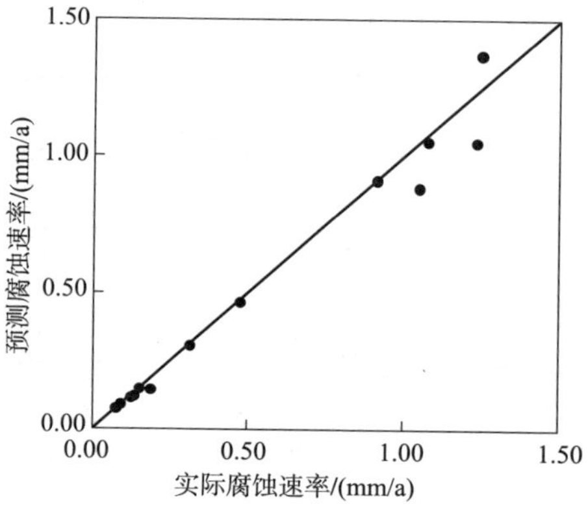

图 4-11　采样区块 TPO 井验证阶段的实际值与预测值对比图

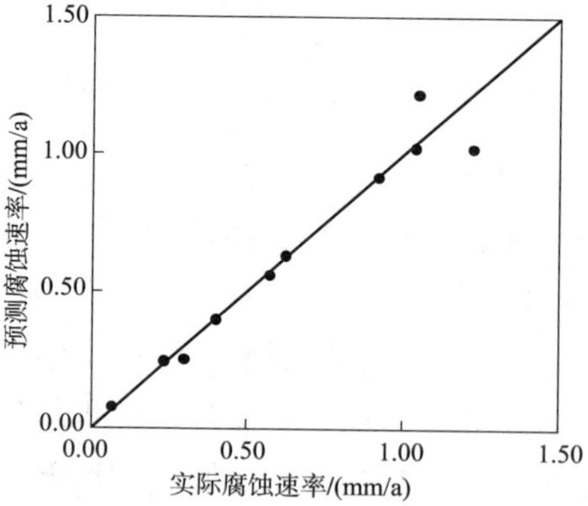

图 4-12　采样区块 TPO 井测试阶段的实际值与预测值对比图

4.6.2 双分支水平井

图 4-13 展示了双分支水平井的 BP 人工神经网络在训练阶段的均方误差随迭代次数增加的变化情况。由图 4-13 可知，随着迭代次数的增加，该预测模型的均方误差在逐渐减小，准确度呈递增趋势，当迭代次数达到 1480 次后，预测模型的均方误差变为 0.0096，小于收敛误差限，这表明此时该 BP 人工神经网络已达到收敛要求。

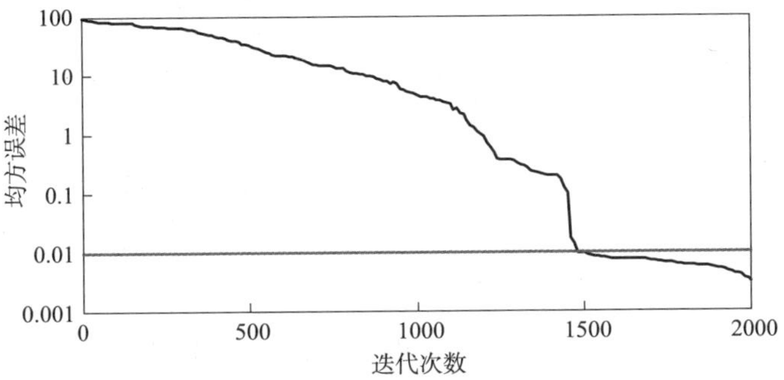

图 4-13　训练阶段双分支水平井的 BP 人工神经网络均方误差变化趋势

图 4-14、图 4-15、图 4-16 依次为双分支水平井的 BP 人工神经网络在训练阶段、验证阶段和测试阶段的输出值与期望值的对比图。

由图 4-14、图 4-15 和图 4-16 可知，对于双分支水平井的 BP 人工神经网络来说，由其实际腐蚀速率和预测腐蚀速率组成的试验点均匀分布在回归线两侧，近似呈线性关系，其训练阶段、验证阶段与测试阶段的决定系数分别为 0.940、0.939、0.974，表明了此模型中的实际腐蚀速率及预测腐蚀速率存在较高的相关性。

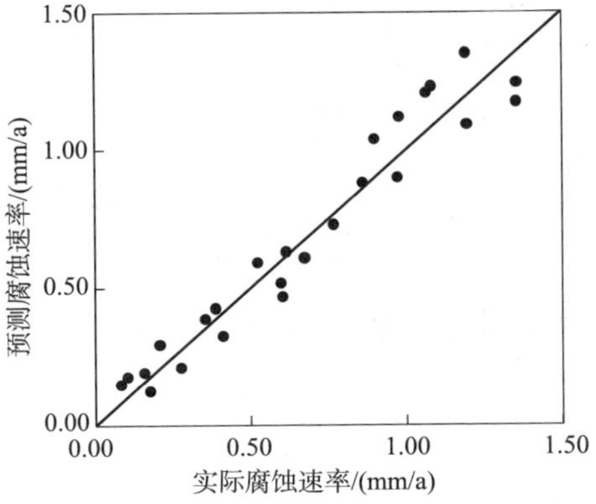

图 4-14　双分支水平井训练阶段的实际值与预测值对比图

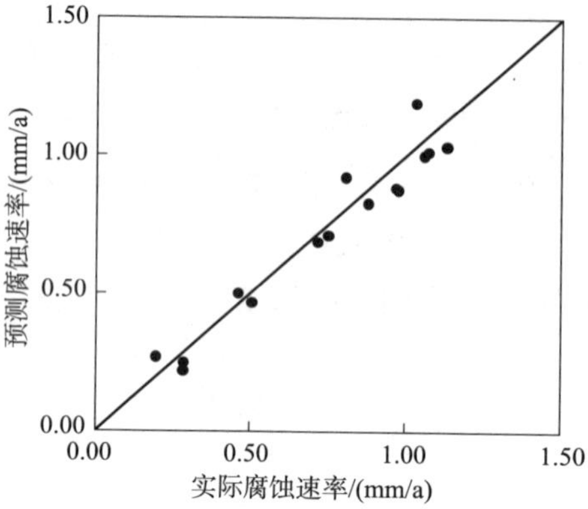

图 4－15　双分支水平井验证阶段的实际值与预测值对比图

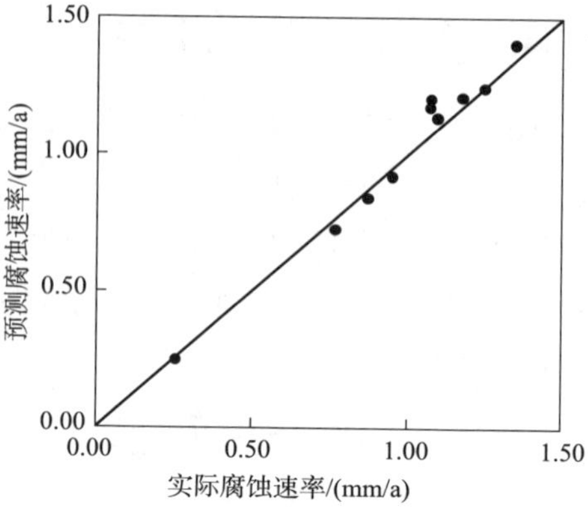

图 4－16　双分支水平井测试阶段的实际值与预测值对比图

4.6.3　采样区块二期直井

图 4－17 展示了采样区块二期直井的 BP 人工神经网络在训练阶段的均方误差随迭代次数增加的变化情况。由图 4－17 可知，随着迭代次数的增加，该预测模型的均方误差在逐渐减小，准确度呈递增趋势，当迭代次数达到 1720 次后，预测模型的均方误差变为 0.0099，小于允许收敛误差限，这表明此时该 BP 人工神经网络已达到收敛要求。

图 4－18、图 4－19、图 4－20 依次为采样区块二期直井的 BP 人工神经网络在训练阶段、验证阶段和测试阶段的输出值与期望值的对比图。

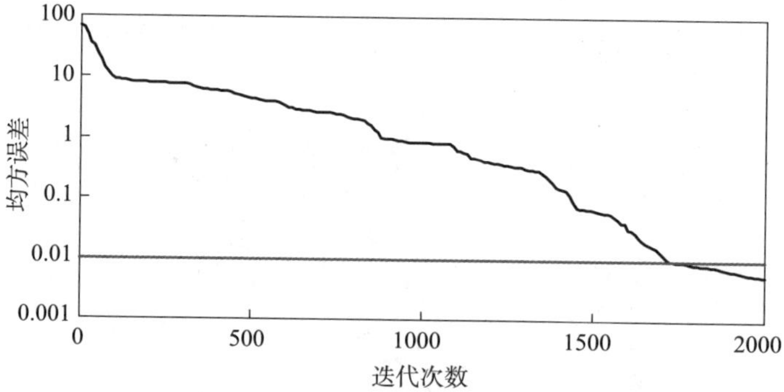

图 4－17　训练阶段采样区块二期直井的 BP 人工神经网络均方误差变化趋势

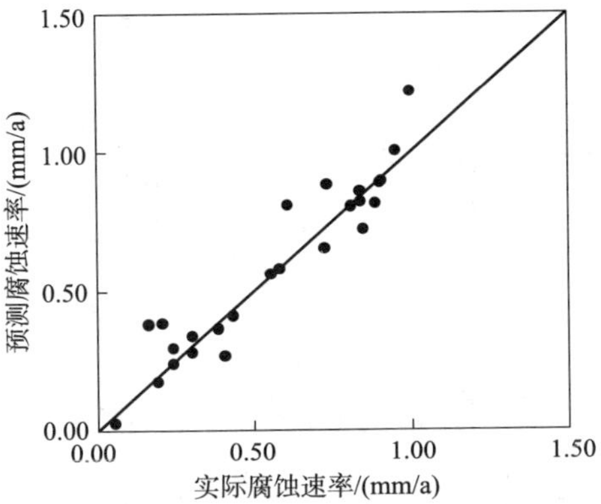

图4－18 采样区块二期直井训练阶段的实际值与预测值对比图

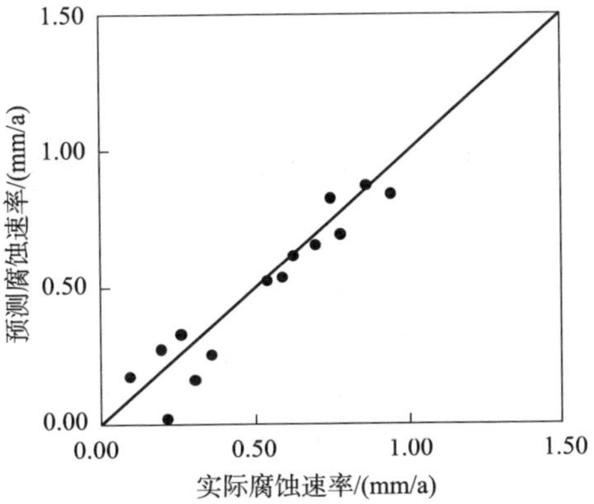

图4－19 采样区块二期直井验证阶段的实际值与预测值对比图

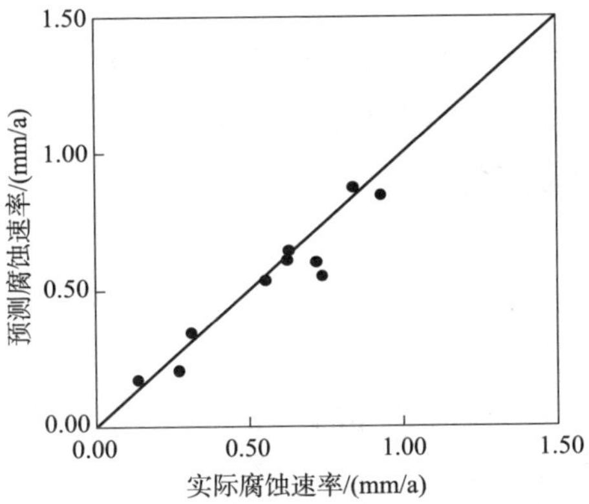

图4－20 采样区块二期直井测试阶段的实际值与预测值对比图

由图4－18、图4－19和图4－20可知，对于采样区块二期直井的BP人工神经网络来说，由其实际腐蚀速率和预测腐蚀速率组成的试验点均匀分布在回归线两侧，近似呈线性关系，其训练阶段、验证阶段与测试阶段的决定系数分别为0.898、0.915、0.918，表明了此模型中的实际腐蚀速率及预测腐蚀速率存在较高的相关性。

5　含腐蚀缺陷油管柱服役安全评价

5.1　基于 BP 人工神经网络的含腐蚀缺陷油管柱服役安全评价

5.1.1　气井油套管失效风险分析

本项目利用基于 BP 人工神经网络的气井油套管腐蚀预测模型计算不同工况下的气井油套管腐蚀速率，然后根据管道公称壁厚、管道服役年限以及气井油套管腐蚀速率得到预测的管道剩余壁厚：

$$\delta_{mm} = \delta - ny \tag{5-1}$$

式中　δ——管道公称壁厚，mm；

n——管道服役年限，a；

y——预测的气井油套管腐蚀速率，mm/a。

对于剩余壁厚比 R_t 来说，

$$R_t = \frac{\delta_{mm} - FCA}{\delta_c} \tag{5-2}$$

式中　δ_{mm}——预测的管道剩余壁厚，mm；

FCA——未来腐蚀余量，mm；

δ_c——远离缺陷处管道的实际壁厚，mm，通常是管道的公称壁厚。

由于壳体参数 θ 为：

$$\theta = \frac{1.285s}{\sqrt{D_i \delta_c}} \tag{5-3}$$

式中　s——体积型缺陷、弥散损伤型缺陷的轴向长度，mm；

D_i——管道内径，mm。

如果以下条件均满足，则进入下一步，否则缺陷不能通过一级评价，即：

$$R_t \geq 0.2$$

$$\delta_{mm} - FCA \geqslant 2.5\text{mm}$$

需要说明的是，当 $\theta > 20$ 时，计算 M_t 采用 $\theta = 20$。

将上一步计算得到的点(θ，R_t)绘入缺陷轴向长度可接受安全评价图中，如果点(θ，R_t)落在图中曲线上或者曲线上方，则该缺陷在当前运行压力下可以接受；反之，则该缺陷在当前运行压力下不可以接受。如果缺陷在当前运行压力下不可以接受，可根据式(5-4)计算 RSF，若 $RSF \geqslant RSF_a$，则该缺陷仍可以接受。

$$RSF = \frac{R_t}{1 - \frac{1}{M_t}(1 - R_t)} \tag{5-4}$$

若 $RSF < RSF_a$，则应计算 $MAWP_r$，缺陷在 $MAWP_r$ 下运行仍可以接受，否则不可接受。

$$MAWP_r = MAWP\left(\frac{RSF}{RSF_a}\right) \tag{5-5}$$

式中 RSF_a——许用剩余强度因子，一般取0.9；

M_t——傅立叶因子；

$MAWP$——最大允许工作压力。

例如：当二氧化碳分压为0.012MPa，硫化氢分压为0.0008MPa，Cl^-质量浓度为124624mg/L，Ca^{2+}、Mg^{2+}质量浓度为874mg/L，流率为0.33m/s，温度为60℃时，本项目通过BP人工神经网络输入该气井油套管的6个影响气井油套管腐蚀速率的基本因素，预测出此管柱的腐蚀速率为0.3142mm/a。

同时，根据长北气井油套管的原始设计资料，确定管线的规格尺寸参数如下：N80钢级，管材屈服强度为551.600MPa、655.025MPa和758.450MPa，管道内径为177.8mm，管道公称壁厚为9.19mm，体积型缺陷的轴向长度为15mm，管道服役年限为12年，未来腐蚀余量为2mm，许用剩余强度因子为0.9。

经核算，此气井油套管的预测管道剩余壁厚为：

$$\begin{aligned}\delta_{mm} &= \delta - ny \\ &= 9.19 - 12 \times 0.3142 \\ &= 5.4196\text{mm}\end{aligned}$$

而气井油套管的剩余壁厚比为：

$$\begin{aligned}R_t &= \frac{\delta_{mm} - FCA}{\delta_c} \\ &= \frac{5.4196 - 2}{9.19} \\ &= 0.3721\end{aligned}$$

此时，壳体参数为：

$$\theta = \frac{1.285s}{\sqrt{D_i\delta_c}} = \frac{1.285\times 15}{\sqrt{177.8\times 9.19}} = 0.4768$$

因此：

$$R_t \geqslant 0.2$$

$$\delta_{mm} - FCA = 5.4196 - 2 = 3.4196\text{mm} \geqslant 2.5\text{mm}$$

根据上述等式作图，如图 5-1 所示。

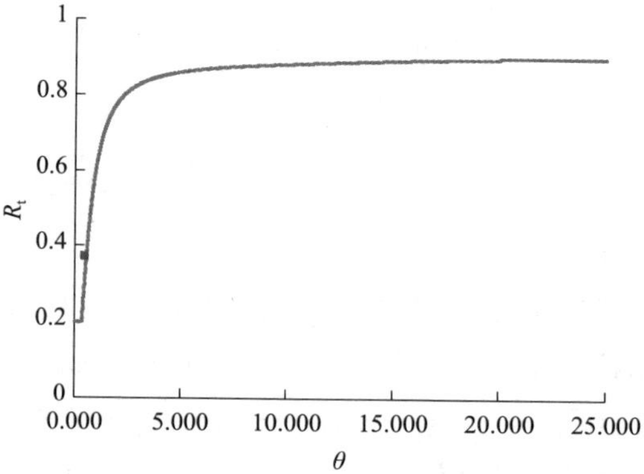

图 5-1　缺陷轴向长度可接受评价图

$$R_t = 0.2,\ \theta \leqslant 0.354$$

$$R_t = \left(RSF_a - \frac{RSF_a}{M_t}\right)\left(1 - \frac{RSF_a}{M_t}\right)^{-1} = \left(0.9 - \frac{0.9}{M_t}\right)\left(1 - \frac{0.9}{M_t}\right)^{-1},\ 0.354 < \theta < 20 \tag{5-6}$$

$$R_t = 0.9,\ \theta \geqslant 20$$

其中：

$$M_t = 1.001 - 0.0141590\theta + 0.2909\theta^2 - 0.09642\theta^3 + 0.02089\theta^4 - 0.003054\theta^5 + 2.957\times 10^{-4}\theta^6 - 1.8462\times 10^{-5}\theta^7 + 7.1553\times 10^{-7}\theta^8 - 1.5631\times 10^{-8}\theta^9 + 1.4656\times 10^{-10}\theta^{10} \tag{5-7}$$

由于上一步计算得到的点(0.4768，0.3721)落在图中曲线上方，故表明该缺陷在当前运行压力下可以接受。

然而，需要说明的是，因为在实际预测过程中往往无法准确得到气井油套管体积型缺陷的轴向长度，故本项目设定了三个不同的敏感区间，即Ⅰ级(不安全)、Ⅱ级(存在失效风险)、Ⅲ级(安全)，具体区间设定如下。

1. Ⅰ级(不安全)

当 $R_t<0.2$ 或 $\delta_{mm}-FCA<2.5$mm 时，此腐蚀缺陷不安全，即：

$$\begin{cases} R_t=\dfrac{\delta_{mm}-FCA}{\delta_c}=\dfrac{\delta-ny-FCA}{\delta_c}=\dfrac{\delta_c-ny-FCA}{\delta_c}=1-\dfrac{ny+FCA}{\delta_c}<0.2 \\ \text{OR} \\ \delta_{mm}-FCA=\delta-ny-FCA=\delta_c-ny-FCA<2.5 \end{cases} \tag{5-8}$$

因此，当 $\begin{cases} ny>0.8\delta_c-FCA \\ \text{OR} \\ ny>\delta_c-FCA-2.5 \end{cases}$ 时，此腐蚀不安全，需立即修复。

2. Ⅲ级(安全)

当 $RSF=\dfrac{R_t}{1-\dfrac{1}{M_t}(1-R_t)}\geqslant 0.9$ 时，此腐蚀是安全的，即：

取保守值的情况下，$\dfrac{1}{M_t}(1-R_t)\to 0$

则 $$RSF=R_t=\frac{\delta_{mm}-FCA}{\delta_c}=\frac{\delta-ny-FCA}{\delta_c}=\frac{\delta_c-ny-FCA}{\delta_c}=1-\frac{ny+FCA}{\delta_c}\geqslant 0.9 \tag{5-9}$$

因此，当 $ny\leqslant 0.1\delta_c-FCA$ 时，此腐蚀安全，可继续使用。

3. Ⅱ级(存在失效风险)

当不满足Ⅰ级(不安全)和Ⅲ级(安全)条件时，此腐蚀为Ⅱ级(存在失效风险)，气井油套管存在失效风险，应进一步评估腐蚀风险大小后采取合理的措施。

为了进一步对气井油套管的腐蚀缺陷进行全面评价，本项目通过现场采集的相关腐蚀数据，利用气井油套管腐蚀预测模型对一些代表性的含腐蚀缺陷油管柱进行了系统预测，并对上述管道进行了腐蚀缺陷评价，具体结果如表5-1所示。

表 5-1　采样区块气井油套管腐蚀缺陷评价结果一览表

序号	二氧化碳分压/MPa	硫化氢分压/MPa	Cl^- 质量浓度/(mg/L)	Ca^{2+}、Mg^{2+} 质量浓度/(mg/L)	流率/(m/s)	温度/℃	γ/(mm/a)	n/a	FCA/mm	δ_c/mm	评价结果
1	0.085	0.0024	40132	257	0.17	40	0.437	2	2	9.19	存在失效风险
2	0.124	0.0011	61257	582	0.11	50	0.386	4	2	9.19	存在失效风险
3	0.006	0.0025	79532	543	0.12	78	0.287	5	2	9.19	存在失效风险
4	0.024	0.002	20963	491	0.1	75	0.421	3	2	9.19	存在失效风险
5	0.026	0.0022	61199	465	0.04	75	0.3	6	2	9.19	存在失效风险
6	0.096	0.0002	76641	276	0.17	57	0.309	2	2	9.19	存在失效风险
7	0.042	0.003	66352	442	0.1	71	0.229	4	2	9.19	存在失效风险
8	0.057	0.0055	71321	425	0.05	36	0.211	4	2	9.19	存在失效风险
9	0.01	0.0034	30723	534	0.07	35	0.334	2	2	9.19	存在失效风险
10	0.098	0.0074	60289	373	0.04	45	0.483	3	2	9.19	存在失效风险
11	0.018	0.0058	71395	438	0.06	32	0.329	4	2	9.19	存在失效风险
12	0.075	0.0013	70484	387	0.1	41	0.252	2	2	9.19	存在失效风险
13	0.005	0.0025	75166	585	0.07	43	0.212	2	2	9.19	存在失效风险
14	0.076	0.0039	53349	429	0.19	36	0.332	4	2	9.19	存在失效风险
15	0.023	0.0097	53113	285	0.17	56	0.308	5	2	9.19	存在失效风险
16	0.074	0.0039	12610	209	0.2	50	0.488	7	2	9.19	存在失效风险
17	0.088	0.0096	70291	568	0.18	72	0.489	5	2	9.19	存在失效风险
18	0.173	0.0096	23562	551	0.03	70	0.488	5	2	9.19	存在失效风险
19	0.1	0.0024	17944	228	0.03	76	0.101	2	2	9.19	存在失效风险
20	0.025	0.0109	79562	420	0.1	42	0.453	2	2	9.19	存在失效风险

5.1.2 气井油套管抗挤毁强度有限元模拟分析

有限元分析方法是将某个工程结构离散化为各个单元进行计算的。有限元分析方法计算速度快、精度高。随着计算机技术和计算方法的发展，有限元分析法在工程设计和科研领域应用越来越广泛，可以方便地解决复杂工程分析计算问题。国内早已成功地将有限元分析用于石油钻井工程设计，如钻井平台设计，石油油套管力学性能研究等，很好支持了我国石油行业的发展，因此，可以利用有限元分析法对石油油套管抗挤毁强度进行计算验证。

COMSOL Multiphysics 是目前常用的数值模拟软件，是一款基于数值方法的多物理场通用仿真平台，通过模块化设计和函数调用能够模拟包括电学、声学、电化学、流体、传热等绝大多数物理化学领域涉及的问题。软件包含腐蚀、电化学在内的 30 多个模块，目前该软件的应用主要集中在科研模拟。

以 Φ244.5mm × 8.94mm 的 J55 管柱为研究对象，进行有限元模拟分析，管材料的弹性模量为 20600MPa，泊松比为 0.28，屈服强度为 379MPa，套管的 API 抗挤毁强度为 13.9MPa。

主要考虑管柱几何缺陷和不均匀系数对挤毁强度的影响，因此，采用平面问题处理，采用 8 节点平面应变单元 plane183 进行分析。划分单元时径向分成 8 段，周向分成 600 段，共划分 4800 个单元。由于计算的模型关于 X 轴 Y 轴对称，因此，约束模型 X 轴上的 Y 方向上的位移，约束模型 Y 轴上的 X 方向上的位移。

判断管柱是否失效，可以采用载荷/位移法，对管柱进行等步长加载，当前后载荷产生的位移比大于 20 时，管柱失效。

对管柱建模时作如下假设：

①管柱材料为各向同性的均匀弹性体；

②管柱足够长；

③不考虑管柱制造缺陷。

根据假设条件，可作为平面问题处理，管柱外表面承受均匀的外挤载荷，COMSOL Multiphysics 建模模型如图 5-2 所示。

通过逐步增加外部压力，当外压增加到 26.7MPa 时，管柱发生屈服失效，管柱开始失稳时的 Mises 等效应力云图如图 5-3 所示。

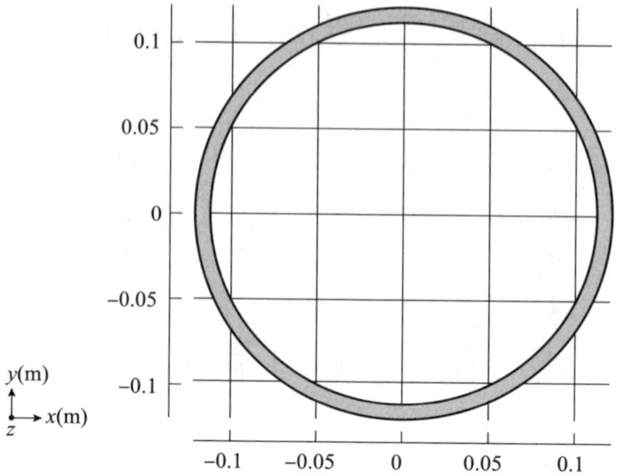

图 5－2　COMSOL Multiphysics 建模结果

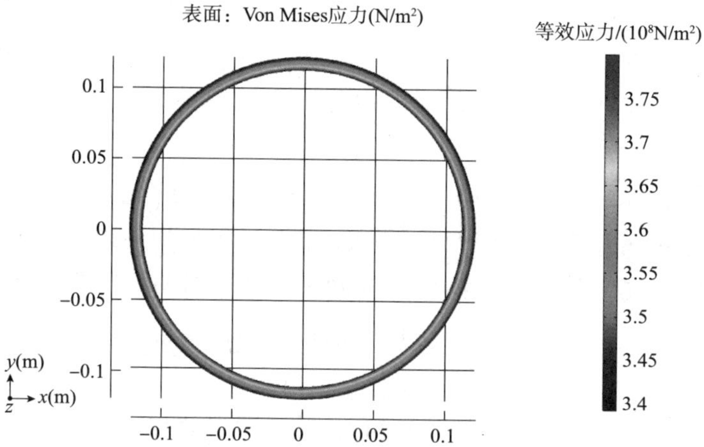

图 5－3　Mises 等效应力云图

由图 5－3 可知，理想圆管在均匀外压载荷作用下，管柱的最大应力在内壁产生，沿管柱的径向应力逐渐减小，外壁最小，且管柱的应力均匀分布。

分析管柱制造缺陷（壁厚不均、管柱椭圆）对其抗挤毁强度的影响，对管柱建模时作如下假设：

①管柱材料为各向同性的均匀弹性体；

②管柱足够长。

在其他参数不变的条件下，忽略壁厚不均度的影响，在均匀挤压载荷作用下，管柱的挤毁强度有限元计算结果如表 5－2 所示。

表 5－2　J55 管柱的椭圆度与抗挤毁强度关系

椭圆度/%	抗挤毁强度/MPa
0.0	26.7
0.1	25.7
0.2	24.8
0.4	23.1
0.6	21.6
0.8	20.4
1.0	19.3
1.5	17.0

椭圆度为 1.5% 时的管柱挤毁失效应力云图和变形图分别如图 5－4 和图 5－5 所示。

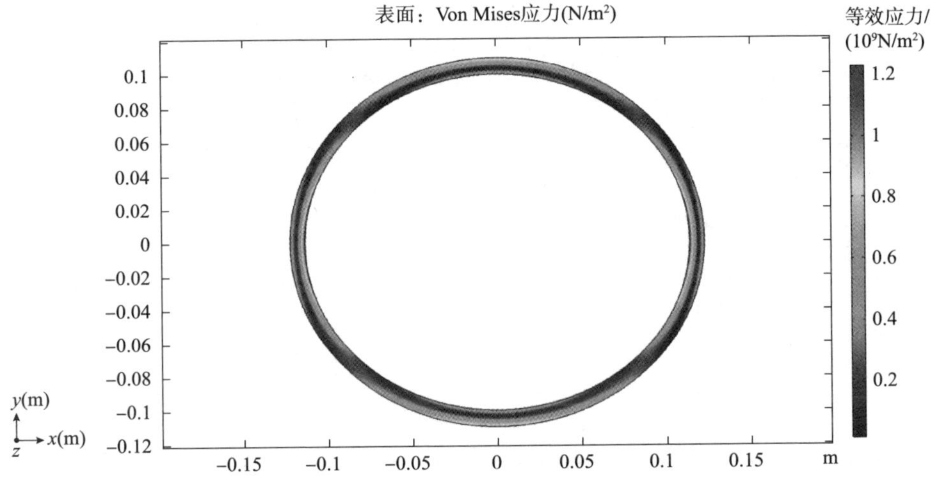

图 5－4　椭圆度为 1.5% 的管柱挤毁失效应力云图

由图 5－4 和图 5－5 可知，管柱抗挤毁强度会随管柱椭圆度的增加而降低，基本呈线性关系，当管柱椭圆度达到 1.5% 时，管柱的抗挤毁强度降低 35%，比 API 给出的管柱抗挤毁强度大。同时，对于管柱椭圆度对抗挤毁强度的影响，有限元计算的结果大于理论计算的结果，但较接近；两种计算方式得出的变化规律相同，即都是管柱抗挤毁强度会随椭圆度的增加而减小，基本呈线性关系。管柱椭圆度对抗挤毁强度影响较大。

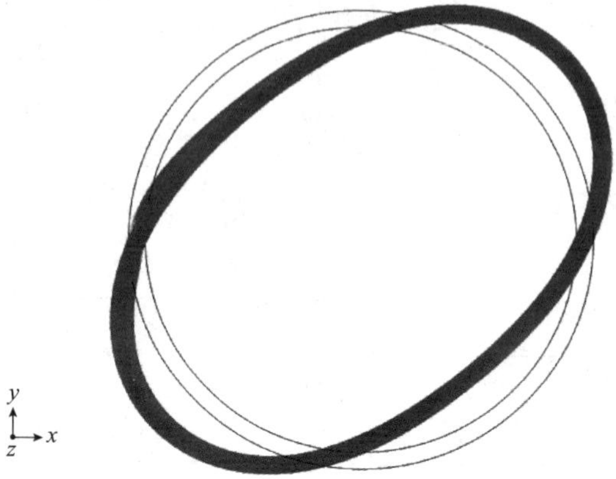

图 5 -5　椭圆度为 1.5% 的管柱挤毁失效变形图

在其他参数不变的条件下，忽略椭圆度的影响。在均匀挤压载荷作用下，管柱的抗挤毁强度计算结果如表 5 -3 所示。

表 5 -3　J55 管柱的壁厚不均度与抗挤毁强度关系

壁厚不均度/%	抗挤毁强度/MPa
0	26.7
1	26.5
2	26.4
4	26.2
6	26.0
8	25.8
10	25.5
15	25.2

壁厚不均度为 12.5% 时的管柱挤毁失效应力云图和变形图分别如图 5 -6 和图 5 -7 所示。

由图 5 -6 和图 5 -7 可知，管柱抗挤毁强度随壁厚不均匀度的变化很小，当管柱壁厚不均匀度达到 12.5% 时，高管抗挤毁强度才减小 5%，比 API 给出的管柱抗挤毁强度大。通过对比管柱制造缺陷(管柱椭圆、壁厚不均)对抗挤毁强度的影响可以得出，管柱的椭圆度影响大于壁厚不均匀度的影响，所以说为了保证管柱的抗挤毁强度，在管柱制造生产过程中应严格控制管柱椭圆度。

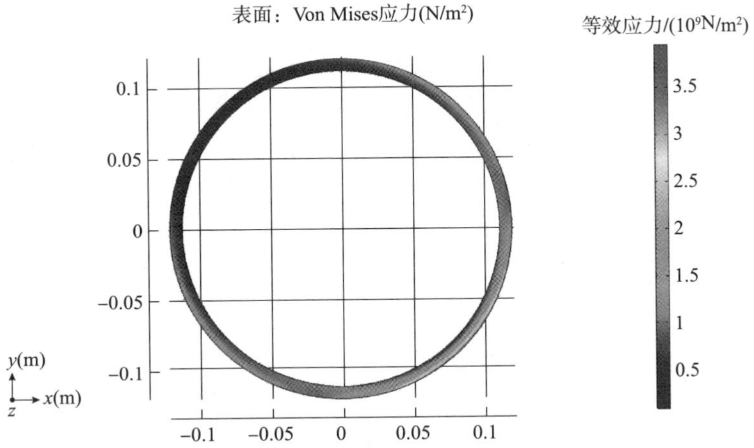

图 5－6　壁厚不均度为 12.5% 的管柱挤毁失效应力云图

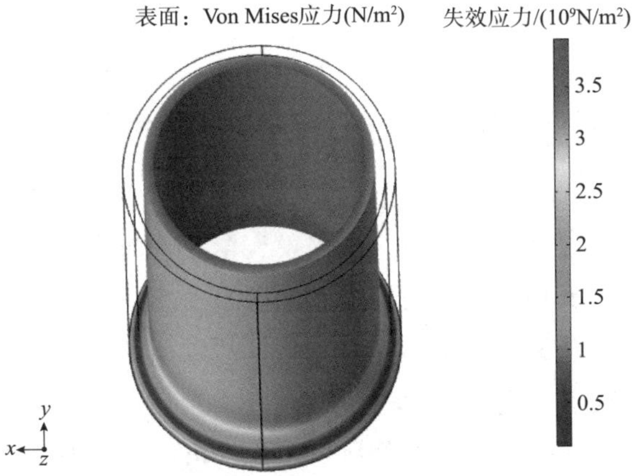

图 5－7　壁厚不均度为 12.5% 的管柱挤毁失效变形图

需要说明的是，对于管柱壁厚不均度对抗挤毁强度的影响，有限元计算的结果大于理论计算结果，但较接近，其变化规律是管柱抗挤毁强度随着壁厚不均度的增加而减小，但变化量小于管柱椭圆度的。

在均匀外挤压力作用下，管柱误差在 API 允许范围内时，即椭圆度为 1.5%，壁厚不均度为 12.5% 时，管柱的最大抗挤毁强度为 16.5MPa，其挤毁失效应力云图如图 5－8 所示。

由图 5－8 可知，在椭圆长轴，壁厚最薄的内壁处，最先发生屈服，其应力值最大。当管柱椭圆与壁厚不均同时出现在同一横截面时，管柱抗挤毁强度为 16.5MPa，仍比 API 给出的管柱抗挤毁强度大。

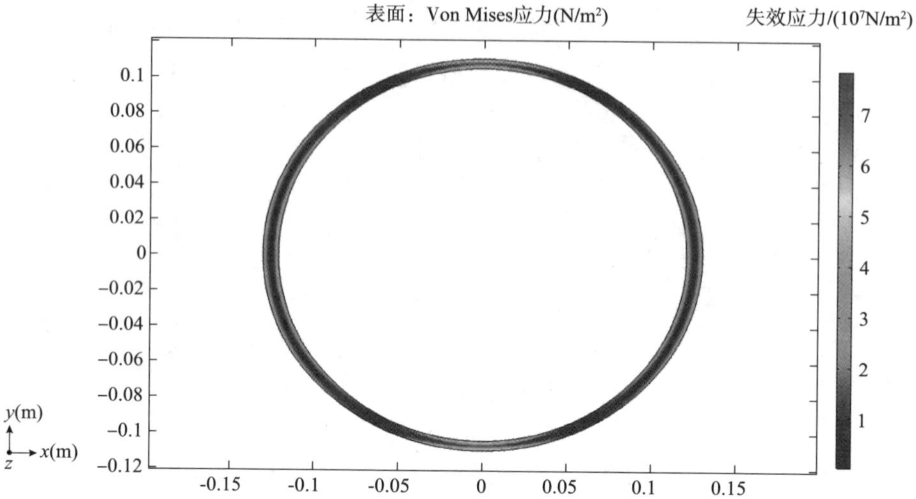

图 5－8　壁厚不均度为 12.5% 和椭圆度为 1.5% 时的管柱挤毁失效应力云图

5.2　含腐蚀缺陷油管柱服役安全评价技术的研究

为了进一步推动含腐蚀缺陷油管柱服役安全评价技术在实际生产中的全面推广，本项目从硬件系统和软件系统两个方面提出了相应的、具有可操作性的实施建议方案，并自主开发了相应的专业应用软件，以期能够有效提高含腐蚀缺陷油管柱服役安全评价技术的适用性。

含腐蚀缺陷油管柱服役安全评价技术大体上可以分为基础数据采集系统、数据链路控制系统和含腐蚀缺陷油管柱服役安全评价系统，其核心工作原理如图 5－9 所示。

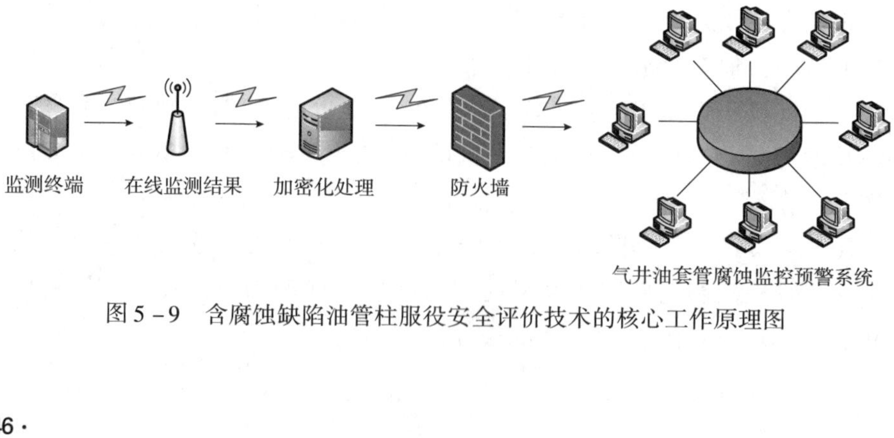

图 5－9　含腐蚀缺陷油管柱服役安全评价技术的核心工作原理图

5.2.1 基础数据采集系统

含腐蚀缺陷油管柱服役安全评价技术所涉及的基础数据是有多个来源的，不但包括二氧化碳分压、硫化氢分压、Cl^- 质量浓度、Ca^{2+}、Mg^{2+} 质量浓度、流率、温度等影响气井油管柱腐蚀速率的主要因素，还必须考虑管材屈服强度、管道平均直径、管道公称壁厚、管道设计压力、管道服役年限、管道设计系数、焊缝系数、未来腐蚀余量、许用剩余强度因子等管道原始设计资料。

影响气井油管柱腐蚀速率的主要因素属于气井油管柱上采集得到的数据，由安装在气井油管柱上的检测传感器得到。这些检测传感器置于管道内壁，用于实时采集反映管道运行状态特征参数(包括流率和温度)和管道输送介质成分数据(包括二氧化碳分压、硫化氢分压、Cl^- 质量浓度、Ca^{2+}、Mg^{2+} 质量浓度)，均为影响气井油管柱腐蚀速率的相关因素，而检测传感器的类型和数量选择是根据实际使用的管道类型和管道介质确定的。

管道原始设计资料种类繁多，一般包括管材屈服强度、管道平均直径、管道公称壁厚、管道设计压力、管道服役年限、管道设计系数、焊缝系数、未来腐蚀余量、许用剩余强度因子等，且多与气井油管柱自身特性有关。

5.2.2 数据链路控制系统

数据链路控制系统采用工业级控制器和模拟量输入模块管理基础数据采集系统的日常运行过程，并从基础数据采集系统接收并存储数据，从而传送给预警软件平台系统处理和使用。

工业级控制器能够可靠而准确地执行实时应用程序，并可提供多速率控制、数据存储及与外部设备通信等功能，并配有以太网端口、内置数据存储器介质以及内置的 USB 和 COM 接口；模拟量输入模块通过工业级控制器配置的机箱来连接，它直接和每个 I/O 模块相连，可以高速访问 I/O 电路并灵活实现定时、触发和同步等功能，其属于数据链路控制系统的核心模块。

为了提高数据链路控制系统的信道利用率，模拟量输入模块建议选择 32 通道 16 位模拟量输入模块，共可同时单端接入 32 路信号或者以差分形式接入 16 路信号，由于模拟量输入模块中已经集成了滤波、放大和模数转换等功能电路，现场可直接将传感器供电后的信号端与模拟量输入模块的输入端口相连。

同时，由于模拟量输入模块借助机箱接口与工业级控制器通过直插形式连接，故建议数据链路控制系统提供 4G 以上的内部存储介质，或者使用外接 USB

存储设备，如 U 盘、SD 卡或者移动硬盘等实现基础数据的海量存储。

5.2.3 含腐蚀缺陷油管柱服役安全评价系统

含腐蚀缺陷油管柱服役安全评价系统由长庆油田长北作业分公司自主独立开发，其主要由数据采集模块、方差分析模块、腐蚀预测模块以及腐蚀预警模块等模块组成。

含腐蚀缺陷油管柱服役安全评价系统是在 VB. NET 环境下实现的，VB. NET 是一种简单、现代、面向对象的计算机编程语言，由 Microsoft 公司开发，将 VB. NET Framework 和公共语言运行库的强大功能与作为 Visual Basic 标志的生产力优势相结合，具有以下几个优点。

(1)提供了非常容易学习和利用的一个工具，为用户提供了友好的开发环境。

(2)面向对象的可视化设计的工具，将程序和数据封装起来，可以理解为每个可视化的组件都是一个对象，可以在创建的窗口上画出各种组件并可以为其设置相应属性和函数。

(3)事件驱动的编程机制，用户的动作是事件程序的运行的流向。

(4)支持结构化的程序设计，具有面向对象设计语言的所有特点，即封装性、继承性和多态性。

(5)具有丰富的数据类型，功能强大的内库，依靠 .NET 的框架支持，VB. NET 程序可以获取 Windows 提供的几乎所有的功能。

(6)强大的数据库功能，采用 ADO. NET 数据访问技术对不同类型的数据库，如 SQL Server、Access、Oracle 等数据库都以统一的方式管理或访问数据源中的数据。

(7)网络功能，VB. NET 中有 Web Service 实现跨平台的功能调用和使用 xml 进行数据交换，其中还有 Web Forms 建立全交互的互联网网站。

(8)完备的帮助功能，和 Windows 环境的软件一样，可以利用帮助菜单和 F1 键快速获得所需的帮助信息。

需要说明的是，由于数据链路控制系统采用云备份方式进行在线监测结果的传递，故为了保证系统的安全性和可靠性，监测终端的在线监测结果须经加密化处理后方可通过网络链路经由防火墙进入含腐蚀缺陷油管柱服役安全评价系统的腐蚀数据采集模块进行后续处理，这样一来即时任何终端发生劫持或攻击现象，也能通过防火墙瞬时控制以确保生产现场的正常运行。

5.3　含腐蚀缺陷油管柱服役安全评价系统的开发

含腐蚀缺陷油管柱服役安全评价系统界面简洁、框架清晰、美观大方，不但可以对二氧化碳分压，硫化氢分压，Cl^- 质量浓度，Ca^{2+}、Mg^{2+} 质量浓度，流率，温度等影响气井油套管腐蚀速率的主要因素进行动态监测，而且还能够实现对管材屈服强度、管道平均直径、管道公称壁厚、管道设计压力、管道服役年限、管道设计系数、焊缝系数、未来腐蚀余量、许用剩余强度因子等管道原始设计资料的有效管理，同时，含腐蚀缺陷油管柱服役安全评价系统还具有对影响气井油套管腐蚀速率的众多因素进行方差分析，研究这些因素对气井油套管腐蚀速率的影响并筛选出显著影响腐蚀的关键因素等诸多功能。

除此之外，含腐蚀缺陷油管柱服役安全评价系统还内嵌了基于 BP 人工神经网络的腐蚀预测模块以及腐蚀预警模块，现场操作人员与相关技术人员可根据这些模块快速预测不同工况条件下的气井油套管腐蚀速率，并基于气井油套管腐蚀预测模型对含腐蚀缺陷油管柱进行准确、可靠的服役安全评价。需要说明的是，为了杜绝无关人员操作本系统，最大限度确保后台数据库的安全与可靠，含腐蚀缺陷油管柱服役安全评价系统还赋予管理员添加用户以及对不同用户进行操作权限设定的功能，用户亦可根据需要对自己的登录密码进行修改。

5.3.1　软件结构

含腐蚀缺陷油管柱服役安全评价系统的结构如图 5－10 所示。

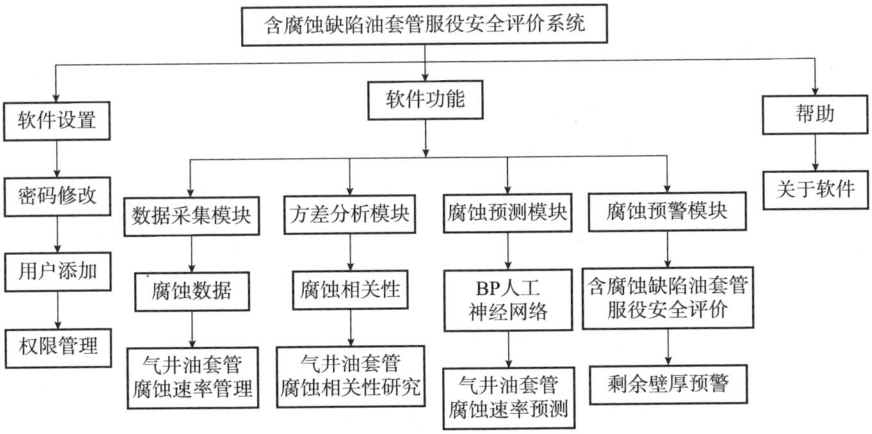

图 5－10　含腐蚀缺陷油管柱服役安全评价系统的结构示意图

5.3.2 软件运行硬软件环境

1. 运行硬件环境

CPU：Intel Celeron 2.0GHz 以上。

内存：1G 以上。

硬盘：80G 以上。

2. 运行软件环境

Windows XP/2000/2003/Vista/7/8/10。

6 ANSYS 软件对含腐蚀缺陷油套管的失效分析

油套管在油田生产中起着至关重要的作用，复杂的工作环境导致了其失效形式的多样化，其中腐蚀是导致油套管失效的最主要原因之一。对油套管来说，提高其安全可靠性与油田行业的经济利益和安全生产息息相关，因此，对含腐蚀缺陷油套管进行失效分析及安全性评价具有重要的现实意义。管道剩余强度评价的目的就在于研究缺陷是否在某一操作压力下允许存在，以及在某一操作压力下允许存在的最大缺陷尺寸(或最小剩余壁厚)，从而科学地指导管道的维修计划和安全生产管理。由于国外开展管道研究的工作已有很多年。所以相对而言，对于剩余强度的评价有许多较成熟的方法。最早的评价方法是 B31G 准则。后来经过大量的工程实践及应用，发现 B31G 准则也有其许多的不足之处。经过许多学者的研究，将 B31G 准则进一步改进，但还不是很理想。最后考虑轴向载荷、弯矩、腐蚀宽度以及腐蚀缺陷螺旋角对管线的影响，提出了不同的腐蚀管线评价方法，形成新的评价准则，即 API 579 Fitness - For - Service、有限元分析方法、基于弹塑性理论极限的分析方法和基于可靠性理论的可靠性评价方法。有限元分析可避免 B31G 准则中的保守性，大大降低了简化程度，有限元评估方法具有许多的优点。其最大的优点是可以不受一些实验条件的限制，可以更接近实际工况的情况，既可以考虑单个缺陷受多种力的作用，也可以考虑多个缺陷叠加在一起受多种力的作用，其结果更接近真实情况。

本项目基于非线性有限元法，使用 ANSYS 通用有限元分析软件建立了含腐蚀缺陷 N80 油套管的数值模型。综合考虑了内压、外压荷载及缺陷尺寸的影响，对含腐蚀缺陷套管的安全性进行研究，为含腐蚀缺陷油套管的失效分析及安全评价提供了参考。

6.1 有限元分析方法概述

有限元分析(Finite Element Analysis，简称 FEA)是将待分析的系统划分成有限个单元，单元之间通过节点相互作用，巧妙地运用数学近似的方法，将实际的物理系统(几何和载荷)进行抽象，运用单元间简单的相互作用代替复杂的物理问题，进而计算求解。很多实际问题是非线性问题，因此传统方法的计算求解过程十分复杂，而且求解的准确性也不能保证。但是有限元法很好克服了非线性问题，而且计算精度完全可以利用细化网格增加单元数目的方法得以提高。同时相对传统计算过程，计算机计算也可大大节约时间。因而有限元法以及有限元软件(如 ANSYS 等)已经成为主流的工程分析工具。

6.1.1 有限元分析具体流程

有限元分析方法的核心是将被分析的实体离散化，通过划分网格的方式将实体划分成有限个数的单元，单元间的相互作用可以用节点的作用体现。利用有限个单元的位移函数以及单元的刚度矩阵组合形成总体的刚度矩阵，再配合等效以后的单元节点上的载荷联合构成平衡方程组，同时利用物理学知识施加边界条件，进而对方程组计算求解。

以一般力学问题为例，求解的直接结果为各个节点的位移，通过不同的后处理方法配合各种物理参数求得等效应力或其他物理量。有限元方法的具体流程如下。

1. 实体的离散化

有限元法的核心问题是将物理实体进行离散化处理。在具体分析中，离散化就是将被分析的实体或者结构通过划分网格的方式划分成有限个单元，并根据所选取的单元特点设置相应的单元节点，节点不仅是单元连接的纽带也是单元间相互作用的桥梁，通过节点可以方便地添加载荷，更轻松地设置边界条件。当对连续弹性体进行分析时，实际的计算精度、计算机的内存大小及软件的版本最终都会影响如何选取合理的单元类型、划分的单元数目和网格的细化方案。

2. 选择位移函数

节点是单元间相互作用的核心，有限元分析时预先假设单元内任意一节点位移是坐标的某种简单函数，此即为位移函数。有了位移函数，单元内任意一点的位移、应变和应力便可以轻松地表示。位移函数为：

$$\{\boldsymbol{f}\} = [\boldsymbol{N}]\{\boldsymbol{\delta}_{e}\} \tag{6-1}$$

式中 $\boldsymbol{f}$——单元中某一点的位移列矩阵；

$\boldsymbol{\delta}_{e}$——单元的节点位移列矩阵；

$\boldsymbol{N}$——形函数矩阵。

3. 单元的力学特性分析

力学特性分析重点包含以下内容。

利用弹性力学的几何方程，导出用节点位移表示的单元应变，即：

$$\{\boldsymbol{\varepsilon}\} = [\boldsymbol{B}]\{\boldsymbol{\delta}_e\} \tag{6-2}$$

式中　$\boldsymbol{B}$——几何矩阵。

利用物理方程导出用节点位移表示的单元应力为：

$$\{\boldsymbol{\sigma}\} = [\boldsymbol{D}][\boldsymbol{B}]\{\boldsymbol{\delta}_e\} = [\boldsymbol{S}]\{\boldsymbol{\delta}_e\} \tag{6-3}$$

式中　$\boldsymbol{S}$——单元的刚度矩阵；

$[\boldsymbol{D}]$——单元弹性矩阵。

利用虚功原理建立作用于单元上的节点力和节点位移之间的关系式，即单元的刚度矩阵：

$$\{\boldsymbol{P}_e\} = [\boldsymbol{K}_e]\{\boldsymbol{\delta}_e\} \tag{6-4}$$

$$\{\boldsymbol{K}_e\} = \int [\boldsymbol{B}]^{\mathrm{T}}[\boldsymbol{D}][\boldsymbol{B}]\mathrm{dv} \tag{6-5}$$

式中　$\{\boldsymbol{K}_e\}$——单元的刚度矩阵。

4. 等效节点载荷的计算

一般情况下，待分析对象可认为是连续的弹性体，经过最初的结构离散化后，整个结构已经变成彼此独立相互联系的单元体。当受到载荷的时候，一般意义上载荷的传递是通过单元体的单元边界相互作用，但有限元分析法是将载荷等效地转移到节点上，称为等效节点载荷。

5. 整合计算分析

这一步是将全部单元体的刚度矩阵方程整合在一起，组成整个结构的平衡方程组，之后再变换成整个结构的刚度矩阵，即：

$$[\boldsymbol{K}] = \{\boldsymbol{\delta}\}\{\boldsymbol{P}\} \tag{6-6}$$

式中　$[\boldsymbol{K}]$——结构的整体刚度矩阵；

$\{\boldsymbol{\delta}\}$——结构的节点位移列矩阵；

$\{\boldsymbol{P}\}$——结构的等效节点载荷列矩阵。

6. 设置边界条件

为了使公式(6－6)有解，在计算时需要设置相应的位移边界条件，同时，位移边界条件的设定还可以减小整体刚度矩阵的奇异性。

7. 求解方程组

整体刚度矩阵是体系平衡方程组的系数。一般情况下，节点的位移可以通过解方程组的方法求得。

8. 计算单元应力

结合材料参数和公式(6－3)，借助第七步求出的节点位移计算得到单元应力。随着理论研究的不断推进，为了能够满足不断扩大的工程需求，多种商业有限元软件应运而生。如 ANSYS、Solid Works、Fluent、COSMOS 等。1970 年美国首次将商业软件 ANSYS 软件推向市场来满足学术研究及工程应用。随着理论的不断更新、单元体的不断扩展、计算步骤的不断简化、功能的不断升级，目前 ANSYS 已经逐渐成为世界范围内的主流工程分析软件。同时 ANSYS 软件功能也在不断扩大更新，不但能够完成固体力学领域的分析还能够完成流体力学分析、热力学分析和电磁学分析等，此外，分析涵盖了二维及三维的有限元静力、动力、热、线性、非线性分析等。除囊括广泛的分析领域、涵盖多种分析类型的特点外，ANSYS 在功能上还兼具有灵活的前处理和后处理模块，从而使得建立模型轻松便捷和显示结果直观准确。由于软件本身具有强大的功能，因此软件所涉及的工程领域也很广泛，如航天行业、机械行业、建筑行业以及流体领域等。本项目将 ANSYS Workbench 15.0 软件应用在腐蚀管道的剩余强度的计算上，进而为管道的剩余寿命预测提供基础数据。

6.1.2 利用 ANSYS 有限元软件的分析步骤

ANSYS 有限元软件分为三个模块，分别为前处理模块、加载求解模块及后处理模块。正常情况下，三个模块的是按从前到后的顺序进行设置和处理的。在具体操作过程中每个模块的功能如下。

1. 前处理模块

在前处理模块中，需要进行以下设置：

①筛选分析类型(热力学分析、静力学分析、流体力学分析等)；

②选择单元类型(四面体单元、六面体单元、八面体单元等)；

③设定材料参数(泊松比、弹性模量、密度等)；

④建立结构模型(二维、三维)；

⑤划分有限元网格(自动、手动)。

下面简要介绍各步设置。①筛选分析类型，由于 ANSYS 功能较多，所以需要在分析前筛选出需要的分析类型，这种筛选可以方便地过滤掉不必要的材料参数设置。②单元类型的选择，在这一步骤中，会发现相同单元类型的条件下还有不同的节点个数，单元的个数和节点的个数不仅影响计算分析速度而且会影响分析精度，因此这一步骤很重要。③设定材料参数，以力学分析为例，泊松比、弹性模量等参数是必须设定的。在设置过程中，还可以设置非线性的材料。④结构模型的建立，目前软件的建模功能也较为强大，既可以建立二维模型也可以建立三维模型。如果模型过于复杂我们还可以通过专业建模软件进行建模，利用通用接口导入有限元软件进行下一步设置。⑤网格划分，网格质量的好坏对计算精度的影响最大，软件本身具有自动划分功能，而且还可以进行局部的网格细化，除此之外，为提高网格质量还可以进行手动划分。

2. 加载求解模块

在加载求解模块中，我们需要进行以下设置：

①施加载荷；

②设定约束；

③计算求解。

下面介绍这三步的具体设置。首先施加载荷。对 ANSYS 这款有限元软件，可以设置多种载荷以便更好地贴近实际工况，如温度载荷、力矩载荷、速度载荷等。其次要对模型进行适当简化，最终确定具体的约束条件，一般力学分析是将节点的自由度进行控制。在确定约束的过程中，要保证约束条件的足够和恰当，以免造成计算过程中的不收敛现象，导致计算失败。最后计算求解，求出各个节点的位移等。

3. 后处理模块

后处理模块主要是对计算求解的结果进行处理，如将节点位移转化成单元应力或等效应力等工程分析所用的相关物理量。同时还可以用矢量图的形式将结果显示出来，使得对结果的分析更加直观。有时需要对不同时间节点的物理量进行分析，这时还可以引入时间后处理器对结果进行分析。

6.2 ANSYS Workbench 介绍

根据有限元法采用分析软件(如 ANSYS)进行评定，由于有限元分析有固定的程序步骤，操作过程复杂、精通难度大，且在运用过程中建模及边界条件处理需要一定的工程经验，这给程序的推广使用带来了巨大的困难。

为从安全性和经济性两方面对含缺陷压力管道剩余强度及剩余寿命作出客观、及时的评价，结合腐蚀监测、缺陷分析、有限元计算及优化设计等技术，采用 Workbench 优化设计实现了含缺陷压力管道剩余强度计算及剩余寿命预测系统的研发。从而实现对腐蚀管道进行剩余强度评价及剩余寿命预测，进而评价压力管道在当前运行工况条件下能否安全运行，为管道升压、降压和维修、更换等操作提供指南，确定管道的检测与维修周期，从而达到保证输油管道全运行的目的。

6.2.1 基础技术

Workbench 是 ANSYS 公司推出的一个产品，内嵌于 ANSYS 软件中，由于 ANSYS 软件的建模复杂性，而许多的工程设计人员已经熟悉了其他建模软件的流程，如 Proe 等建模软件，所以 ANSYS 公司推出了一个有利于工程人员操作的软件。

ANSYS 中的建模系统，虽然也是利用点、线、面、体等一些基本的思想，但操作困难，没有其他建模软件方便，因为其他建模软件充分利用了平面的思想，并与三视图结合起来，而且 ANSYS 中没有撤销键，这给建模带来了致命的麻烦。

Workbench 中的建模方法充分利用其他建模软件的优点，解决了这一困难，其界面友好、操作简单，给工程人员带来了很大的方便。利用 Workbench 中的优化设计，可以减少许多重复计算，也可以将同一类型的数据保存，方便下次计算时使用，实现有限元分析的全过程自动化，即建立参数化的 CAD 模型、参数化的网格划分与控制、参数化的材料定义、参数化的载荷和边界条件定义、参数化的分析控制和求解以及参数化的后处理。这样可以节省许多时间，提高工作效率。

6.2.2 界面技术

该系统针对含各种缺陷类型的压力管道有限元分析，缺陷形式、缺陷位置均非单一，面对多种分析类型，通过创建不同工作目录将其分门别类，技术人员根据不同分析类型选择相应工作目录进入分析界面，系统工作目录如图 6－1 所示。

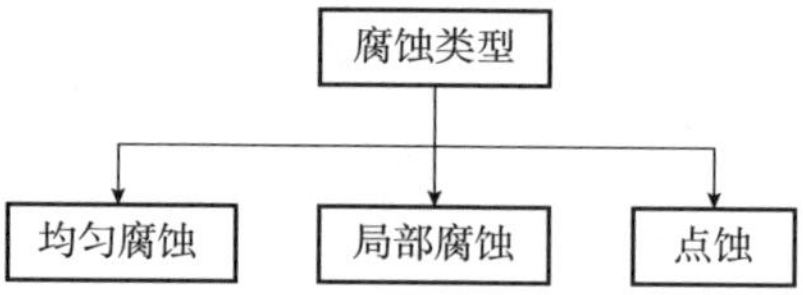

图 6－1　系统工作目录图

6.2.3 系统实现

以局部腐蚀为例，说明系统各部分的实现情况，打开软件出现如图 6－2 的界面。

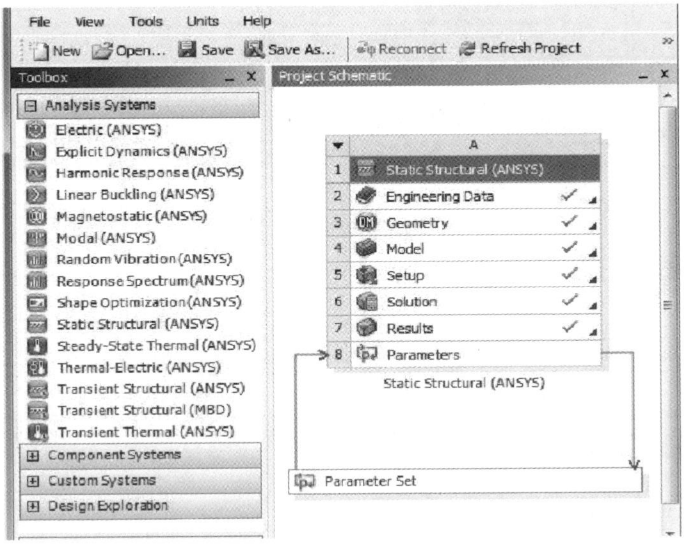

图 6－2　整体界面图

左边的 Toolbox 中选择要分析的类型，如热力学、动力学、静力学等，选中所要进行的分析类型，双击后在右边出现相应的对话框，数字从 1 到 7 都是 ANSYS计算时相应的步骤，点击 2 选项后，弹出一个对话框，如图 6－3 所示，可以进行材料参数的输入。

在 Outline Filter 的对话框中选择所分析的材料类型，也可以自己创建常用的材料类型，选择相应的材料类型后，在 Outline of 根据个人的习惯，创建具体的材料型号，选中具体的材料类型后，在 Properties of outline 的对话框中，输入材料属性，如弹性模量、泊松比等。点击 Return to project 返回到图 6－1 的界面，然后点击 3 选项，进入几何模型创建的界面，如图 6－4 所示。

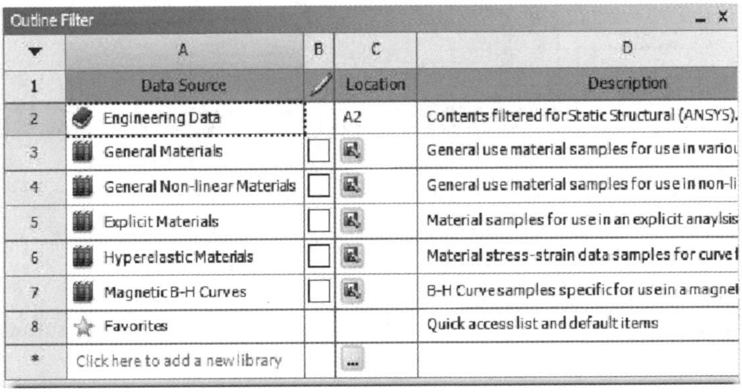

图 6－3　材料参数对话框

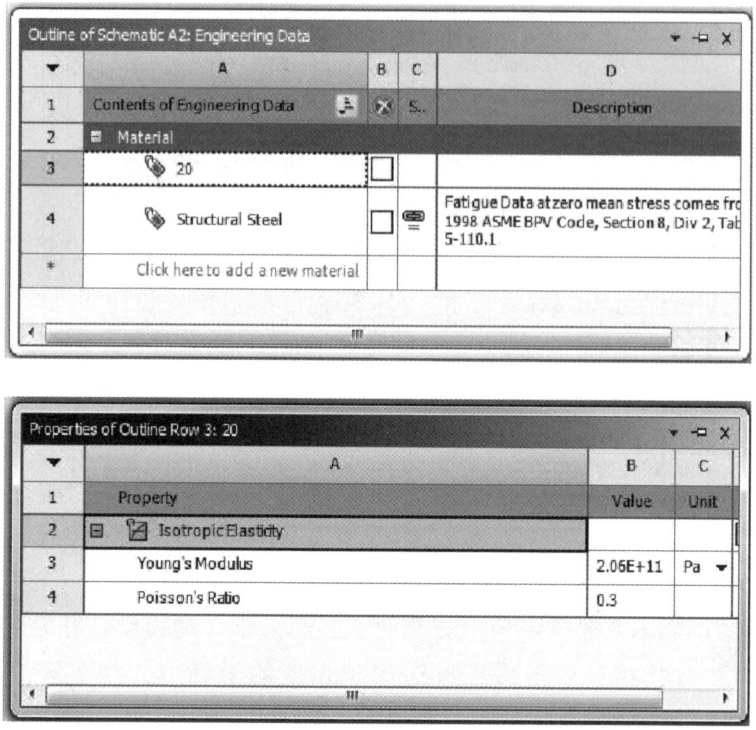

图 6－3　材料参数对话框(续)

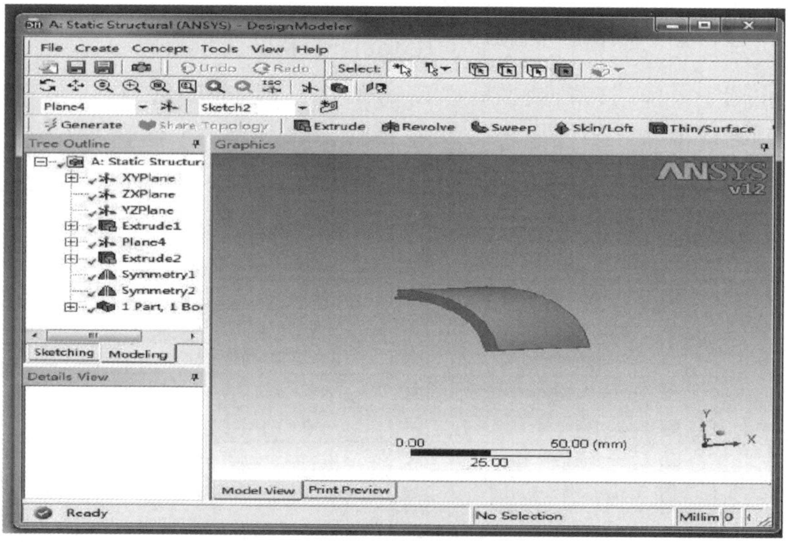

图 6－4　建立几何模型界面

此绘图界面和一般的三维绘图软件操作步骤类似，因此可以较轻松完成模型的建立，同时也可以把材料及缺陷的尺寸设置为变量，在 Tree outline 里点击所需要设置变量的选项，就在 Details view 栏出现如图 6－5 所示的对话框。

Details of Extrude2	
Extrude	Extrude2
Base Object	Sketch2
Operation	Cut Material
Direction Vector	None (Normal)
Direction	Reversed
Extent Type	Fixed
D FD1, Depth (>0)	100 mm
As Thin/Surface?	No
Target Bodies	All Bodies
Merge Topology?	Yes

图 6－5 变量设置对话框

点击具体所需设置的变量，输入变量的名称，完成后在变量前出现一个蓝色的 D，这就说明变量设置成功，回到图 6－2 的界面，点击 4 选项就可以进入有关有限元分析的选项，如图 6－6 所示。

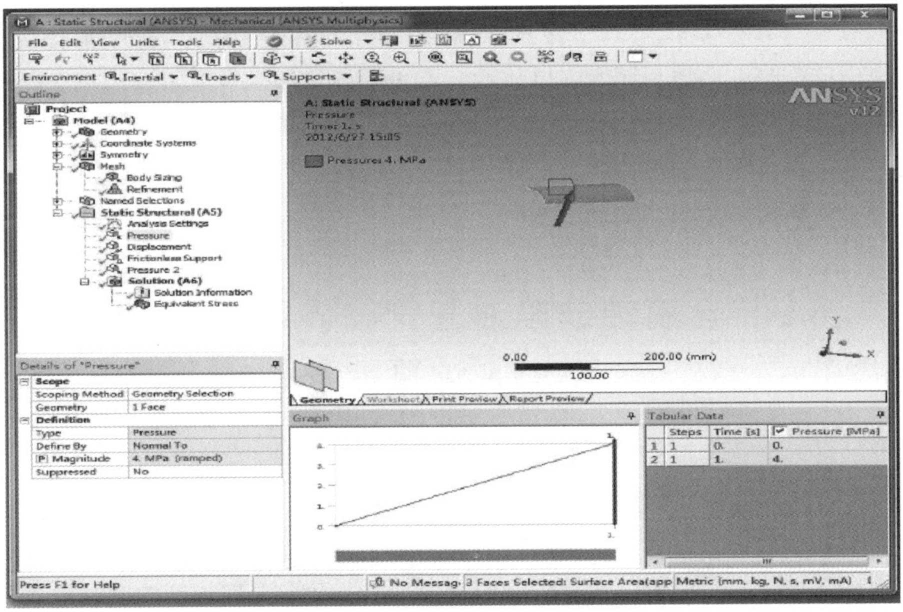

图 6－6 有限元分析界面

分别在 outline 里完成材料属性的赋予、网格划分、边界条件的设定、求解的操作，同时也可以将压力等参数设置为变量，与几何模型设置变量的方法相同。

完成后回到图 6－2 的界面，点后点击 Parameter set 选项，出现如图 6－7 所示的对话框。

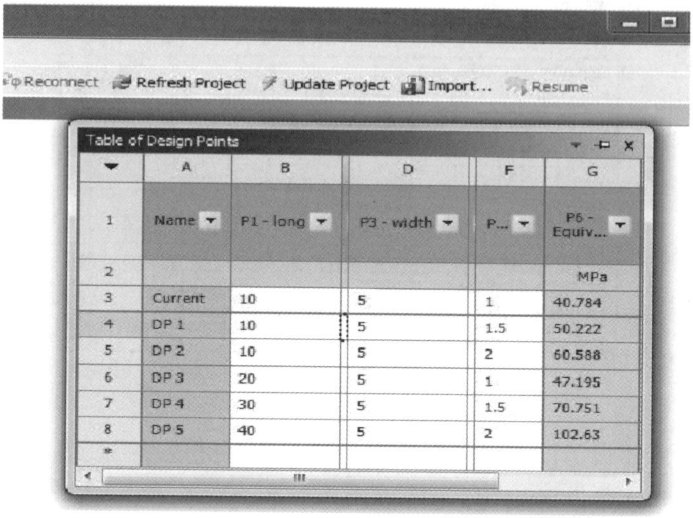

图 6－7　优化设计对话框

通过输入缺陷尺寸(长度、宽度、深度等)，点击 Update project 就可以得到等效应力的大小，然后与屈服强度比较，就可以知道缺陷管道是否失效。利用前面所得到的规律，深度是影响缺陷的关键因素，改变缺陷的深度，缺陷的长度和宽度不变，得出相应的应力值，这样和屈服强度比较可以判断该处缺陷的最小剩余壁厚，从而为寿命预测提供了基础。

6.3　含腐蚀缺陷油套管临界剩余壁厚的 ANSYS 计算流程

1. 建立腐蚀油套管的三维模型

对于某段油套管而言，当某处发生腐蚀时，腐蚀造成的应力集中仅对其周围的应力场分布有影响，所以在分析过程中，只需要截取合理长度的腐蚀缺陷的油套管管段即可。由于腐蚀缺陷形状十分复杂，无法对其形状进行完全的模拟，所以必须对缺陷形状进行适当简化，既能保证精度，又能使建模变得更方便。一般会将缺陷简化为规则的几何形状，使其关于管道轴截面对称。在建模过程中，只需建立实体模型的 1/4 即可。根据圣维南原理，分析管段长度需要达到油套管直径的 3 ~5 倍，这样可以有效地消除边界效应。油管材料的参数如表 6 –1 所示，含缺陷油管模型如图 6 –8 所示。

表 6 –1　油管基本参数

材料	尺寸	弹性模量	泊松比	屈服强度	运行压力
N80	Φ73mm ×5. 5mm	2. 06 × 10^5 MPa	0. 3	≥552MPa	5 ~25MPa

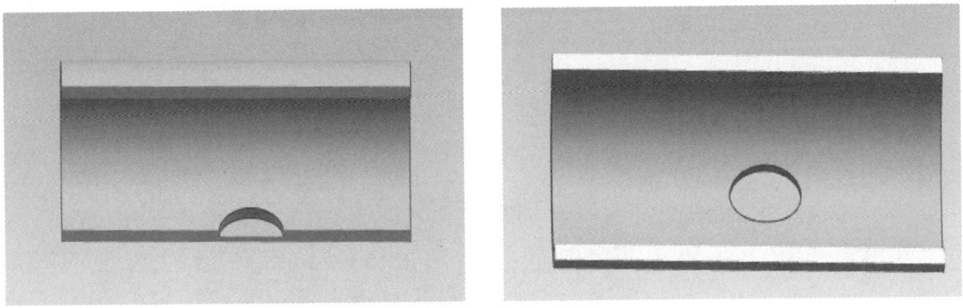

图 6 –8　有限元分析模型

2. 选取单元及划分网格

在进行有限元分析前，需要对实体模型网格化。根据腐蚀管道的结构特点，进行自由网格划分，由于最终失效发生在腐蚀区域，所以在腐蚀区域细化单元，提高有限元分析的精度以保证计算的准确性。经过 ANSYS 的单元质量检测，所有单元均满足畸变要求。网格划分后的模型如图 6 –9 所示。

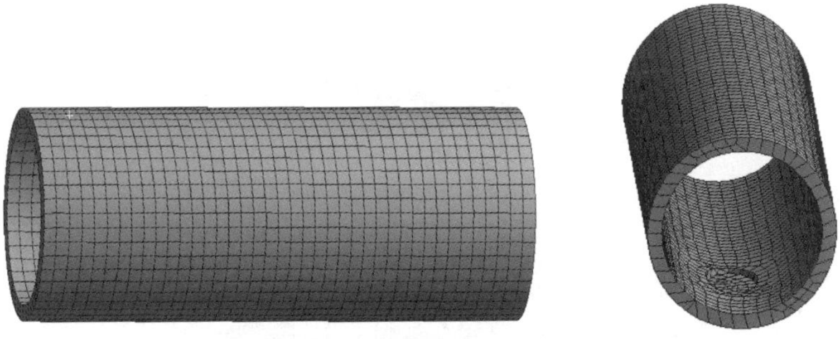

图 6 –9　网格划分后的模型

3. 施加载荷

对油管不同部位施加固定载荷，具体示意图如图 6 –10 ~ 图 6 –12 所示。

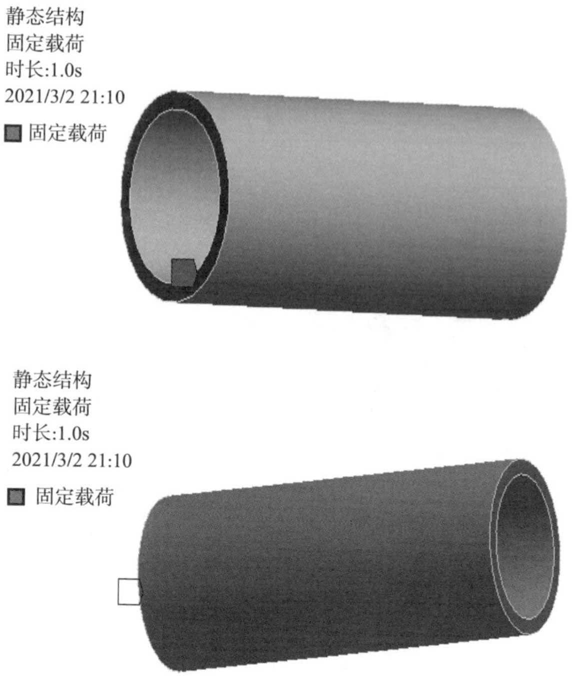

图 6－10　油管两端施加固定载荷示意图

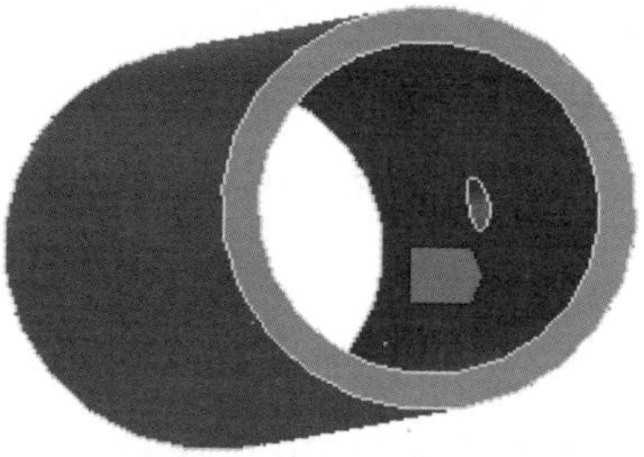

图 6－11　油管内壁施加内压载荷示意图

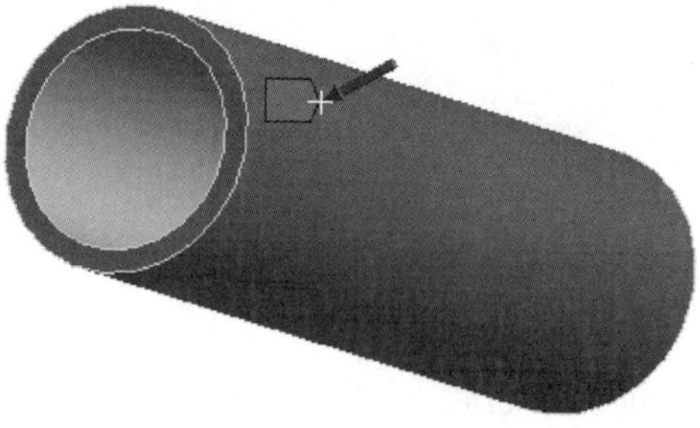

图 6－12　油管外壁施加外挤载荷示意图

利用 ANSYS Workbench 软件对油管的内壁施加均匀的内压载荷，测定油管的抗内压强度。基于弹性失效的准则，即腐蚀区的等效应力达到管材的屈服强度时，认为管道失效。油管的剩余抗内压强度有限元模型和油管的剩余抗挤压强度模型基本一致，因此，运用同一个模型来做模拟分析。图 6 - 13 为对 Φ73mm × 5.5mm 油管分别施加外力和内力时的应力云图。

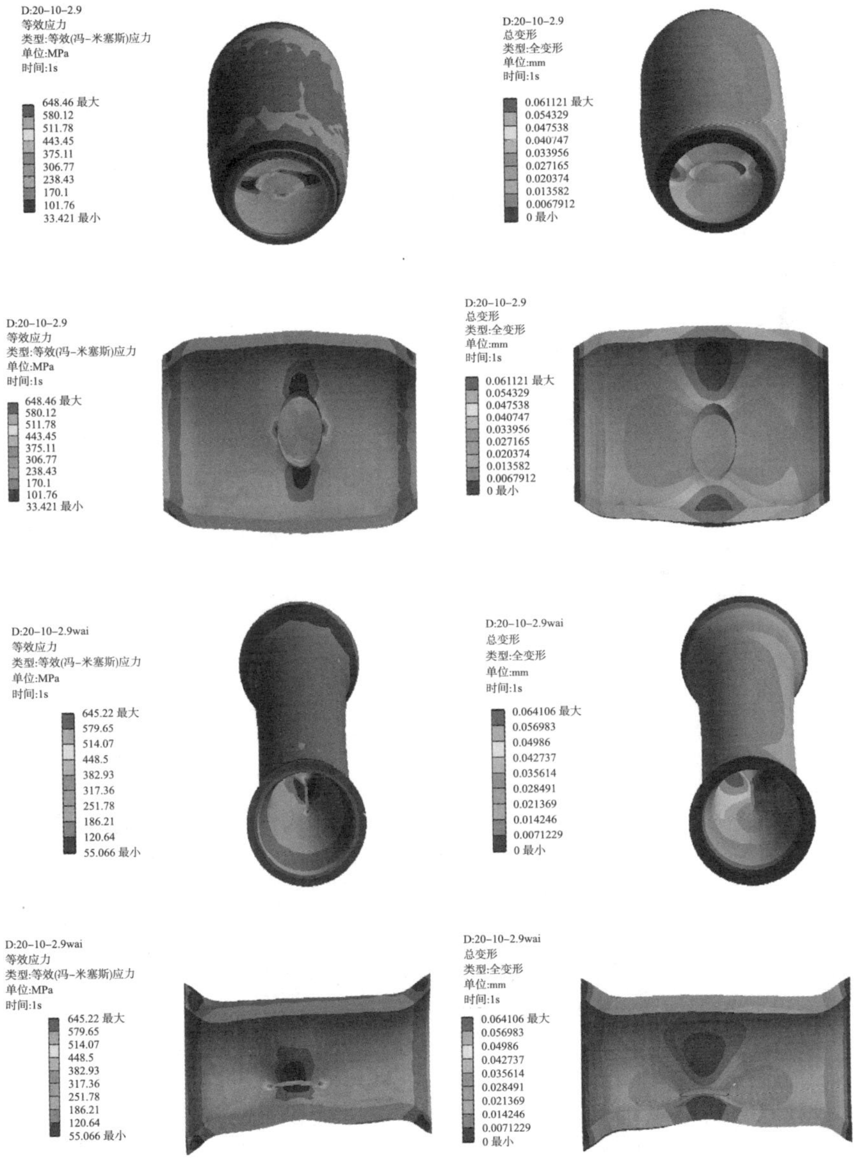

图 6 - 13　油管内壁和外壁施加载荷的应力云图

由图6－13可知，对油管施加内压载荷，当等效应力大于645MPa时，油管进入塑性变形，此时剩余强度为45MPa，油管的最大变形为0.06mm。

由图6－14可知，对油管施加外挤载荷，当等效应力大于645MPa时，油管进入塑性变形，此时剩余强度为44.4MPa，油管的最大变形为0.06mm。

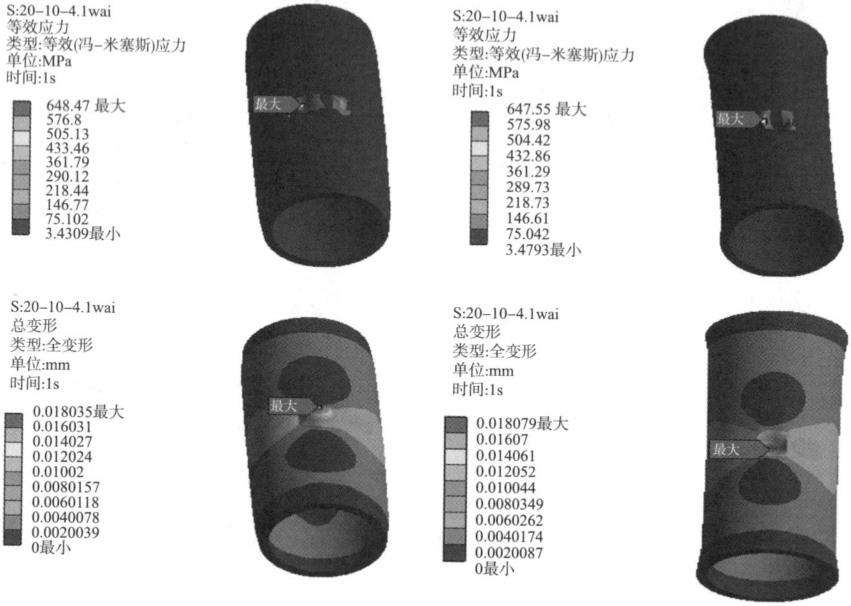

图6－14　油管内壁施加载荷的应力云图

4. 长轴对椭球形腐蚀坑油管剩余强度的影响

现场采用MIT对不同井深下的井筒腐蚀深度进行了测定(图6－15)，因此，本文结合这些腐蚀深度，研究了在等效应力为645MPa时，不同长/短轴及腐蚀深度椭球形腐蚀坑对油管剩余强度的影响规律。表6－2列出了在5mm短轴下，长轴改变对油管的内抗压剩余强度和外压剩余强度的影响。从表6－2可见，在不同的长轴下，随着腐蚀深度的增加，油管的内抗压剩余强度和外压剩余强度逐渐降低。当腐蚀深度分别为5.15mm、5.1mm、5.15mm和5.15mm时，油管的运行气压为7.8MPa，远大于油管的内抗压剩余强度和外压剩余强度，导致油管失效。另外，从表6－2也可以看出，在相同的腐蚀深度下，长轴的改变对油管的内抗压剩余强度和外压剩余强度影响不够明显。而随着腐蚀深度增加，内抗压剩余强度和外压剩余强度均降低。

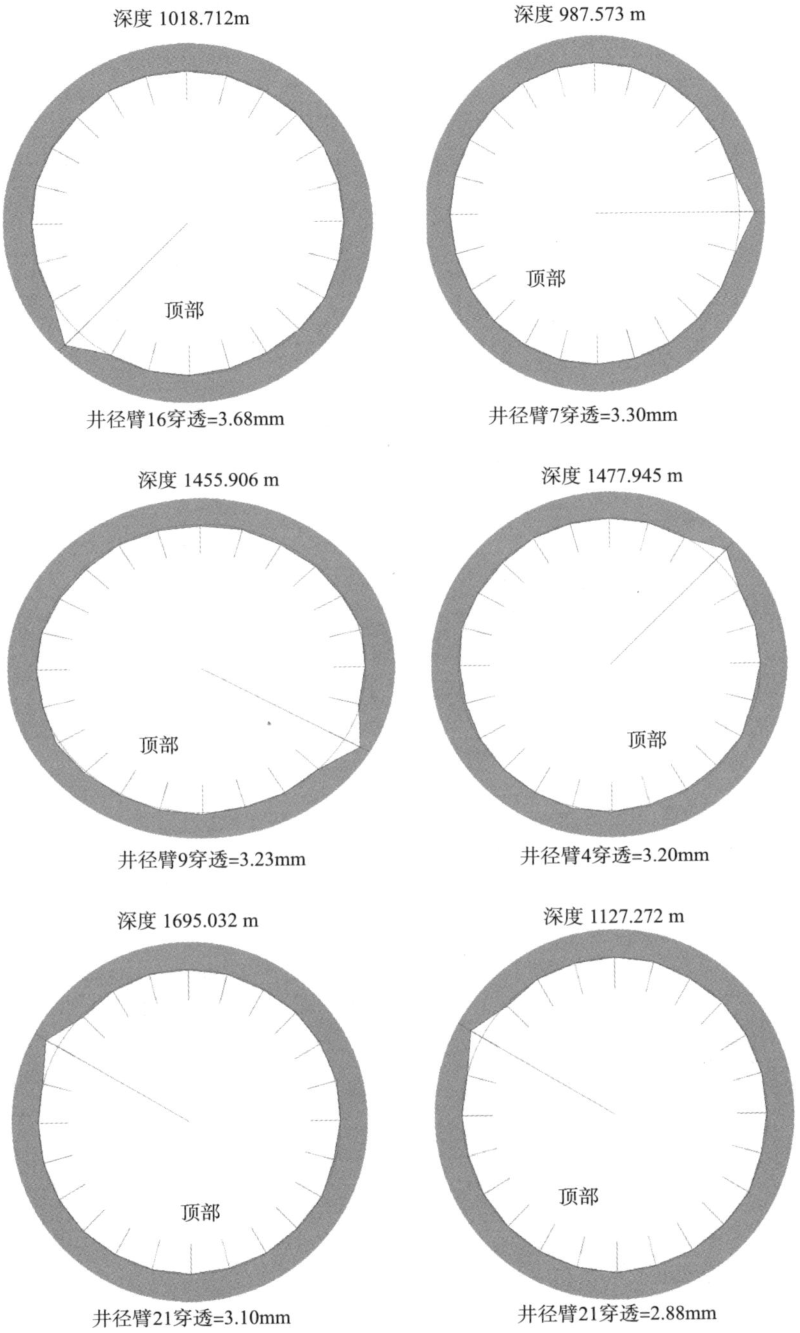

图 6－15　MIT 测定腐蚀深度示意图

表6-2 不同长轴下油管的内抗压剩余强度和外压剩余强度

长轴	深度/mm	内抗压剩余强度/MPa	外压剩余强度/MPa
$X=25mm$	2.9	34.3	34.2
	3.1	33.7	33.4
	3.3	32.5	32.4
	3.68	31.2	31.7
	4.	29.5	29.2
	4.8	14.8	14.7
	5.15(失效)	2.7	2.7
$X=20mm$	2.9	46	45.9
	3.	44.7	44.6
	3.10	43.9	43.7
	3.3	38.5	38.2
	3.68	35	34.3
	4.	33.6	32.9
	4.8	17.4	17.3
	5.1(失效)	7.6	7.5
$X=15mm$	2.9	36.3	36.1
	3.1	34.75	34.6
	3.3	33.25	33.05
	3.68	31.2	31.95
	4.	29	28.5
	4.8	18.6	18.4
	5	16.6	16.4
	5.15(失效)	2.2	2.2
$X=10mm$	2.9	42.6	42.2
	3.1	41.3	41
	3.3	39.25	39
	3.68	40.7	40.2
	4	39	38.5
	4.8	26	25.7
	5.15(失效)	4.25	4.23

5. 短轴对椭球形腐蚀坑油管剩余强度的影响

表6-3列出了20mm长轴下，短轴改变对油管的内抗压剩余强度和外压剩余强度的影响。从表6-3可见，在不同的短轴下，随着腐蚀深度的增加，油管的内抗压剩余强度和外压剩余强度逐渐降低。当腐蚀深度分别为4.1mm、5.1mm和5.4mm时，油管的运行气压为7.8MPa，远大于油管的内抗压剩余强度和外压剩余强度，导致油管失效。另外，从表6-3也可以看出，在相同的腐蚀深度下，短轴的改变对油管的内抗压剩余强度和外压剩余强度影响不够明显。而随着腐蚀深度增加，内抗压剩余强度和外压剩余强度均发生明显降低。因此，可以看出腐蚀深度是影响内抗压剩余强度和外压剩余强度的主要因素。

表6-3 不同短轴下油管的内抗压剩余强度和外压剩余强度

短轴	深度/mm	内抗压剩余强度/MPa	外压剩余强度/MPa
$Y=10mm$	2.9	45	44.4
	3.1	42.5	41.2
	3.2	40.7	40.5
	3.68	34	33.8
	4	26.5	26
	4.1(失效)	2.8	2.7
$Y=5mm$	2.9	46	45.9
	3.1	43.9	43.7
	3.3	38.5	38.2
	3.68	35	34.3
	4	33.6	32.9
	4.8	17.4	17.3
	5.1(失效)	7.6	7.5
$Y=2.5mm$	2.9	45.9	45.8
	3.1	43.7	43.6
	3.3	41.9	36.7
	3.68	39.7	29.3
	4	32	21.7
	5.2	9.3	9.3
	5.4(失效)	2.5	2.4

6. 油管寿命预测

根据现场试验结果可知，S141 井在 982m 处的腐蚀速率为 0.237mm/a，1011m 处的腐蚀速率为 0.413mm/a，结合表 6－2 和表 6－3 中油管的腐蚀深度和内抗压剩余强度，预测出油管的寿命如表 6－4 所示。从表 6－4 可见，在 982m 的井深处，S141 井在不同腐蚀长度下的平均寿命为 20.53 年，不同腐蚀宽度下的平均寿命为 21.52 年；在 1011m 的井深处，S141 井在不同腐蚀长度下的平均寿命为 11.79 年，不同腐蚀宽度下的平均寿命为 12.35 年。

表 6－4　油管寿命的预测结果

井深/m	预测的油管寿命/年						
	长轴不变			短轴不变			
	$X/Y=2$	$X/Y=4$	$X/Y=8$	$X/Y=5$	$X/Y=4$	$X/Y=3$	$X/Y=2$
982	22.78	21.52	17.30	21.73	21.52	21.10	21.73
1011	13.08	12.35	9.93	12.47	12.35	12.11	12.47

7 气井管线内腐蚀监测与防护技术

随着我国石油天然气的勘探开发不断取得进展，含硫化氢、二氧化碳、氯离子及水等多种腐蚀介质的油气田相继出现，油气管道腐蚀问题日益严重。腐蚀造成了大量能源浪费和经济损失，降低了油气田的综合经济效益。腐蚀造成的损失不仅使金属资源浪费，而且腐蚀产物形成垢层将影响传热和介质流速，增加能源消耗；同时由于腐蚀穿孔或腐蚀失效引起的管道泄漏，轻则造成能源浪费和环境污染，重则还会引起火灾、爆炸、急性中毒等恶性事故，威胁人民的生命安全。目前我国油气田开发已进入中、高含水期，集输管网的腐蚀越来越严重，腐蚀穿孔次数越来越多。腐蚀干扰油气田的正常生产，阻碍了油气田工艺技术发展和开发水平的提高。因此，要保证油气田安全生产和提高经济效益，必须做好油气田集输管道的腐蚀防护工作。

油气管道尤其是长输油气埋地管道一般处在不同的地理环境中，在设计和施工阶段，应充分估计环境和管内介质对管道的腐蚀作用，采用实用的耐蚀材料、积极的防护措施；在使用和维护阶段，要对管道的腐蚀状况定期做准确的检测和评估，对管道进行适当的清理，对失效的防护层进行及时的修复，保证管道正常运行。

现有技术中，普遍采用管道内部检测的方式收集输气管道内腐蚀数据，一般有超声波法、漏磁法和涡流法等。其设备主要是承载电池、传感器和定位系统等装置，通过输送介质的压力作用沿管道运行，同时记录检测数据，经计算机分析后给出被检测管道的腐蚀情况。这种管内检测方法缺陷较明显，设备结构复杂价格昂贵，检测周期较长，而且针对小口径输气管道的检测还有很多不足。在气体腐蚀性监测方面，我国已有薄板重叠式气体腐蚀传感器和电阻探针式传感器，均需要将传感器放置于管道内部工作以及设置相应的旁路系统，使用方式受到限制，工作范围较小。另外，薄板重叠式气体腐蚀传感器只有在气体湿度较高的情况下才能够使用，在低湿度的情况下工作不能够得到合理的监测结果。

7.1 概述

7.1.1 腐蚀监测的分类

管道腐蚀监测分为离线监测和在线监测两大类。离线监测是指在介质的作用下，天然气管道及附属设备在运行一段时期后进行的检测，以确定本体有无裂纹、有无局部腐蚀穿孔的危险以及剩余壁厚。在线监测是指在介质的作用下，实时监测天然气管道及附属设备发生的腐蚀(或磨蚀)速率，以获得天然气管道及附属设备腐蚀过程的有关信息，以及生产操作参数(包括输气工艺调整、腐蚀防护等措施)与设备运行状态之间相互联系的数据，并依此数据调整生产操作参数，采取有效的防护措施。

7.1.2 腐蚀监测的意义及作用

油气管道腐蚀监测的意义与作用，可以概括为以下几个方面。

(1)为油气管道的日常管理、维护、维修与更换提供科学依据，使有限的投资解决更多的管道安全隐患，从而提高投资决策的针对性、科学性。

(2)对油气管道的腐蚀隐患起到及时准确的预警作用，从而确保管道安全运行，避免环境污染和能源浪费。

(3)指导地面管网巡线和辅助事故诊断、处理，为日常腐蚀防护及管理提供准确的基础数据资料。

(4)认清管道腐蚀与防护失效的规律，为新项目进行技术筛选和原有管网更新改造提供方案。

(5)了解和监测油气管道运行中的实际腐蚀状况。通过实施适当的防护措施或调整运行条件，以控制腐蚀过程，将腐蚀限制在允许范围内，以保证油气管道运行安全。

(6)提供油气管道的腐蚀状况与其运行参数和防护措施之间的关系的信息数据，以改进腐蚀控制技术，使油气管道始终运行于安全和高效状态。

腐蚀监测可以获得明显的经济效益，特别是对大型一体化的生产装置。同时，腐蚀监测还会为生产中的人身安全以及环保问题带来明显的社会效益。

7.1.3 腐蚀监测的方法

腐蚀监测最基本的方法就是直接测定材料的腐蚀量，或者通过对腐蚀因子(pH值、浓度、温度、压力、流率等)的测量间接推断腐蚀速率或腐蚀行为。如挂片法和化学分析法。超声波测厚则是一种在线直接腐蚀测量技术，甚至当设备温度高达500～600℃时也可以进行。但是，这些方法测量的只是一段时间内腐蚀的累计结果。不能及时反映工艺条件变化时所引起的腐蚀速率变化。近年来发展了一些能够以电信号方式对腐蚀速率进行几乎是“瞬时测量”的方法。既能跟踪腐蚀速率相当迅速的变化，及时显示诸如pH值、流率、温度等工艺条件的突变而导致腐蚀速率的突变，又能与常规仪器相耦接，从而做到报警，甚至利用腐蚀数据对生产装置的操作进行控制，就像利用温度和压力测量进行生产控制一样。这些方法大多基于腐蚀电化学原理，例如电位法、极化阻力法和零电阻电流表法等。各种腐蚀监测方法如表7－1和表7－2所示。

下面介绍几种典型的腐蚀监测方法。

1. 电阻法

电阻法测定金属腐蚀速率，是根据金属试样由于腐蚀作用使横截面积减小，从而导致电阻增大的原理。利用该原理已经研制出较多的电阻探针用于监测设备的腐蚀情况，是研究设备腐蚀的一种有效工具。运用该方法可以在设备运行过程中对设备的腐蚀状况进行连续的监测，能准确地反映出设备运行各阶段的腐蚀速率及其变化，且能适用于各种不同的介质，不受介质导电率的影响，其使用温度仅受制作材料的限制；与失重法不同，不需要从腐蚀介质中取出试样，也不必除去腐蚀产物；电阻法快速、灵敏、方便，可以监控腐蚀速率较大的生产设备的腐蚀。

2. 线性极化法

线性极化法对腐蚀情况变化响应快，能获得瞬间腐蚀速率，较灵敏，可以及时地反映设备操作条件的变化，是一种非常适用于监测的方法。但它不适于在导电性差的介质中应用，这是由于当设备表面有一层致密的氧化膜或钝化膜，甚至堆积有腐蚀产物时，将产生假电容而引起很大的误差，甚至无法测量。此外，由线性极化法得到腐蚀速率的技术基础是基于稳态条件，所测物体是均匀腐蚀或全面腐蚀，因此线性技术不能提供局部腐蚀的信息。在一些特殊的条件下监测金属腐蚀速率通常需要与其他测试方法进行比较以确保线性极化监测技术的准确性。线性极化法可以在线实时监测腐蚀率。

表 7－1　腐蚀监测方法

方法	监测原理	应用情况	测量装置
腐蚀挂片法	经过一个已知的曝露期后，根据试样重量变化测量平均腐蚀速率	当腐蚀是以稳定的速度进行时，监测效果良好，是一种较为经济的方法。可通过分析鉴别腐蚀类型，现场应用频繁	将挂片放入装置内，工作强度大，加工试样费用视材料而定
分析法	测量腐蚀下来的金属离子浓度或缓蚀剂浓度	可用来逐一鉴别正在腐蚀的设备，只有中等程序的用途	需要范围广泛的分析化学方法，但对特定离子敏感的离子电极很有用处
	测量工艺介质的 pH 值	监测诸如废液 pH 值变化，应用非常频繁	很容易从市场购买到各种 pH 计，锑、白金、钨等电极常优于玻璃电极。固体 Ag/AgCl 参比电极也很有好处
	测量工艺介质中的氧浓度	一般通过氧吸收器控制氧含量以减轻腐蚀，也可能需维持必要的氧化量以保持钝化。用途适中	通常属于电化学类型，采用深入液相或气相物料中的电极，也可采用取样分析
警戒孔法	当腐蚀裕度已经消耗完时给出指示	用在特殊的设备，特别是磨蚀能造成无规律减薄的管道弯头处。可防止灾难性破坏。不常应用	从设备壁或管道外侧钻一孔，使剩余壁厚等于腐蚀裕度。警戒孔泄漏就表明腐蚀裕度已经消耗完。用一锥形销打入洞内可将泄漏洞临时修补

续表

方法	监测原理	应用情况	测量装置
超声波测厚法	通过对超声波的反射变化，检测金属厚度和是否存在裂纹、空洞等缺陷	普遍用来检查金属厚度或裂纹、空洞。广泛应用	有简单仪器，也有较复杂的仪器，有的工作可承包出去
电阻法	测量金属试片或生产装置本身相对于参比电极的电位变化	根据特性电位区的特征说明生产装置的腐蚀状态（活态、钝态、孔蚀、应力腐蚀破裂），可直接测定生产装置的行为，用途适中	可利用简单的高输入阻抗电压表进行测量，参比电极通常是白金，不锈钢 Ag/AgCl 制成探头
极化阻力法（线性极化法）	用两电极或三电极探头，通过电化学极化阻力法测定腐蚀速率	在有适当电导的电解液中对大多数工程金属和合金适用。经常使用	有各种型号的仪器，包括简单的手提式仪表；有各种探头和附属的电缆，记录仪表
零电阻电流表法	在适当的电解液中测定两电极间电偶电流	显示双金属腐蚀的极性和腐蚀电流，对大气腐蚀显示露点条件。可作为衬里等开裂而有腐蚀剂渗漏的灵敏显示器。不常使用	使用零电阻电流表。利用运算放大器可测量 10^{-6} A 的微弱电流，也可利用小型恒电位仪
氢显示法	用探氢针测定腐蚀析出的氢，用电化学法测定渗入金属的氢	应用于石油化工中，显示钢在硫化物，氰化物等介质中的腐蚀，在特殊用途中频繁使用	探氢针包括一个与压力表连接的细长管，氢渗入内部环形空间，给出压力读数。氢监测仪利用氢浴电解池进行电化学测定渗氢量

续表

方法	监测原理	应用情况	测量装置
涡流法	用一个电磁探头对表面进行扫描	探测表面缺陷，如裂纹、坑。广泛应用	基本仪表不贵，但多用途仪器价格较贵
声发射法	探测泄漏、空泡破灭、设备振动等	用于检查泄漏和摩擦腐蚀，腐蚀疲劳、空泡腐蚀的可能性	仪器一般较简单且便宜
	通过裂纹传播期间发出的声音探测裂纹	用于探测应力腐蚀破裂和腐蚀疲劳。目前还处在研究阶段，应用不广泛	仪器较昂贵
辐射显示法	通过射线穿透作用检查缺陷和裂纹	特别适用于探测焊缝缺陷，广泛应用	有 X 射线和 γ 射线两类，需专门知识和小心处理
热像显示法（红外成像法）	利用局部表面温度或表面温度图像指示物体物理状态	用于耐火材料和绝热材料检查，炉管温度测量，流道探测和电热指示。应用不广泛	常用快速响应时间的灵敏红外探测器，需有专门技巧，价格昂贵

表 7-2 各种腐蚀监测方法的特点

方法	单个测量所用时间	所得信息类型	对变化的响应速度	与生产装置的联系	可能应用的环境	适用的腐蚀类型	对结果解释的难易	所需技术素养
腐蚀挂片法	长时间暴露	平均腐蚀速率，腐蚀形态	差	探头	任意	全面腐蚀或局部腐蚀	容易	简单
分析法	还算快	腐蚀状态，正在腐蚀的系统和部件的总腐蚀	还算快	一般的生产装置	任意	全面腐蚀	容易	较简单，但需有生产装置的知识
警戒孔法	慢	“是否”存在剩余厚度	差	在生产装置的局部	任意(常为气体或蒸汽)	全面腐蚀	容易	较简单
超声波测厚法	还算快	剩余厚度或存在的裂纹	相当差	在生产装置的局部	任意	全面腐蚀或局部腐蚀	容易	简单，检查裂纹或蚀坑需要有经验
电阻法	瞬时	累积腐蚀	中等	探头	任意	全面腐蚀	通常容易	较简单
电位监测法	瞬时	腐蚀状态，间接表明速度	快	探头或一般的生产装置	电解液	全面腐蚀或局部腐蚀	通常容易	较简单，但需有腐蚀知识
极化阻力法	瞬时	腐蚀速率	快	探头	电解液	全面腐蚀	通常容易	较简单
零电阻电流表法	瞬时	腐蚀速率并可表明原电池效应	快	探头或一般的生产装置	电解液	全面腐蚀，特殊条件下的局部腐蚀	通常容易	较简单，但需有腐蚀知识

续表

方法	单个测量所用时间	所得信息类型	对变化的响应速度	与生产装置的联系	可能应用的环境	适用的腐蚀类型	对结果解释的难易	所需技术素养
氢显示法	快或瞬间	总腐蚀	相当差	探头或生产装置的局部	非氧化性电解液或热气体	全面腐蚀	容易	简单
涡流法	快或瞬时	损坏分布	差	生产装置的局部	任意	裂纹蚀坑、缺陷	容易	较简单，但需有经验
声发射法	瞬时	裂纹传播，汽蚀，泄漏检查	快	一般的生产装置	任意	腐蚀破裂，汽蚀和组分渗漏	通常容易	对裂纹传播要有专门知识，其他较简单
辐射显示法	比较慢	腐蚀的分布	差	生产装置的局部	任意	孔蚀，可能的腐蚀破裂	容易	简单，但有特殊辐射危险
热像显示法	相对较快	损坏分布	差	生产装置的局部	任意，必须是热的或在环境温度以下	局部腐蚀	容易	专门知识，而且较难
光学器具法	在能够取数时快，其他较慢	损坏分布	差	生产装置的局部	任意	局部腐蚀	容易	较简单
目测法，借助量规	慢，需停车进入设备	损坏分布，显示速度	差	可顾及的表面	任意	全面腐蚀或局部腐蚀	容易	较简单，但需有经验

3. 电位法

作为一种腐蚀监测技术，电位监测有其明显优点：在不改变金属表面状态、不扰乱生产体系的条件下，可以从生产装置本身得到快速响应，还能用来测量插入生产装置的试样。电位法已在阴极保护系统监测中应用多年，并被用于确定局部腐蚀发生的条件，但不能反映腐蚀速率。这种方法与所有电化学测量技术一样，只适用于电解质体系，并且要求溶液中的腐蚀性物质有良好的分散能力，以使探测到的是整个装置的全面电位状态。

应用电位监测主要适用于以下几个领域：阴极保护和阳极保护、指示系统的活化－钝化行为、探测腐蚀的初期过程以及探测局部腐蚀。

4. 超声波测厚法

超声波测厚法是利用压电换能器产生的高频声波穿过材料，测量回声返回探头的时间或记录产生共鸣时声波的振幅作为讯号，检测缺陷或测量壁厚。一般采用示波器或曲线记录仪显示接收到的讯号，较先进的仪器则可以直接显示缺陷，或给出厚度的数值。超声波测厚法广泛地用于检测化工设备内部的缺陷、腐蚀损伤以及测量设备和管道的壁厚。超声波测厚法可以对运转中的设备反复进行测量，但是难以获得足够的灵敏度以跟踪记录腐蚀速率的变化。

5. 电化学阻抗谱

电化学阻抗谱(EIS)优于其他暂态技术的一个特点是，只需对处于稳态的体系施加一个无限小的正弦波扰动，这对于研究电极上的薄膜，如修饰电极和电化学沉积膜的现场研究十分重要，因为这种测量不会导致膜结构发生大的变化。此外，EIS 的应用频率范围($10^{-2} \sim 10^{5}$ Hz)广，可同时测量电极过程的动力学参数和传质参数，并可通过详细的理论模型或经验的等效电路，即用理想元件(如电阻和电容等)表示体系的法拉第过程、空间电荷以及电子和离子的传导过程，说明非均态物质的微观性质分布，因此，EIS 现已成为研究电化学体系和腐蚀体系的一种有效方法。自从 Bard 于 1982 年首次将 EIS 引入导电高分子的研究领域以来，许多学者应用 EIS 对各类导电高分子体系进行了广泛的研究。

对于高阻电解液及范围广泛的许多介质条件该技术有较高可靠性。在较宽的频率范围内测量交流阻抗需要时间很长，这样就很难做到实时监测腐蚀速率，不适合于实际的现场腐蚀监测。为了克服这个缺点，针对大多数腐蚀体系的阻抗特点，通过适当选择两个频率，监测金属的腐蚀速率，设计和制造了自动交流腐蚀监控器。

6. 电化学噪声技术

电化学噪声(Electrochemical Noise，简称EN)是指电化学动力系统中，其电化学状态参量(如电极电位、外测电流密度等)的随机非平衡波动现象。这种噪声产生于电化学系统的本身，而不是来源于控制仪器的噪声或是其他外来干扰。1968年Iverson首次记录了腐蚀金属电极的电位波动现象，电化学噪声技术作为一门新兴的实验手段在腐蚀与防护科学领域得到了长足的发展。

电化学噪声技术是一种原位无损的监测技术，在测量过程中无须对被测电极施加可能改变腐蚀电极腐蚀过程的外界扰动；该技术无须预先建立被测体系的电极过程模型；另外，该技术无须满足阻纳的3个基本条件，而且可以实现远距离监测。电化学噪声技术可以监测诸如均一腐蚀、孔蚀、裂蚀、应力腐蚀开裂多种类型的腐蚀，并且能够判断金属腐蚀的类型。Hladky等研究指出，裂蚀和孔蚀的电位噪声有明显的区别，即孔蚀是连续发生的，而裂蚀是有周期性且在一定的频率下发生；并且裂蚀优先于孔蚀，一旦裂蚀开始，孔蚀则停止进行。然而迄今为止，其产生机理仍不完全清楚，处理方法仍存在欠缺。因此，寻求更先进的数据解析方法已成为目前电化学噪声技术的一个关键问题。结合当今微观世界的最新研究成果以分析电化学噪声的产生机理，以及结合非线性数学理论(如分形理论)描述电化学噪声的特征都可能代表了电化学噪声技术将来的研究方向。

7. 场图像技术

场图像技术(FSM)也有译成“电指纹法”。通过在给定范围进行相应次数的电位测量，可对局部现象进行监测和定位。FSM的独特之处在于将所有测量的电位同监测的初始值进行比较，这些初始值代表了部件最初的几何形状，可以将其看成部件的“指纹”，电指纹法名称即得名于此。

与传统的腐蚀监测方法(探针法)相比，FSM在操作上没有元件暴露在腐蚀、磨蚀、高温和高压环境中，没有将杂物引入管道的危险，不存在监测部件损耗问题，在进行装配或发生误操作时没有泄漏的危险。运用该方法对腐蚀速率的测量是在管道、罐或容器壁上进行，而不用小探针或试片测试。其敏感性和灵活性比大多数非破坏性试验(NDT)的好。此外，该技术还可以对不能触及部位进行腐蚀监测，如对具有辐射危害的核能发电厂设备的危险区域裂纹的监测等。

8. 恒电量技术

据前人研究工作发现，恒电量技术作为一种研究和评价钢筋腐蚀的方法，在某些方面比传统的方法具有优势，具有快速、扰动小、无损监测和结果定量等优点，而且通过拉普拉斯或傅立叶变换等时－频变换技术从恒电量激励下衰减信号的暂态响应曲线得到电极系统的阻抗频谱，可以实现实时在线测量，因此是一种极具应用潜力的腐蚀监测方法。

腐蚀监测发展的方向是各种腐蚀监测技术优势互补，共同推进腐蚀防护研究快速发展。腐蚀监测技术和计算机技术的结合是目前研究腐蚀监测仪器的主要方向，腐蚀监测仪器的智能化是腐蚀防护发展的主流趋势。

7.2　腐蚀监测的应用

腐蚀是一门复杂的学科，不论是腐蚀速率还是损坏的分布情况，往往受许多因素影响。腐蚀监测方法很多，每一种方法都有其所长，也有局限性，没有一种技术对所有情况都适合。任何监测技术只能提供数量有限的信息。各种技术相互之间应该看作是互为补充的。采用不同方法进行交叉检查非常有价值，如果仪器没有毛病，腐蚀监测技术很少给出错误的信息。不过，这不等于说这些信息都有价值；也不能说这些信息作出的解释会很容易。

7.2.1　腐蚀监测方法的选择、布点及监测准确性

7.2.1.1　腐蚀监测方法的选择

腐蚀监测的效果如何，首先取决于正确选择监测方法。监测方法的选择又以需要什么样的信息和数据为先决条件，但腐蚀本身是一个复杂的过程，不论是腐蚀速率，还是破坏的形式，往往都受许多因素的影响。

1. 对被监测系统腐蚀行为的认识及其监测的对策

正确选择适用的监测方法，需要确切了解所拟监测系统的状况。从腐蚀监测角度来看，系统的宏观状况可以分为以下两种基本类型。

(1)腐蚀行为特性为已知的系统。这种情况或是对系统的腐蚀行为作了确切的诊断，或是所拟监测的对象与某个已成功地实施监测的系统类似。根据诊断的结果或凭已有经验便可以选择监测的方法，对监测的结果也容易分析和作出正确的解释。

(2)腐蚀行为特性不甚明了的系统。这种情况下要确定最适当的腐蚀监测方法是很困难的。对此有两个办法可采用：一是开展实验室研究，确定哪些参数是重要的，从而决定在生产装置上应采用哪种监测方法，并帮助分析来自生产装置的监测结果；二是参考其他系统的经验，选取多种监测方法直接在生产装置上进行工业监测。对于一个具体系统，在不能确切地决定实行监测需要哪一类信息

时，使用一种以上的监测技术常常是必要的。以上两种办法究竟采用哪一种，取决于是否具备合适的实验室设施，是否拥有具备必要经验的工作人员以及对设备的腐蚀问题了解的程度。

2. 腐蚀监测方法技术适用性的评判

就腐蚀监测方法本身来说，评判其技术的适用性应当从以下 8 个方面考察。

(1)所得信息的类型。一些监测方法测量的是腐蚀速率，另外一些方法则测量的是总腐蚀量或剩余厚度，这两者未必相当。还有一些监测方法能提供有关环境介质特性，或有关腐蚀分布及腐蚀形态方面的信息。

(2)测量所需的时间。有的监测方法完成一次监测所需周期较长，而有的监测方法瞬时即可获得监测的信息。

(3)对腐蚀过程变化的响应速度。不能迅速完成一次测量的监测方法显然不适用于需要快速响应的情况。然而，并非所有能有效地提供瞬时信息的技术都具有快速响应的能力。当测量值属于腐蚀速率或腐蚀形态时，有可能得到快速响应，但如果测量值属于总腐蚀量、剩余厚度或者腐蚀分布时，响应速度就受到该技术对两次有效读数的分辨能力限制。

(4)探针与生产设备腐蚀行为的对应关系。许多腐蚀监测方法是通过测量插入生产设备内探针的腐蚀行为而获取信息。在对监测结果分析时，必须进一步考察其与生产设备本身的腐蚀行为的关系。通过探针监测，通常只能提供总的腐蚀情况，而很少反映设备的腐蚀分布状况。

(5)对环境介质的适用性。显然电化学监测方法只有在介质是电解质溶液时才适合，而非电化学测量的监测方法，则可以用于气态环境或非导电性液体中，也可用于电解质溶液中。

(6)可以监测和评定的腐蚀类型。大多数腐蚀监测方法适用于全面腐蚀，但有些监测方法能灵敏地反映局部腐蚀的有用信息。

(7)对监测结果解释的难易。各种监测方法所依据的原理不同，监测的手段也不一样，这样对监测结果的解释也有难易之分。

(8)技术要求的复杂程度。有些监测方法或因其技术复杂性或是采用了复杂的仪器，对使用者技术素养要求较高，而有的监测方法在技术上则较简单容易。

根据设备腐蚀行为的状况，按照上述技术适用性的原则对各种监测方法进行比较，可以帮助选择最适用的监测方法。选择监测方法及对监测结果的分析，既需要熟悉被监测的生产设备和生产工艺，还需要有监测技术的专长和腐蚀科学的专门知识。

7.2.1.2 腐蚀监测的布点

各种腐蚀监测方法的有效性与监测点的设置有密切的关系。一个生产设备各处的腐蚀状况难以完全相同，而腐蚀监测时的测量，则是局限在探针上，或者局限在进行无损监测所测定的表面区域，或者局限于采样点和参比电极所覆盖的区域。显然正确而合理的监测布点，对于获得有效的监测信息是极为重要的。

腐蚀监测的布点需要考虑各方面的因素，包括设备的几何结构(如设备有无可使用的开口、探头可安装和触及的部位)、生产的工艺流程、介质的组成和环境因素(如温度、流率等)以及设备结构各部位使用的材料等。监测布点中最主要的是找出设备中承受最高腐蚀速率的位置。根据监测目的，有时还应找出某些有代表性的位置，如预期具有中等或最低腐蚀速率的部位。然而，这些部位并不一定就是腐蚀最严重的部位。许多情况下，由于塔内物料化学挥发性的变化，引起腐蚀的物质可能集中在塔的中部。因此在设备腐蚀行为不十分清楚的情况下，采取多位布点是十分必要的。当然一旦腐蚀性最强的区域被鉴别出来，则监测布点可集中于这个区域。

设备中下列各部位在监测布点时需要特别重视。

(1)管道设备中存在着的气相、液相和固相等不同物相的交界区，或由于进料、冷凝等原因而引起环境变化的区域。

(2)介质流动方向突然发生变化的地方，如弯头、二通以及管道尺寸发生变化的部位。这些地方会产生涡流或流速的变化。

(3)死角、缝隙或其他呈异突状态部位。在这些部位往往容易成为介质的静滞区，或者由腐蚀产物的积聚而形成闭塞电池。

(4)应力集中区，如焊接接头、铆接处、温度或压力循环变化的部位。

7.2.1.3 影响腐蚀监测准确性的因素

正确地确定了腐蚀监测方法及监测布点之后，影响设备腐蚀监测准确性的因素，主要与监测所用的装置有关。腐蚀监测装置的种类很多，通常由探针、测量仪器及相应电缆等几部分组成。监测结果的测试准确性便取决于探针的准确性以及仪器使用时所达到的精度。对于无损监测方法，其探头是仪器不可分割的组成部分。下面所叙述的探针是指插入设备内部的非无损监测方法所使用的探针。

人们常常假设探针的腐蚀行为模拟生产设备的腐蚀行为。但是两者腐蚀行为的一致性常受许多因素影响，这在实施监测时必须充分估计到，并采取必要的措施尽可能地消除这种影响。

(1)探针中测量元件的材质与设备构件的材质应完全相同，不仅牌号一样，其加工过程也应该一样。

(2)探针的工况应与设备的工况一致，要避免由于插入探针而改变介质的流动状态，为此尽可能采用“齐平型”探针，使探头的测量元件与设备工作表面贴平。

(3)设备表面通常都有一层表面膜，或者是锈层或沉积层，这是设备服役历史经历所形成的。在设备运行一段时期之后装入的探针，起初往往没有代表性，必须经过一段时间之后，在探针测量元件表面生成与生产设备类似的表面膜之后，其测量结果才有效。

(4)探针与生产设备传热状态差异的影响，也应该予以考虑，如有可能应设计出结合传热的特殊探针供某些监测技术使用。

一支完整的探针包括测量电极(测量元件)、壳体、密封和绝缘材料以及安装在设备上的紧固机构。设计探头时，壳体材料的选择不仅要考虑设备压力和温度的要求，还要考虑壳体材料与腐蚀介质的相容性以及结构密封的要求。密封材料不仅要保证腐蚀介质不会渗漏入探针内，而且要保证能够承受生产过程的最高工作温度和压力。可供选用的密封填料有环氧树脂、陶瓷、聚四氟乙烯和玻璃等。探针的结构一种常通过法兰连接或螺纹连接，而固定在设备上的固定型探针，其缺点是只能在设备停车时才能装取电极；另一种更常用的结构是可伸缩型探针，是将一个标准阀门通过螺纹连接或法兰连接固定在设备上，可以经过阀门自由地装取探针，因此便可以在设备运转时经常检查或随时更换测量电极。这些探针结构常用于电阻探针、线性极化探针和氢探针等。

腐蚀监测技术是从实验室实验方法和现场监测技术发展而来的。现代腐蚀监测使用的仪器从便携式单一仪器到包括自动扫描测量、多路自动记录和数字显示以及报警和控制等功能在内的腐蚀自动监控系统。

各类仪器的精度各不相同，但需要注意的是将仪器的精度和在设备上所做的腐蚀监测的测量精度加以区别。如电化学腐蚀监测方法的监测结果中除了有关的腐蚀参量外，还可能受到其他的电化学反应的影响。又如电阻探头的灵敏度与其测量元件(电极)的形状和尺寸有很大关系。当采用截面积较大的丝状电极时，探头的灵敏度较低，则整个测量的精度便受探头所限制，而不取决于测量仪器。另外所监测体系的稳定性也有很大的影响，如果体系的腐蚀速率变化很快，仪器跟不上，也就达不到应有的精度。类似许多情况都会影响腐蚀监测的测量精度，在应用各种腐蚀监测方法时，对可能影响监测准确性的各种因素必须予以充分注意。

7.2.2　腐蚀监测应用事例

7.2.2.1　法国拉克气田集输系统

1. 拉克气田集气管道系统腐蚀情况

拉克气田集气管道系统腐蚀情况表明，腐蚀发生在管道中气体流速最低的部位。流速高的部位没有发现腐蚀现象。拉克气田集气管道的腐蚀提供了一个“气体流速，相流改变与管道腐蚀相关”的实例。从理论上探讨相流改变与管道内腐蚀分布的关系，结果表明管道内连续液膜的形成对管道起保护作用。对于一定直径的管道，在一定流速下，流体形成“环状”，由此对管道起一定保护作用。这一观点得到多相流理论的支持。酸气集气系统的设计和腐蚀控制需要根据生产条件确定一种适当的流体速度，既提高生产率，又能使管道的腐蚀得到控制。为此采用 Baker O 的研究成果，作为一双相系统计算“层流”和“环流”之间的边界条件。

2. 腐蚀监测

根据拉克气田环境、酸性气气质、集输系统及工艺特点，建立了以下相应的监测体系。

(1)试片重量损失检测。

(2)超声波检测，用于高于地面的管线、有效点或低点检测管壁厚度。

(3)用放射源(钴 60、铯 137)检测井口阀门，节流阀等。必要时采用伽马射线检测评价腐蚀量。应用“透度计”(penetrometer)区别各腐蚀区域的几何形状和分布。

(4)整个集输系统由设置的安全阀分为若干段，若发生事故可分段隔离。集输系统设置一百多个检测点，用 γ 射线系统检测管壁厚度。

3. 拉克气田集输系统防腐蚀工艺技术

拉克气田集输系统防腐蚀原因是：一是 H_2S 引起的脆裂；二是集输系统中的水的存在增大了金属的总体(general)腐蚀，包括重量损失腐蚀、坑蚀等。根据其腐蚀的特性选用抗腐蚀材料、气液分离、缓蚀剂处理相结合的防腐蚀工艺技术。

(1)采用抗硫化物应力开裂材料。集输系统相关设备采用酸性气田用低碳钢，对管道采用等级为该材料的 B 级。金属材料抗拉应力应低于最大工作压力屈服强度的 60%。管道采用轧制、无缝、B 级型钢。管道用标准电焊，焊管在 650℃温度下退火 20min。采用射线进行检测。在最大工作压力下管道拉应力(与因腐蚀而采用 2mm 壁厚裕量比较)保持为 52% 的屈服强度，在标准工作压力下不超过屈服强度的40%。

(2)酸性气体经采油树和间接加热器两级降压，在最大压力为130kg/cm^{2}下，由分离器分离除水。气体含水最高可达10g/m^3，分离器脱水8g/m^3。另外2g/m^{3}水分别以液和气态存留天然气和汽油中，并以最大流速通过集输管线进入装置。

(3)缓蚀处理。经分离器除水后，进入集输管道之前，由注入装置注入3.0×10^{-7}L/m^{3}有机缓蚀剂及三甘醇(根据环境进行调节)抗水合物制剂，每1000m^{3}酸性气体加入0.5～1.0L水。

(4)根据不同直径的管道确定其最低流速。如：管径101.6mm的管线通过的最低气量为2.55×10^5m^3/d；管径150mm的管线最低气量为5.38×10^5m^3/d。

7.2.2.2 加拿大某气田湿酸气集输系统

1. 集输系统的腐蚀

管线投产后两个月中未进行缓蚀处理，以此取得管线腐蚀的基本数据。投产运行13个月后，管线第一次出现泄漏，经调查沿管线低位部分四分之一圆周出现明显凹点，腐蚀部位长达300m。两年后系统部分管段出现孤立坑蚀，管段接头有两处泄漏。腐蚀监测和现场腐蚀调查表明。腐蚀出现在污水和垢物聚集的管线低位部分，腐蚀介质与管线接触产生坑蚀。其中低流速天然气输送是影响腐蚀主要因素之一。

2. 系统防腐蚀措施

系统防腐蚀措施是以类似区域的经验为基础，采用缓蚀处理，设置清管器，建立综合性腐蚀监测配套方案。

(1)缓蚀处理：前期缓蚀采用化合胺膜形成剂和“A”类蒸气相缓蚀剂(抑制剂)，注入速度为3.3×10^{-5}mL/m^3，为连续处理方式，在井口由喷头注入集气系统。缓蚀剂在现场采用旋转罐类设备输入现场的液体和酸性天然气进行试验和筛选确定。经前期缓蚀处理后，管壁平均重量损失腐蚀率由33～89μm/a减至2.5～5μm/a。前期缓蚀处理形成缓蚀剂膜2个月后，缓蚀剂注入速率相继降至1.6×10^{-5}mL/m^3、8.0×10^{-6}mL/m^3。由腐蚀试样和各探针检测获得的数据表明，系统管道内壁腐蚀速率未出现值得注意的变化。此后停止注入缓蚀剂3个月。结果表明，停止注入缓蚀剂期间，腐蚀状况未出现变化。事实表明缓蚀剂膜能持续3个月以上，腐蚀监测系统未测到系统内严重腐蚀。

(2)集气管线采用了一种新型缓蚀剂，即“B”型缓蚀剂，一种水溶型缓蚀剂。当用于高含H_2S、CO_2和气田水典型环境中时，水溶型缓蚀剂到达管壁的能力强于水分散型的。同时配套采用清管器进行清管，除去垢物和凝析水等。清管方案为，每两周进行一次，多数采用 X 射线检测。清管时，管道内壁涂抹一次性“D”型缓蚀剂形成厚膜。另外在井口注入水溶型缓蚀剂“C”以便修复管壁上的缓蚀剂膜。采用以上方式成功地控制了集气管线的腐蚀。

(3)该加拿大气田集输系统腐蚀监测采用氢探针、腐蚀试样、电阻和极化电阻探针及 X 射线检测方法。经验表明，X 射线与密度计配套用于管道腐蚀监测，是一种检测管道内坑蚀的可靠方法。

7.2.2.3 加拿大某公司湿酸性气集输系统

1. 集气系统腐蚀监测

(1)管线监测清管调查。设置 linalog 装置，对管线内、外做非破坏性检测最有效。腐蚀区域位置的确定，缓蚀剂效果及腐蚀恶化等参数均能通过对一年的检测进行分析和比较，作出推断。

(2)超声波和 X 射线检测是在一年中对井位、管孔连接体及压缩机站的地面设备进行检测。每年的监测结果与在此之前多年的结果进行比较分析，以此确定腐蚀区域。也可与清管器配合，用作管线检测，以确定腐蚀类型和深度。

(3)气井生产实验年度数据用于各临界参数，如生产中水的氯化物质量分数、烃与水的比例、液体和气体流速、H_2S 和 CO_2 的百分比。这些参数用于对集气系统腐蚀的评价，对现场管道，设备部件作失效原因分析。

(4)腐蚀产物锈层的检测采用 X 射线照射或(和)电子显微扫描技术，同时完成失效分析。

(5)建立计算机数据库和程序。该公司酸气集输系统可概括由几种特征参数进行说明，并进入数据库。缓蚀程序、清管程序及监测结果也输入数据库。程序可对关键数字进行验证，或对各种腐蚀机理中的相关参数进行校验。对参数作出认定后，可选定最优化的缓蚀和清管程序。

2. 集输系统腐蚀控制及防腐蚀工艺技术

(1)缓蚀处理。主要采用传统缓蚀剂防腐蚀。其工艺为连续、间断缓蚀处理，清管及其组合工艺。对新管分段采用缓蚀剂作预处理，形成厚缓蚀剂膜。预处理后，间隔 2 ~3 周，然后采用蒸气相缓蚀剂作类似处理。终止运行的管线每年一次作缓蚀处理，其中 250 号酸气管段的 25% 既不进行清管，也不作缓蚀处理，并未出现任何腐蚀情况。

(2)酸气管线的处理程序。对可能出现腐蚀的管段，根据气体流速，生成水的氯化物浓度及烃凝析物与水的比例的临界水平确定处理方式。当实际状况中一个或若干个临界参数改变，处理方式可以调整。

当气体面积流速小于3m/s时，推荐使用清管器，清管器有助于清除滞留于管线中的液体，并促使缓蚀剂附着于管道表面。当CWR(烃凝析物与水的比例)低于2∶1，或氯化物浓度大于10000mg/L时，建议采用连续缓蚀剂处理工艺。

当CWR低于2∶1、氯化物浓度大于10000mg/L，同时面积气体流速小于3m/s的状况，推荐采用一次性配料缓蚀剂处理方式作为一种外加的保护措施。管线中存在高甲醇含量，沉积元素硫，H_2S或CO_2与水的比例是1∶1时，建议采用清管器进行清管，批量缓蚀和连续缓蚀处理的工艺方法。

7.2.2.4 加拿大某酸气集输系统

1. 集输系统的腐蚀及腐蚀分析

在某集输系统中，所有大直径厚壁管道均采用高锰快速精炼生产。由于此管道含高硬度内焊泡，焊泡由重叠马氏体硬焊点构成，产生对硫化物应力开裂的敏感性。

螺旋焊管接头对硫化物应力开裂有较高的敏感性。开裂与马氏体硬度范围、表面和次表面结构状况以及焊接程序有关。硫化物应力开裂为其主要的腐蚀破坏形式，产生开裂的氢源导致马氏体表面区域产生大量的腐蚀，材料的腐蚀机理、抗拉应力，主要由高残余制造应力和操作应力决定。

2. 某集输系统腐蚀监测

(1)系统腐蚀监测主要采用氢探针、腐蚀试样、目测检测等方式。对初期出现的应力腐蚀开裂采用氢探针和腐蚀试样组合评价方式，评价点设置于清管器排放弯管连通管线接收器末端。腐蚀实验主要测定腐蚀速率，是否出现坑蚀等。

(2)关井期间，采用预涂层处理，并用纯净气体充满集气管道。

(3)如水的露点超过−12℃(10℉)控制值，停止气体供应。

7.2.2.5 加拿大某1号气田集输系统

1. 腐蚀监测

集输系统设置14个腐蚀试样；在装置入口采用了3个氢探针；对5个关键性加热器弯管接头进行超声波检测。第一年监测结果表明无严重腐蚀发生。后对集输管线低位部分电位进行检测，发现部分位置有积液开始显示。

利用对装置入口的铁含量分析确定腐蚀程度。管道实际壁厚数据由超声波和X射线检测确定。某1号气田集输系统腐蚀控制是成功的，防腐蚀工艺技术主要是：一是选用适当的管材；二是采用适当的安装；三是应用适当的缓蚀剂作连续缓蚀处理；四是采用适当的设备检测和检测方法、程序。

2. 集输系统缓蚀处理

集输管线缓蚀剂采用油溶、水分散(悬浮)胺类，缓蚀剂的活性为40%。缓蚀剂从邻近井口的集输管利用设置于加热器侧位的电化学泵注入。注入泵同时可用于对地面安全阀的加压。最初以0.16mL/m^3进行加注，第一周减至初次的1/2，此后减至1/4。为易于控制并增加缓蚀效果，缓蚀剂在柴油中稀释为0.5%~7%。2年后由凝析液取代柴油作为输送流体，缓蚀剂减至0.04mL/m^3。设置容器罐，内装9.8kL的0.5%~7%的缓蚀剂凝析油混合液。容器罐接近井口位置，并进行频繁计量，以保证注入适量的缓蚀剂。集输系统关闭时用凝析油缓蚀剂混合液注入，充满整个系统。

3. 除垢，防止硫沉积工艺技术

管道和井筒的沉积硫需要用Merox或CS_2进行频繁清洗，每口井用量为400~600L CS_2或Merox。21口井用Merox，6口井用CS_2。Merox危险性小、价格低，但反应慢。使用CS_2处理之前，用60~200kL凝析液经加热注入因硫堵减产的井进行处理，然后用400~600L CS_2进行清洗。

7.2.2.6 中国西南地区气田低碳钢输气管道

西南某油气分公司发明了一种输气管道内腐蚀的监测方法，特别针对西南气田低碳钢输气管道的腐蚀环境，能够测量管道内腐蚀微弱的氢渗透电流，从而收集输气管道内腐蚀的发展速度和气体腐蚀性的变化情况，对输气管道腐蚀情况进行监测。此发明不受输送介质湿度的影响，测量范围广，并且是从管道外部监测内腐蚀，其工作方式灵活，还不需要设置旁路系统，操作简单方便。包括以下步骤。

(1)选取所需测量碳钢输气管道工作点，将管道外壁选定的工作面处先用无水乙醇清洗；再用丙酮清洗干净，用冷风吹干；然后才能用镀镍液在工作面上镀镍。将待测管道外壁形成一个有镀镍层的检测工作面，是将镀镍的检测工作面作为传感器的一个外部电极。

(2)将监测传感器预先组装完整，并将监测传感器的检测面压紧固定于上述镀镍层的工作面上，使待测管道外壁上设置的外部电极与监测传感器的外壁紧紧地贴在一起，外部电极与监测传感器共同形成一个双电极电解池传感器，从而使电解池氧化管道内腐蚀反应产生的原子氢测得氧化电流，即监测传感器接收内腐蚀反应所扩散的氢原子产生电信号。

(3)将恒电位仪器或者专用监测仪与监测传感器的输出接插件连接，使恒电位仪或者专用监测仪输出测量数据。

(4)将恒电位仪的信号输出端与数据记录器或计算机连接，收集存储数据以分析输气管道内壁腐蚀的情况。

所述监测传感器包括由电解池帽与绝缘桶组成的传感器外壳，镍棒电极和绝缘桶内装有的氢氧化钠电解液，其绝缘桶的外壁上设置至少一个内凹式圆弧形检测面，镍棒电极上端与屏蔽引线下端固定连接，所述屏蔽引线在绝缘桶内的部分以及屏蔽引线与镍棒电极的连接点均包裹有密封胶。

此发明具有以下优点。

(1)利用双电极电解池结构作为传感器采集管道腐蚀过程中产生扩散的氢原子，测量氢原子完全被氧化产生的氧化电流，通过这一独特设计分析管道内部的腐蚀情况，实现了快速、长期、连续准确的监测效果。

(2)由于采用了渗氢测量原理，不依赖金属表面液膜的连续性，因此在气体湿度低的时候也可以实施监测，弥补了现有叠片式传感器在环境湿度较小的情况下测不到信号的不足；另外，镀镍层的催化作用使腐蚀过程中产生的氢原子能够完全被氧化，因此测量的氧化电流数据能够完全反映金属材料的腐蚀行为，保证了测量的准确性；此外，镀镍层同其他镀层相比具有钝化电流小的特点，从而背景电流也小，测量结果更准确。

(3)绝缘桶外壁上设计有与监测管道外壁的弧度相同的圆弧形检测工作面，能够在管道外部收集输气管道内部腐蚀数据，更方便地在管道外针对不同口径的管道进行测量；通过设置检测工作面收集数据，不用将传感器放置于管道内部工作，也不用设置辅助的旁路系统，这一测量方法的改变不但简化了传感器结构，监测操作的方式也更灵活高效，获得了更广的工作范围。

(4)不但结构简单、成本低廉，而且操作简单方便、测量精度高，较低的腐蚀速率也可通过测量氢的氧化电流的变化反映出来，使用方法灵活。

7.2.2.7 中国华中地区输气管道

华中某输气管道系统沿线6座站场均采用Microcor快速高分辨率磁感应腐蚀监测系统(简称Microcor系统，美国RCS公司出品，其采用Microcor技术的测试仪器及全套腐蚀测试设备和具有安全防爆的高压连接装置，均属于国际领先技术和NACE规范标准的专利产品)，对天然气管道内壁的腐蚀与腐蚀速率值、金属损失量进行在线监测。

1. 系统构成

Microcor内腐蚀监测系统主要包括M15型可替换探头、MT-9485型变送器、MT-9500A型数据记录器、采集处理软件及球阀、连接电缆、连线盒、探头装置等。

2. 工作原理

Microcor 腐蚀监测技术综合了 LPR 的快速响应和 E/R 的普遍适用性，可以在任何环境下快速测定腐蚀速率，其测量原理是以磁感应测量金属损失为基础。系统探针信号反馈时间短、测量快捷并能及时反映出设备管道的腐蚀情况，使设备管道的腐蚀始终处于监控状态。

3. 监测结果分析

输气管道 6 座站场年平均腐蚀速率对比情况如图 7－1 所示。

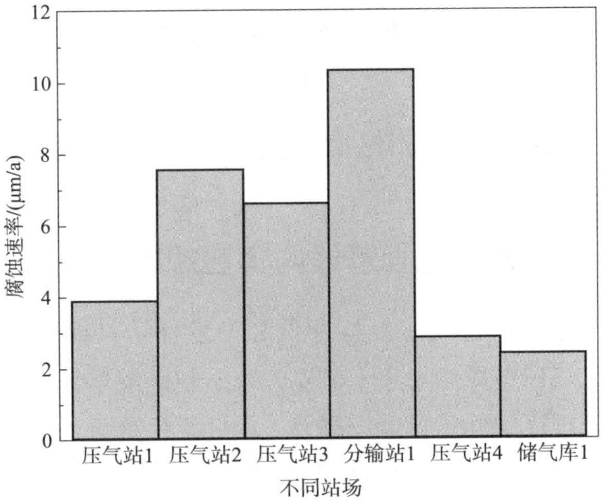

图 7－1　6 座站场年平均腐蚀速率对比

从图 7－1 可以看出，分输站 1 平均腐蚀速率最快，为 10.46μm/a；储气库 1 平均腐蚀速率最低，为 2.34μm/a。经计算，6 座站场的平均腐蚀速率为 5.65μm/a。这表明，6 座站场的内壁腐蚀程度较低，管道受到气体内腐蚀性介质的影响较小，没有异常的增加或减少，管道内壁处于良好的保护状态。

4. 间接检测分析

委托专业分析测试中心对某管道清管作业取出的粉尘样品进行检测，通过光电子能谱仪可以检验出粉尘样品各元素质量百分比的构成，如图 7－2 所示。

从图 7－2 可以看出，元素质量百分比较高的依次为碳元素、氧元素、硅元素。根据对检测数据的分析，粉尘样品中含泥土最多，其次为 Fe^{3+} 的化合物 Fe_2O_3 或 Fe_3O_4（样品中不含 Fe^{2+}）。此外，样品检测时未发现硫元素，这说明管道天然气中不含 H_2S 酸性气体，管道内壁产生的腐蚀很小。

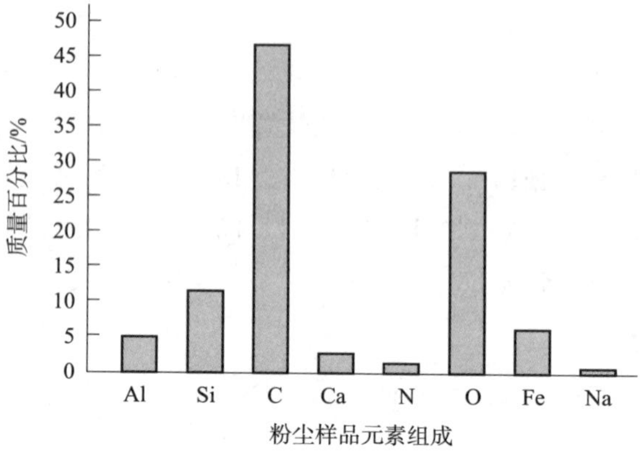

图7－2　华中某管线管内粉尘样品各元素质量百分比构成

7.3　气田地面管线内腐蚀情况

7.3.1　监测气田1地面管线内腐蚀现状

监测气田1于近年通过系统勘探评价和开发评价，探明气源储量丰厚，其中，监测气田1大气田地质储量超千亿立方米。该产能项目工程建设包括气田内部集输、天然气处理厂和外输管道三部分，设计年生产天然气4.8亿立方米，年处理天然气15亿立方米，总共建成生产气井76口、集气站13座，天然气处理厂1座，日产气量达85万立方米。

监测气田1天然气井CO_2质量分数介于1.3%～1.8%，H_2S质量浓度介于0.4～5.6mg/m^3，相对来说监测气田2区块H_2S含量较低。气井产出水pH值小于6.50，说明整个产出水体系偏酸性；水质差异较大，监测气田1区块水样矿化度整体大于监测气田2区块，其矿化度平均大于60000mg/L，属于具有较强腐蚀性的体系；产出水中Fe^{2+}、Fe^{3+}、Ca^{2+}、Mg^{2+}普遍存在，且产出水经计算绝大多数属$CaCl_2$水型。所有这些均说明，监测气田1水介质存在一定程度的腐蚀趋势和$CaCO_3$结垢趋势。

鉴于此，生产现场对监测气田2和监测气田1地面管线系统进行了三个月或四个月时间不等的腐蚀监测（图7－3）和加注缓蚀剂作业，具体情况如表7－3和图7－4及表7－4所示。

图 7－3 地面管线腐蚀监测情况

表 7－3 地面管线腐蚀监测挂片实验数据分析

站名	序号	井号	材质	腐蚀速率/(mm/a)	实验周期
1 区 8 站	1	1 区 29－25	20 #	0.002	四个月
			A3	0.002	
	2	1 区 58	20 #	0.007	
			A3	0.001	
	3	1 区 8 外输	20 #	0.002	
			A3	0.001	
2 区 20 站	4	2 区 51－5	20 #	0.013	三个月
			A3	0.009	
	5	2 区 20 外输	20 #	0.008	
			A3	0.007	

续表

站名	序号	井号	材质	腐蚀速率/(mm/a)	实验周期
2 区 11 站	6	2 区 50 - 8 井	20 #	0. 004	三个月
			A3	0. 005	
2 区 13 站	7	2 区 44 - 19	20 #	0. 001	四个月
			A3	0. 001	
	8	2 区 44 - 18	20 #	0. 001	
			A3	0. 001	
	9	2 区 45 - 19	20 #	0. 003	
			A3	0. 004	

注：我国石油天然气行业标准 SY/T 5329—1994 规定的均匀腐蚀平均腐蚀速率应小于 0. 076mm/a(相当于 NACE 标准中的中度腐蚀)；而点蚀则分为三级来说明其严重程度，即无点蚀、轻微点蚀和明显点蚀，却无确切的数据指标。

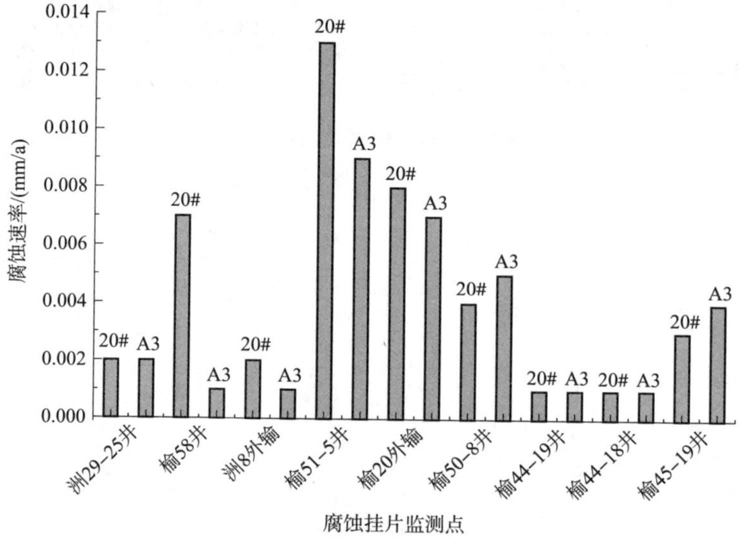

图 7 - 4　地面管线内腐蚀挂片腐蚀速率

由表 7 - 3 和表 7 - 4 及图 7 - 4 可知，经对气井及地面管线进行缓蚀剂加注作业后，腐蚀得到很好的抑制，腐蚀最严重的气井榆 51 - 5 井(挂片材质 20 #钢)的腐蚀速率也仅为 0. 013mm/a，所有挂片测试出的腐蚀速率均低于石油工业标准规定的数值(0. 076mm/a)。相对来说，20 #钢的腐蚀情况较 A3 钢的严重。

表 7－4 地面管线缓蚀剂加注情况

序号	作业区	站名	井号	配产量/$10^4 m^3$	加药日期	加药型号	油管加药量/L	套管加药量/L	月累计加药量/L	年累计加药量/L	备注
1	2 区	2 区 13 站	2 区 44－18		2009－04－11	XK－05	119	126	245	245	生产井
2	2 区	2 区 13 站	2 区 44－18	5	2009－08－28	XK－05		245	245	490	生产井
3	2 区	2 区 13 站	2 区 44－19	1	2009－04－11	XK－05		327	327	327	生产井
4	2 区	2 区 13 站	2 区 44－19	1	2009－08－21	XK－05		327	327	654	生产井
5	2 区	2 区 13 站	2 区 45－19	2	2009－04－11	XK－05		302	302	302	生产井
6	2 区	2 区 13 站	2 区 45－19	2	2009－08－21	XK－05		302	302	604	生产井
7	2 区	2 区 11 站	2 区 50－8	1	2009－04－13	XK－05		291	291	291	生产井
8	2 区	2 区 11 站	2 区 50－8	1	2009－08－13	ZD1－1		291	291	582	生产井
9	2 区	2 区 20 站	2 区 51－5		2009－04－4	XK－05	125	143	268	268	生产井
10	2 区	2 区 20 站	2 区 51－5	0.5	2009－10－3	XK－05		268	268	536	生产井
11	2 区	2 区 20 站	2 区 51－5	0.5	2009－12－12	XK－05		268	268	804	生产井
12	1 区	1 区 8 站	1 区 58	6	2009－04－9	ZD1－1		199	199	199	开井
13	1 区	1 区 8 站	1 区 58		2009－08－9	ZD1－1	85	114	199	398	关井
14	1 区	1 区 8 站	1 区 58	6	2009－10－28	ZD1－1		199	199	597	开井
15	1 区	1 区 8 站	1 区 29－25	2	2009－04－9	ZD1－1		173	173	173	开井
16	1 区	1 区 8 站	1 区 29－25	8	2009－08－24	ZD1－1		173	173	346	开井

7.4 监测气田1地面管线内腐蚀监测系统的建立

油气田生产系统腐蚀监测可及时地了解油气田生产系统各个环节腐蚀状况，能有效地监督、评价防腐工程质量和化学药剂的最终效果。腐蚀监测应采用多种方法，互为补充，使数据解释更准确。为了实现对整个气田采输系统的有效腐蚀监控，确保气田采输设施的长期安全运行，建议从以下几方面开展工作。

(1)在气田生产设施建设早期阶段就应充分考虑腐蚀监测的必要性和重要性，做好产出液的腐蚀评估，为气田的生产设施建设提供防腐蚀依据。应建立腐蚀监测网络，在新气田的开发中，将腐蚀监测列入工程设计中，从气田投产之日起，就对气田进行连续与不间断的监测，同时对于已投产的气井也要逐步安装腐蚀监测系统，从而形成腐蚀监测网络。

(2)根据气田地面管线设备所使用材质、外部环境、工艺流程和集输系统的特点，建立一套完整、适用、有效的腐蚀监控体系，其中包括腐蚀监测方法的确定，监测仪表的选用、定位和分布等。

腐蚀监控体系建议采用“低碳钢+气液分离+缓蚀剂”的腐蚀控制综合配套方案，该方案在技术上和经济上较适合子米气田地面管线系统的腐蚀控制。

腐蚀监测方法建议采用包括非电子和电子在线监测，如挂片试样、氢探针、电阻探针(EFR)，用以测定总体腐蚀。对地面设备和管道等采用超声波和X射线检测，检测管壁厚度和坑蚀。如果有可能，建议引进国外先进的腐蚀监测技术和装备，建立计算机数据处理和数据库，控制其检测和监测程序及数据处理。

腐蚀监测的位置、频率及监测方法如表7-5所示。

表7-5 天然气地面管线腐蚀监测类型和位置

监测位置	监测类型				
	SC	CP	CC	U	V
井口	R	R		R	
分离器入口		R	R	R	R
分离器气体出口		R	R	R	R
分离器系统产出水出口	R	R	R	R	R
分离器系统凝析液出口	R	R	R	R	R
气体外输管线入口	R	R	R	R	R
所有容器					R

续表

监测位置		监测类型				
		SC	CP	CC	U	V
气体干燥设施	分离器入口		R	R	R	R
	分离器气体出口		R	R	R	R
	分离器液体出口	R	R	R	R	R
气体压缩设施	分离器入口		R	R	R	R
	分离器气体出口		R	R	R	R
	分离器液体出口	R	R	R	R	R

备注：① SC—取样口；CP—腐蚀探头；CC—腐蚀挂片；U—超声壁厚；V—内部目视检查；R—按表7-2的要求进行监测。

② 所有的探头、挂片及取样口可安装在任何方便的位置。

(3)应用先进的信息技术管理腐蚀监测网络，随着监测点的增多，腐蚀监测各项数据记录量和其他信息量也将快速增加，必须采用计算机技术才能实现整个网络的有效运行。只有这样才能实现数据的远距离采集和大量数据的集中保存，也才能充分发挥在线腐蚀监测技术的作用。

(4)在做好腐蚀监测的同时，应设法开展设备腐蚀及剩余寿命预测等技术研究，建立在役管道运行、维护数据库，定点、定期对重点管道进行运行状态监测和安全性评价。

(5)加强管理和人员的技术培训。气田的发展要求我们广泛地应用在线腐蚀监测技术和培养更多的人掌握这项技术，并且要具有判断复杂情况的经验，提高诊断问题的准确性。

随着腐蚀监测及其他腐蚀控制技术的不断发展，通过经济合理地实施腐蚀监测技术，实时掌握胜利油田集输系统的腐蚀状况，将更有效地解决气田面临的腐蚀问题，以保证气田生产的安全运行。

8 结　论

(1)气田的井筒腐蚀机理研究。收集并分析气井生产开发数据，对采样气田气井工况、腐蚀现状、目标气井的生产状况进行了分析总结，并结合挂片腐蚀监测数据和 MIT 数据，从腐蚀介质和空间等方面提出气井油套管腐蚀原因，总结采样气田的井筒腐蚀机理。采样气田的井筒腐蚀主要为溶解的 CO_2 酸性腐蚀，以局部腐蚀为主；采气管内部腐蚀及沉积物大致由 Fe_2O_3、$FeCO_3$、FeO、$CaCO_3$、$BaSO_4$、可溶性无机盐、泥砂等不溶物组成。从各腐蚀产物的组成及含量分析，主要以钢铁材料的厌氧腐蚀(Fe_2O_3、FeO 等)、水解和碳酸盐(Fe_2O_3、$FeCO_3$、FeO 等)等无机盐的电化学腐蚀为主。其具体腐蚀情况与程度因管线内部传送介质的不同而变化，规律性较差。根据以上分析结果可初步判断，气井腐蚀的起因应该主要是 CO_2 腐蚀和溶解盐腐蚀；气田气井产出水中存在大量溶解盐，不仅自身通过电化学行为对管线、设备产生腐蚀，而且也会加速 CO_2 的腐蚀行为，大部分空白和加剂腐蚀挂片腐蚀产物含 FeO(OH)组分，这种形式的水合物在高 pH 值下较易产生，说明气井同时受到溶解氧腐蚀；陕北 2 区块气井挂片还存在 $FeSO_4 \cdot 7H_2O$ 和 FeS 两种腐蚀产物，说明气井同时受到酸性 H_2S 腐蚀。

(2)确定了影响采样气田腐蚀的主要因素。CO_2 腐蚀影响因素众多，CO_2 分压、Cl^- 质量浓度、H_2S 质量浓度、介质温度、水质矿化度、pH 值、水溶液中各种离子质量浓度、微量和 O_2 以及材料中合金元素 Mn、C、Ni、Si 等都会对腐蚀产生不同程度的影响；借助 Minitab 15.1.0.0 专业统计软件，采用方差分析研究多相动态环境下二氧化碳分压，硫化氢分压，Cl^- 质量浓度，Ca^{2+}、Mg^{2+} 质量浓度，流率和温度对气井油套管腐蚀速率的作用规律和影响大小，从而有效实现了上述各因素与腐蚀速率之间的相关性研究。确定了影响采样气田腐蚀主要因素为：二氧化碳分压、Cl^- 质量浓度和温度，影响的大小顺序为：二氧化碳分压 > Cl^- 质量浓度 > 温度。

(3)建立 BP 人工神经网络的气井油套管腐蚀预测模型。在多因素方差分析研究结果的基础上，针对气井油套管腐蚀的不同特征，以二氧化碳分压，硫化氢分压，Cl^- 质量浓度，Ca^{2+}、Mg^{2+} 质量浓度，流率和温度为自变量，以腐蚀速率为因变量，采用 Neuro Solutions 8.1.0.0 软件建立 BP 人工神经网络的气井油套管腐蚀预测模型，并以室内实验结果为依据，将气井油套管腐蚀预测模型得到的预测值与之进行比较、分析，验证结果表明此模型具有较高的准确性和可靠性。建立了对气井油套管的失效风险评估方法。首先基于BP人工神经网络的气井油套管腐蚀预测模型计算不同工况下的气井油套管腐蚀速率，其次利用COMSOL Multiphysics软件进行建模，根据管道公称壁厚、管道服役年限以及气井油套管腐蚀速率得到预测的管道剩余壁厚、壳体参数和剩余壁厚比，实现了对气井油套管的失效风险评估。基于人工神经网络的气井油套管腐蚀预测模型对气井油套管的腐蚀速率进行研究。采用BP人工神经网络，分别针对采样区块TPO井、双分支水平井和采样区块二期直井建立了气井油套管腐蚀预测模型。当预测模型的迭代次数达到1710次、1480次和1720次后，其均方误差分别为0.0099、0.0096、0.0099，均小于允许收敛误差限，预测值和期望值近似呈线性，在训练阶段、验证阶段与测试阶段线性拟合的决定系数分别为0.978、0.980、0.950，0.940、0.939、0.974，0.898、0.915、0.918，预测值和期望值具有较高的相关性。

(4)开发出含腐蚀缺陷油管柱服役安全评价系统。含腐蚀缺陷油管柱服役安全评价技术大体上可以分为基础数据采集系统、数据链路控制系统和含腐蚀缺陷油管柱服役安全评价系统，主要由数据采集模块、方差分析模块、腐蚀预测模块以及腐蚀预警模块等这几大功能模块组成。现场操作人员与相关技术人员可根据这些模块快速预测不同工况条件下的气井油套管腐蚀速率，并基于气井油套管腐蚀预测模型对含腐蚀缺陷油管柱进行准确、可靠的服役安全评价。利用ANSYS Workbench有限元软件建立带有腐蚀缺陷的油管模型，分析几何尺寸、腐蚀深度等因素对含缺陷压力管道剩余强度的影响，进而分析和计算临界剩余壁厚，实现了对腐蚀管道进行剩余强度评价及寿命的预测。

(5)在气田开发过程中，每一阶段都贯穿着腐蚀及防治。可以说，防腐是相对的，而腐蚀是绝对的，采取经济合理的腐蚀防护措施是确保气田高效开发的有效手段。同时腐蚀监测能在整个过程中实时地提供大量的基础数据，这对于气田安全、经济、有效地生产，会起到重要的作用。建立腐蚀监测网络。在新气田的开发中，将腐蚀监测列入工程设计中，从气田投产之日起，就对气田进行连续与不间断的监测，同时对于已投产的气井也要逐步安装应用先进的信息技术管理腐蚀监测网络，才能实现数据的远距离采集和大量数据的集中保存，改变目前存在的数据分散，难以查找，不易交流的局面，才能充分发挥在线腐蚀监测技术的作用，从而形成腐蚀监测网络；加强管理和人员的技术培训，培养人才。气田的发展要求广泛应用在线腐蚀监测技术和培养更多的技术人员掌握这项技术，并且要具有判断复杂情况的经验，提高诊断问题的准确性。在做好腐蚀监测的同时，应设法开展设备腐蚀及剩余寿命预测等技术研究，建立在役管道运行、维护数据库，定点、定期对重点管道进行运行状态监测和安全性评价。

(6)腐蚀是一门复杂的学科，不论是腐蚀速率还是损坏的分布情况，往往受许多因素影响。腐蚀监测方法很多，每一种方法都有其所长，也有局限性，没有一种技术对所有情况都适合。任何监测技术只能提供数量有限的信息。各种技术相互之间应该看作是互为补充的。而现场监测挂片能够比较定量且准确地反映出研究气井的真实腐蚀程度，所以，建议在不同区块，有选择地在不同气井的不同位置实施较大量的挂片，挂片时间长短可以不定，以操作方便为宜，根据挂片结果，对各气井、各区块的腐蚀结果作出较客观的推测和评价；天然气气田腐蚀的防护可以采取不同的方法，但考虑到防腐技术的一次性投入、作业成本、可操作性等综合因素，采用加注缓蚀剂进行防护从目前的研究水平来看不失为一种既经济又能达到很好防腐效果的防护措施。

参考文献

[1]刘云强，王芳，李冬梅，等．高温高压油气试井关键参数预测模型、理论及算法[M]．北京：科学出版社，2020.

[2]张智，施太和，徐壁华．特殊油气藏井筒完整性与安全[M]．北京：科学出版社，2019.

[3]刘智勇，李晓刚，杜翠薇，等．典型材料油气田腐蚀实验评价方法[M]．北京：科学出版社，2016.

[4]彭志刚，李春福．气井腐蚀与防护[M]．北京：中国石化出版社，2012. 05.

[5]赵章明．油气井腐蚀防护与材质选择指南[M]．北京：石油工业出版社，2011. 01.

[6]杨全安．实用油气井防腐蚀技术[M]．北京：石油工业出版社，2012. 01.

[7]黄桢，李鹭光，胡桂川．天然气井油管柱腐蚀破坏力学[M]．重庆：重庆大学出版社，2010. 03.

[8]王凤平，陈家坚，臧晗宇．油气田腐蚀与防护[M]．北京：科学出版社，2016. 06.

[9]唐广荣．崖城 13－1 气田高温超低压气井治理技术与实践[M]．北京：化学工业出版社，2019. 07.

[10]万里平，文云飞，桑琴作．油气开采井筒腐蚀结垢与堵塞机理[M]．北京：化学工业出版社，2023. 06.

[11]斯尚华，周瑞立，申志兵，等．气层产出流体性质与腐蚀结垢实验[M]．北京：中国石化出版社，2018. 09.

[12]谢军．高温高压酸性气井井筒完整性评价与管理技术[M]．北京：石油工业出版社，2016. 10.

[13]张智．海洋油气工程腐蚀与防护[M]．北京：石油工业出版社，2016. 06.

[14]郭肖．高含硫气井井筒硫沉积预测与防治[M]．武汉：中国地质大学出版社，2014. 07.

[15]何鲜．国外深层气藏开采技术[M]．北京：石油工业出版社，2001. 09.

[16]张川如，虞绍永．二氧化碳气井测试与评价方法[M]．北京：石油工业出版社，1999. 02.

[17]步玉环．油气井工程设计与应用[M]．东营：中国石油大学出版社，2017. 08.

[18]中国石油天然气集团有限公司人事部，中国石油勘探与生产分公司．气井生产动态分析[M]．北京：石油工业出版社，2020. 08.

[19]樊恒，杨尚谕，闫怡飞．非常规气井管柱可靠性设计及定量评估方法[M]．北京：中国石化出版社，2022. 01.

[20]方世跃，孙学阳，唐胜利．煤层气井建井工程[M]．徐州：中国矿业大学出版社，2015. 01.

[21](美)朱丁，(日)古井健二．油气井现代完井技术[M]．杨向同，邱金平，张杨，等译．北京：石油工业出版社，2022.03.
[22]田军．超深油气井钻井技术[M]．北京：石油工业出版社，2019.10.
[23]胡湘炯，高德利．油气井工程[M]．北京：中国石化出版社，2003.02.
[24]杨伟，苗崇良，李建铭．油气井井控[M]．北京：石油工业出版社，2012.08.
[25]刘洪涛．超深油气井试油管柱力学校核技术[M]．北京：石油工业出版社，2019.12.
[26]金海英．油气井生产动态分析[M]．北京：石油工业出版社，2010.04.
[27]柳军，郭晓强，王国荣，等．高温高压高产气井油管柱流致振动及失效机理[M]．北京：石油工业出版社，2021.01.
[28]王一兵，蒲洪江．新 851 井 高温高压高产气井的新探索[M]．北京：中国石化出版社，2005.01.
[29]唐洪俊．气井产能动态预测分析方法与应用[M]．北京：石油工业出版社，2014.11.
[30]王丽，杨伟，田润年．煤层气井完井与井下作业[M]．北京：石油工业出版社，2013.12.
[31]北京太科石油信息咨询服务有限公司编．深层气井防腐工艺技术及配套工具[M]．北京：北京太科石油信息咨询服务有限公司，2008.
[32]何骁．石油天然气井隐患治理技术[M]．北京：石油工业出版社，2024.02.
[33]孙宝江．油气井工程多相流动 英文版[M]．北京：高等教育，2016.11.
[34]杜严飞．基于人工神经网络的煤层气井产能预测研究[M]．徐州：中国矿业大学出版社，2012.
[35]陶梅，李胜，韩军，等．煤层气开采工艺[M]．沈阳：辽宁科学技术出版社，2018.08.
[36]杨玲，田发国．采气工程[M]．天津：天津科学技术出版社，2018.06.
[37]杨川东．采气工程[M]．北京：石油工业出版社，2001.02.
[38]姚军，刘均荣，张凯．国外智能井技术[M]．北京：石油工业出版社，2011.01.
[39]郭肖作．高含硫气藏储层－井筒一体化模拟[M]．北京：科学出版社，2021.03.
[40]马开华，丁士东．深井复杂地层固井理论与实践[M]．北京：中国石化出版社，2019.06.
[41]宋岩，柳少波，姜林，等．煤层气富集高产控制因素及勘探开发基础研究[M]．北京：科学出版社，2019.03.
[42]中国石油学会石油工程专业委员会．中国油气开采工程新技术交流大会论文集[M]．北京：中国石化出版社，2019.07.
[43]贾爱林．天然气开发技术[M]．北京：石油工业出版社，2019.07.
[44]郝明慧．煤层气钻井技术与创新实践[M]．东营：中国石油大学出版社，2016.06.
[45]胡津，唐莎巍．材料腐蚀与防护[M]．哈尔滨：哈尔滨工业大学出版社，2021.01.
[46]李志峰．材料腐蚀原理与化工腐蚀防护[M]．北京：北京工业大学出版社，2020.04.
[47]黄永昌，张建旗．现代材料腐蚀与防护[M]．上海：上海交通大学出版社，2012.09.

[48]翁永基．材料腐蚀通论 腐蚀科学与工程基础[M]．北京：石油工业出版社，2004.04.
[49]杨德钧，沈卓身．金属腐蚀学[M]．北京：冶金工业出版社，1999.05.
[50]杨世伟，常铁军．材料腐蚀与防护[M]．哈尔滨：哈尔滨工程大学出版社，2003.10.
[51]孙秋霞．材料腐蚀与防护[M]．北京：冶金工业出版社，2001.03.
[52]陈匡民．过程装备腐蚀与防护[M]．北京：化学工业出版社，2001.06.
[53]何业东，齐慧滨．材料腐蚀与防护概论[M]．北京：机械工业出版社，2005.04.
[54]刘开明．化工装备腐蚀与防护[M]．兰州：兰州大学出版社，2018.05.
[55]刘宏伟．腐蚀测试技术[M]．北京：化学工业出版社，2023.10.
[56]李久青，杜翠薇．腐蚀实验方法及监测技术[M]．北京：中国石化出版社，2007.05.
[57]俞蓉蓉，蔡志章．地下金属管道的腐蚀与防护[M]．北京：石油工业出版社，1998.11.
[58]李章亚，《油气田腐蚀与防护技术手册》编委会编．油气田腐蚀与防护技术手册 上[M]．北京：石油工业出版社，1999.06.
[59]张志宇，段林峰．化工腐蚀与防护[M]．北京：化学工业出版社，2005.02.
[60]段林峰，张志宇．化工腐蚀与防护[M]．北京：化学工业出版社，2008.06.
[61]唐德志，张雷，陈宏健，张维智作．油气集输管道腐蚀图集[M]．北京：石油工业出版社，2022.01.
[62]张涛，赵阳作．苛刻油气环境下不锈钢腐蚀机理与寿命预测[M]．北京：科学出版社，2022.09.
[63]李晓刚．石油工业中应力腐蚀研究[M]．北京：化学工业出版社，2020.09.
[64]路永新．油气集输管道 CO_2 腐蚀[M]．北京：中国石化出版社，2020.06.
[65]马文庆．油田结垢腐蚀因素调查与分析[M]．北京：中国石化出版社，2022.09.
[66](英)M B 克曼尼(M B Kermani)，(英)L M 史密斯(L M Smith)．油气生产中的 CO_2 腐蚀控制设计考虑因素[M]．王西平，等译．北京：石油工业出版社，2002.09.
[67]王凤平，敬和民，辛春梅．腐蚀电化学 第2版[M]．北京：化学工业出版社，2017.09.
[68]孙跃，胡津．金属腐蚀与控制[M]．哈尔滨：哈尔滨工业大学出版社，2003.04.
[69]李一迪．姬塬油田井筒及地面系统腐蚀机理与防护措施研究[M]．西安：西安石油大学出版社，2023.
[70]张学元，邸超，雷良才，等．二氧化碳腐蚀与控制[M]．北京：化学工业出版社；工业装备与信息工程出版中心，2000.05.
[71]中国化工学会石化设备检维修专业委员会．石油石化设备腐蚀与防护技术[M]．北京：中国石化出版社，2021.05.
[72]王荣，杨爱民，雒设计．管道的腐蚀与控制[M]．西安：西北工业大学出版社，2013.03.
[73]中国石油化工股份有限公司青岛安全工程研究院，中国腐蚀与防护学会石油化工腐蚀与安全专业委员会编．石油化工腐蚀与安全[M]．北京：中国石化出版社，2018.11.

[74]林玉珍，杨德钧. 腐蚀和腐蚀控制原理[M]. 北京：中国石化出版社，2007.03.
[75]蒋官澄，黄春，张国荣. 海上油气设施腐蚀与防护[M]. 东营：中国石油大学出版社，2006.05.
[76]尹成先，付安庆，李时宣，等. 石油天然气工业管道及装置腐蚀与控制[M]. 北京：科学出版社，2018.01.
[77]王凤平，陈家坚，臧晗宇. 油气田腐蚀与防护[M]. 北京：科学出版社，2016.06.
[78]刘智勇，李晓刚，杜翠薇，等. 典型材料油气田腐蚀实验评价方法[M]. 北京：科学出版社，2018.01.
[79]张仁坤. 石油化工设备腐蚀与防护[M]. 北京：海洋出版社，2017.04.
[80]石仁委，卢明昌. 油气管道腐蚀控制工程[M]. 北京：中国石化出版社，2017.09.
[81]傅玉华，等. 石油化工设备腐蚀与防治[M]. 北京：机械工业出版社，1997.09.
[82]刘树仁，任晓娟. 石油工业材料和腐蚀与防护[M]. 西安：西北大学出版社，2000.03.
[83]翁永基，李相怡. 腐蚀预测和计量学基础[M]. 北京：石油工业出版社，2011.03
[84]曾荣昌，韩恩厚. 材料的腐蚀与防护[M]. 北京：化学工业出版社，2006.05.
[85]寇杰，梁法春，陈婧. 油气管道腐蚀与防护[M]. 北京：中国石化出版社，2008.08.
[86]杨启明，李琴，李又绿. 石油化工设备腐蚀与防护[M]. 北京：石油工业出版社，2010.04.
[87]路民旭，张雷，杜艳霞，等. 油气工业的腐蚀与控制[M]. 北京：化学工业出版社，2015.03.
[88]李卫平. 材料腐蚀原理与防护技术[M]. 北京：北京航空航天大学出版社，2020.01.
[89]闫化云，樊荣兴，仲华，等. 海上油气田腐蚀实效分析[M]. 北京：中国石化出版社，2017.12.
[90]齐振林，周抚生. 石油腐蚀与管道防护学术会议论文集[M]. 哈尔滨：哈尔滨工程大学出版社，2007.08.
[91]石仁委. 油气管道腐蚀失效预测与完整性评价[M]. 北京：中国石化出版社，2018.03.
[92]许淳淳. 化学工业中的腐蚀与防护[M]. 北京：化学工业出版社，2001.09.
[93]卢绮敏. 石油工业中的腐蚀与防护[M]. 北京：化学工业出版社，2001.10.
[94]吕祥鸿，赵国仙. 油套管材质与腐蚀防护[M]. 北京：石油工业出版社，2015.07.
[95]石仁委，刘璐. 油气管道腐蚀与防护技术问答[M]. 北京：中国石化出版社，2011.03.
[96]刘良果，胡欢，刘鹏，等. 川南某页岩气井 N80 油管腐蚀穿孔的失效分析 [J]. 材料保护，2023，56（11）：193－198，204.
[97]陈文，彭林彩，王彦然，等. 页岩气井滑溜水和返排液对 N80 钢和 TP125V 钢的腐蚀研究 [J]. 石油与天然气化工，2023，52（5）：91－95.
[98]师伟，孙龙飞，赵光强，等. 气井 N80Q 油管腐蚀失效分析 [J]. 石油管材与仪器，2023，

9 (5): 55 – 58.
[99]琚子辉，白海涛，何顺安，等．高产液气井井筒腐蚀、结垢模拟装置的研究进展 [J]. 化工技术与开发，2023，52 (9): 39 – 44.
[100]王俊博，田继军，李飞，等．准噶尔盆地南缘煤层气井管柱腐蚀原因及防腐策略 [J]. 特种油气藏，2023，30 (5): 151 – 157.
[101]青松铸，杨建英，井翠，等．页岩气井区集气管道内腐蚀直接评价 [J]. 材料保护，2023，56 (5): 206 – 211.
[102]韩东兴，任正城，陈江萌，等．国内某气田气井生产与防腐蚀的一体化管理 [J]. 腐蚀与防护，2023，44 (4): 100 – 103.
[103]刘婵，何浩轩，冯洋，等．气井腐蚀与防护的研究现状 [J]. 化工技术与开发，2023，52 (Z1): 50 – 53.
[104]崔铭伟，封子艳，刘其鑫．延长气田井筒的腐蚀影响因素 [J]. 腐蚀与防护，2022，43 (11): 24 – 30.
[105]沈燕宾，李霁阳，李丛妮，等．气井腐蚀原因剖析及高效缓蚀剂的研发 [J]. 应用化工，2022，51 (11): 3235 – 3239.
[106]刘奇林，杜浪，罗召钱，等．超深高压含硫气井油管 H_2S/CO_2腐蚀规律研究 [J]. 当代化工研究，2022，(8): 6 – 8.
[107]陈旭．页岩气井井筒腐蚀规律及缓蚀剂优选实验 [J]. 化学工程与装备，2022，(2): 39 – 40.
[108]岳明，龙岩，张腾，等．某页岩气井管柱腐蚀原因分析 [J]. 石油管材与仪器，2021，7 (6): 84 – 89.
[109]黄显辉．深层气井管柱腐蚀失效分析与防腐措施的可行性研究 [J]. 石油工业技术监督，2021，37 (11): 1 – 4.
[110]司永宏，白小众，刘金海，等．含腐蚀缺陷高压储气井安全性能分析 [J]. 当代化工，2021，50 (6): 1459 – 1463.
[111]陈文杰，余跃，陈泰廷．地下储气井的腐蚀与防护系统设计 [J]. 西部特种设备，2021，4 (1): 14 – 18.
[112]陈旭．东胜气田气井腐蚀软件模拟研究 [J]. 承德石油高等专科学校学报，2021，23 (1): 25 – 31，85.
[113]李炎军，张超，丁剑，等．南海高温高压含 CO_2气井管柱腐蚀适用性评价 [J]. 装备环境工程，2021，18 (1): 15 – 22.
[114]吴保玉，宋振云，陈平．气井井筒 CO_2腐蚀及结垢监测实验研究 [J]. 钻采工艺，2021，44 (1): 77 – 81.
[115]刘磊，何亚宁，张孝栋，等．长北气田某气井油管腐蚀速率增大原因 [J]. 理化检验(物

理分册)，2021，57（1）：50－57.

[116]刘元亮，刘少胡，马卫国．高温高压气井连续管在 CO_2 环境中的电化学腐蚀数值模拟［J］．高压物理学报，2020，34（5）：85－92.

[117]韩薛云，王泉波，高同福，等．延安气田气井腐蚀检测与分析［J］．云南化工，2020，47（7）：119－121.

[118]王振嘉，牛斌，徐东晓，等．80SS 钢在模拟气井井筒环境中的腐蚀行为［J］．腐蚀与防护，2020，41（6）：39－42.

[119]王萍．大牛地低含 H_2S/CO_2 气井腐蚀规律及主控因素研究［J］．石油化工应用，2020，39（2）：29－31，46.

[120]李成，王长权，陈旭，等．页岩气井井筒腐蚀规律与防护措施［J］．腐蚀与防护，2020，41（1）：35－40.

[121]陈立超，王生维，张典坤，等．陇东地区煤层气井油管柱腐蚀机理研究［J］．西南石油大学学报：自然科学版，2020，42（1）：170－180.

[122]石延辉．松南高含 CO_2 气田气井腐蚀评价及生产管柱优选［J］．石油工业技术监督，2019，35（9）：32－36.

[123]庞斌，王早祥，兰文剑．渭北区块煤层气井抽油杆腐蚀影响因素［J］．煤田地质与勘探，2019，47（4）：82－87.

[124]严巡，王长权．含 CO_2 天然气井筒腐蚀速率评价方法研究及应用［J］．石油化工腐蚀与防护，2019，36（4）：1－4.

[125]田喜军，高亮，李大朋，等．榆林气井井筒的腐蚀原因［J］．腐蚀与防护，2019，40（5）：383－386，390.

[126]赵垒，闫怡飞，王鹏，等．气井生产过程中碳钢管柱 CO_2 腐蚀规律［J］．石油学报，2019，40（2）：232－239.

[127]岳明，汪运储．页岩气井下油管和地面集输管道腐蚀原因及防护措施［J］．钻采工艺，2018，41（5）：125－127.

[128]卢勇．含 CO_2 气井的防腐工艺技术探讨［J］．化学工程与装备，2018，(7)：217－218.

[129]赵密锋，付安庆，秦宏德，等．高温高压气井管柱腐蚀现状及未来研究展望［J］．表面技术，2018，47（6）：44－50.

[130]孙权．气井油管 CO_2 腐蚀预测及防腐对策研究［J］．石油和化工设备，2018，21（3）：71－74.

[131]陈旭．含 CO_2 气井腐蚀速率预测方法对比与分析［J］．天然气技术与经济，2017，11（5）：18－21，81－82.

[132]吴华磊．CO_2 对深层气井试井钢丝的腐蚀及其预防［J］．石油管材与仪器，2017，3（5）：51－53，57.

[133]骆建斌．含 CO_2 天然气气井腐蚀因素及解决对策［J］．石化技术，2017，24（8）：186.

[134]周瑞立．大牛地气田低含 H_2S/CO_2 气井腐蚀及防治措施［J］．承德石油高等专科学校学报，2017，19（4）：14－18.

[135]朱达江，刘晓旭，林元华，等．高温高压酸性气井油套管钢在超临界 CO_2 环境下的腐蚀行为［J］．材料保护，2017，50（3）：79－84.

[136]袁曦，肖杰，张碧波，等．酸性气井井筒腐蚀控制技术研究［J］．石油与天然气化工，2017，46（1）：76－78，82.

[137]祁丽莎，陈明贵，王小玮，等．塔河油田注气井井筒氧腐蚀机理研究［J］．石油工程建设，2016，42（6）：70－72.

[138]薛丹，胡敏．陕北气田气井腐蚀速率影响因素及规律［J］．表面技术，2016，45（2）：169－174.

[139]王轩，王娜，赖燕，等．气井腐蚀技术的应用［J］．石化技术，2015，22（11）：30.

[140]张超，张智，曾春珉，等．涠洲 11－4 油田含 CO_2 气井油管柱腐蚀分析［J］．中国海上油气，2015，27（4）：122－125，130.

[141]唐海飞，张子轶，高宇婷，等．注气井管柱腐蚀结垢研究及治理［J］．油气田地面工程，2015，34（10）：106－107.

[142]宋建建．CO_2 气井输气管线的腐蚀与防护［J］．油气田地面工程，2015，34（7）：26－27.

[143]陈家晓，崔晓燕，陈智，等．气井井下挂片腐蚀监测工艺研究及应用［J］．石油与天然气化工，2015，44（1）：63－66.

[144]范家僖．含 CO_2 气田的防腐对策［J］．油气田地面工程，2015，34（2）：46.

[145]张江江．塔河油田注气井管道腐蚀特征及规律［J］．科技导报，2014，32（31）：65－70.

[146]朱达江，林元华，邹大鹏，等．CO_2 驱注气井封隔器橡胶材料腐蚀力学性能研究［J］．石油钻探技术，2014，42（5）：126－130.

[147]王元荪．气井井下油管腐蚀监测试片卡定装置［J］．石油仪器，2014，28（3）：6.

[148]黄熠，张智，李炎军，等．考虑腐蚀的高温高压含 CO_2 气井生产套管安全评估［J］．钻采工艺，2014，37（3）：78－81，10.

[149]李彦龙，董长银，陈新安，等．CO_2 腐蚀预测及其在井下管柱寿命预测中的应用［J］．内蒙古石油化工，2014，40（7）：19－22.

[150]王峰，韦春艳，黄天杰，等．H_2S 分压对 13Cr 不锈钢在 CO_2 注气井环空环境中应力腐蚀行为的影响［J］．中国腐蚀与防护学报，2014，34（1）：46－52.

[151]郑云萍，刘奇，聂畅，等．气井井下腐蚀监测技术及其应用［J］．测井技术，2013，37（6）：707－710，719.

[152]王承陆，赵德军，赵华，等．川西须家河组气藏含 CO_2 气体气井配产工艺技术分析［J］．中国石油和化工标准与质量，2013，33（23）：145－147.

[153]耿瑞娟，许学健．采气井管柱 CO_2腐蚀速度分布规律及影响因素［J］．中国石油和化工标准与质量，2013，33（23）：92.
[154]张智，李炎军，张超，等．高温含 CO_2气井的井筒完整性设计［J］．天然气工业，2013，33（9）：79－86.
[155]聂畅，陈小红，陶玉林，等．气井井筒常用腐蚀监测技术［J］．腐蚀与防护，2013，34（9）：856－859.
[156]何涛，黎洪珍，刘畅，等．油气田企业井下油管腐蚀分析［J］．企业研究，2013，（16）：194－195.
[157]宋坤鹏．某区块气井腐蚀现状及对策分析［J］．中国石油和化工标准与质量，2013，33（15）：129.
[158]郑云萍，刘奇，张峰，等．气井井下的腐蚀监测技术［J］．腐蚀与防护，2013，34（4）：355－358.
[159]常亮，刘鹏，王磊，等．榆林气田南区套损气井治理研究及应用［J］．石油化工应用，2012，31（9）：95－97，104.
[160]李君．腐蚀监测技术在长岭气田高含 CO_2气井中的应用［J］．腐蚀与防护，2012，33（8）：731－732，671.
[161]赵国仙．高温高压含 CO_2气井管柱腐蚀冲蚀机理及防护［J］．金属热处理，2011，36（S1）：19.
[162]方华，丁俊杰，程靖．采气井管柱 CO_2腐蚀速度分布规律及影响因素［J］．科学技术与工程，2011，11（13）：2925－2929.
[163]唐林华．川西须家河组气藏气井 CO_2腐蚀机理分析［J］．天然气工业，2011，31（4）：66－71，128－129.
[164]樊红珍．陕北气田腐蚀现状分析［J］．化工技术与开发，2010，39（8）：61－63.
[165]杨冲伟，董事尔，翁应彬，等．高压气地下储气井的腐蚀机理研究［J］．煤气与热力，2010，30（3）：16－19.
[166]尹修利．含 CO_2天然气气井腐蚀因素分析及对策［J］．腐蚀与防护，2010，31（1）：71－74.
[167]虎蕾，宋保强，吕江，等．$H_2S-CO_2-H_2O(Cl^-)$体系对气井管材腐蚀分析［J］．化学工程与装备，2009，（7）：74－76.
[168]樊红珍．榆林气田气井腐蚀现状分析［J］．陕西师范大学学报：自然科学版，2009，37（S1）：31－33.
[169]曾亚勤，李琼玮，杨全安，等．含低 H_2S 和中等 CO_2气井的电化学腐蚀问题研究［J］．腐蚀科学与防护技术，2009，21（3）：257－259.
[170]刚振宝，侯读杰，贺海军，等．松辽盆地北部深层气井 CO_2腐蚀预测方法［J］．天然气

勘探与开发，2008，（2）：64－68，81－82.
[171]刚振宝，刘伟，卫秀芬，等．大庆油田深层气井 CO_2 腐蚀规律及防腐对策［J］．大庆石油地质与开发，2007，（3）：95－99.
[172]马文海，裴晓含，高飞，等．N80 钢在模拟深层气井水溶液中的 CO_2 腐蚀行为［J］．中国腐蚀与防护学报，2007，（1）：8－13.
[173]吴志良，钱卫明，钟辉高，等．CO_2 凝析气藏气井油套管腐蚀原因分析及常用钢材腐蚀性评价［J］．中国海上油气，2006，（3）：195－197，208.
[174]田红政．富含 CO_2 凝析气井的腐蚀与防腐技术［J］．海洋石油，2006，（2）：68－74.
[175]陈飞，饶文艺．高压气井、凝析气井 CO_2 腐蚀机理及防腐技术［J］．石油天然气学报：江汉石油学院学报（现为石油天然气学报），2005，（S1）：297－299，10.
[176]刘文忠．气井井下管串腐蚀影响因素的电化学认识［J］．钻采工艺，2005，（2）：87－89，106－116.
[177]覃斌，李相方．含 CO_2 凝析气井多相流腐蚀因素［J］．油气田地面工程，2003，（11）：53.
[178]刘元清，王选奎，贾丽，等．含 CO_2 天然气井腐蚀规律及腐蚀预测研究［J］．油气田地面工程，2002，（4）：31－32.
[179]张育林．CO_2 对气井油管的腐蚀——川合 100 井的腐蚀实例［J］．天然气工业，1993，（5）：72－76，79.
[180]Usman B J, Ali S A. Carbon dioxide corrosion inhibitors: a review[J]. Arabian Journal for Science and Engineering, 2018, 43: 1－22.
[181]Finšgar M, Jackson J. Application of corrosion inhibitors for steels in acidic media for the oil and gas industry: A review[J]. Corrosion science, 2014, 86: 17－41.
[182]Zhang Z, Zhao Y, Gong Q, et al. MOFs for CO_2 capture and separation from flue gas mixtures: the effect of multifunctional sites on their adsorption capacity and selectivity[J]. Chemical Communications, 2013, 49(7): 653－661.
[183]Farelas F, Galicia M, Brown B, et al. Evolution of dissolution processes at the interface of carbon steel corroding in a CO_2 environment studied by EIS[J]. Corrosion Science, 2010, 52(2): 509－517.
[184]Popoola L T, Grema A S, Latinwo G K, et al. Corrosion problems during oil and gas production and its mitigation[J]. International Journal of Industrial Chemistry, 2013, 4: 1－15.
[185]Al－Hashami A, Ren S R, Tohidi B. CO_2 injection for enhanced gas recovery and geo－storage: reservoir simulation and economics[C]//SPE Europec featured at EAGE Conference and Exhibition? . SPE, 2005: SPE－94129－MS.
[186]Ikeda A, Mukai S, Ueda M. Corrosion behavior of 9 to 25% Cr steels in wet CO_2 environments

[J]. Corrosion, 1985, 41(4): 185 - 192.

[187] Ma W, Qu H, Huang W, et al. Study on failure behavior of gas well tubing under CO_2 corrosion after erosion[J]. Journal of Failure Analysis and Prevention, 2020, 20: 950 - 957.

[188] Zhang Y, Xu M, Song J, et al. Study on the corrosion change law and prediction model of cement stone in oil wells with CO_2 corrosion in ultra - high - temperature acid gas wells[J]. Construction and Building Materials, 2022, 323: 125879.

[189] Huang S, Wang L, Li Z, et al. Machine learning - based prediction model for CO_2 - induced corrosion on oil well cement under high - pressure and high - temperature condition[J]. Construction and Building Materials, 2024, 414: 134999.

[190] Tan C, Xu X, Xu L, et al. Effects of chloride concentration on CO_2 corrosion of novel 3Cr2Al steel in simulated oil and gas well environments[J]. Materials and Corrosion, 2019, 70(2): 366 - 376.

[191] Farshad F F, Garber J D, Polaki V. Comprehensive model for predicting corrosion rates in gas wells containing CO_2[J]. SPE Production & Facilities, 2000, 15(3): 183 - 190.

[192] Li J, Wang D, Xie F. Failure analysis of CO_2 corrosion of natural gas pipeline under flowing conditions[J]. Engineering Failure Analysis, 2022, 137: 106265.

[193] Ma W. Corrosion behavior of gas storage well pipe strings in corrosive H_2S - CO_2 environment [J]. Journal of Failure Analysis and Prevention, 2022, 22(1): 368 - 376.

[194] Shirazi S A, Mclaury B S, Shadley J R, et al. Erosion - corrosion in oil and gas pipelines[J]. Oil and Gas Pipelines, 2015: 399 - 422.

[195] Nešić S. Key issues related to modelling of internal corrosion of oil and gas pipelines - a review [J]. Corrosion science, 2007, 49(12): 4308 - 4338.

[196] Ma H, Zhang W, Wang Y, et al. Advances in corrosion growth modeling for oil and gas pipelines: A review[J]. Process Safety and Environmental Protection, 2023, 171: 71 - 86.

[197] Zakikhani K, Nasiri F, Zayed T. A review of failure prediction models for oil and gas pipelines [J]. Journal of Pipeline Systems Engineering and Practice, 2020, 11(1): 03119001.

[198] Papavinasam S, Doiron A, Revie R W. Model to predict internal pitting corrosion of oil and gas pipelines[J]. Corrosion, 2010, 66(3): 035006 - 035006 - 11.

[199] Abd El - Lateef H M, Abbasov V M, Aliyeva L I, et al. Corrosion protection of steel pipelines against CO_2 corrosion - a review[J]. Chemistry Journal, 2012, 2(2): 52 - 63.

[200] Yin Z F, Feng Y R, Zhao W Z, et al. Effect of temperature on CO_2 corrosion of carbon steel [J]. Surface and Interface Analysis: An International Journal devoted to the development and application of techniques for the analysis of surfaces, interfaces and thin films, 2009, 41(6): 517 - 523.

[201] Cole I S, Corrigan P, Sim S, et al. Corrosion of pipelines used for CO_2 transport in CCS: Is it a real problem? [J]. International Journal of Greenhouse Gas Control, 2011, 5(4): 749 – 756.

[202] Hatami S, Ghaderi – Ardakani A, Niknejad – Khomami M, et al. On the prediction of CO_2 corrosion in petroleum industry[J]. The Journal of Supercritical Fluids, 2016, 117: 108 – 112.

[203] Liu Q Y, Mao L J, Zhou S W. Effects of chloride content on CO_2 corrosion of carbon steel in simulated oil and gas well environments[J]. Corrosion science, 2014, 84: 165 – 171.

[204] Choi Y S, Young D, Nešić S, et al. Wellbore integrity and corrosion of carbon steel in CO_2 geologic storage environments: A literature review[J]. International Journal of Greenhouse Gas Control, 2013, 16: S70 – S77.

[205] Zhang Z, Zhang N, Liu Z, et al. Synergistic effects of corrosion time and stress on corrosion of casing steel in H_2S/CO_2 gas wells[J]. Materials and Corrosion, 2018, 69(3): 386 – 392.

[206] Dong B, Zeng D, Yu Z, et al. Major corrosion influence factors analysis in the production well of CO_2 flooding and the optimization of relative anti – corrosion measures[J]. Journal of Petroleum Science and Engineering, 2021, 200: 108052.

[207] Williams J M. Getting reliable on – site H_2S and CO_2 concentrations for anti – corrosion measures in gas wells[C]//SPE Middle East Oil and Gas Show and Conference. SPE, 2003: SPE – 81495 – MS.

[208] Hassani S, Vu T N, Rosli N R, et al. Wellbore integrity and corrosion of low alloy and stainless steels in high pressure CO_2 geologic storage environments: An experimental study[J]. International Journal of Greenhouse Gas Control, 2014, 23: 30 – 43.

[209] Mubarak G, Verma C, Barsoum I, et al. Internal corrosion in oil and gas wells during casings and tubing: Challenges and opportunities of corrosion inhibitors[J]. Journal of the Taiwan Institute of Chemical Engineers, 2023, 150: 105027.

[210] Adams C D, Garber J D, Singh R K, et al. Computer modeling to predict corrosion rates in gas condensate wells containing CO_2[C]//NACE CORROSION. NACE, 1996: NACE – 96031.

[211] de Moraes F, Shadley J R, Chen J, et al. Characterization of CO_2 corrosion product scales related to environmental conditions[C]//NACE CORROSION. NACE, 2000: NACE – 00030.

[212] Hashizume S, Minami Y, Ishizawa Y. Corrosion resistance of martensitic stainless steels in environments simulating carbon dioxide gas wells[J]. Corrosion, 1998, 54(12): 1003 – 1011.

[213] Perez T E. Corrosion in the oil and gas industry: an increasing challenge for materials[J]. Jom, 2013, 65(8): 1033 – 1042.

[214] Wang Z, Wang L, Liu H, et al. Study on CO_2 corrosion behavior and protection technology of gas storage injection production well casing[J]. Highlights in Science, Engineering and Technology, 2022, 25: 181 – 188.

[215] Richter S, Achour M, Addis K, et al. Development and application of a downhole corrosion prediction model[C]//NACE CORROSION. NACE, 2016: NACE - 2016 - 7827.

[216] Zhichao Q I U, Xiong C, Chang Z, et al. Major corrosion factors in the CO_2 and H_2S coexistent environment and the relative anti - corrosion method: Taking Tazhong I gas field, Tarim Basin, as an example[J]. Petroleum exploration and development, 2012, 39(2): 256 - 260.

[217] Sholihin M Y M, Kusyanto H S, Wijaya R H, et al. Remaining life and corrosion rate prediction of well casing material in the CO_2 environment[C]//IOP Conference Series: Materials Science and Engineering. IOP Publishing, 2019, 553(1): 012066.

[218] Li J, Wang C, Liu J, et al. Corrosion analysis, and use of an inhibitor in oil wells[J]. Research on Chemical Intermediates, 2014, 40: 649 - 660.

[219] Li N, Xu D, Ma W, et al. CO_2 corrosion behaviors of tubing and casing steels in simulation produced water for deep natural gas wells[C]//2015 International Conference on Advanced Engineering Materials and Technology. Atlantis Press, 2015: 643 - 646.

[220] Kermani M B, Morshed A. Carbon dioxide corrosion in oil and gas productiona compendium[J]. Corrosion, 2003, 59(8).

[221] Khajotia B, Sormaz D, Nesic S. Case - based reasoning model of CO_2 corrosion based on field data[C]//NACE CORROSION. NACE, 2007: NACE - 07553.

[222] Du X, Dai X, Li Z, et al. Corrosion analysis and anti - corrosion measures of oil casing of sulfur content gas wells: A case study of Daniudi Gas Field in the Ordos Basin[J]. Energy Reports, 2021, 7: 1280 - 1292.

[223] Ueda M, Takabe H, Nice P I. The development and implementation of a new alloyed steel for oil and gas production wells[C]//NACE CORROSION. NACE, 2000: NACE - 00154.

[224] Hu X, Neville A, Wells J, et al. Prediction of erosion - corrosion in oil and gas - a systematic approach[C]//NACE CORROSION. NACE, 2008: NACE - 08540.

[225] Askari M, Aliofkhazraei M, Jafari R, et al. Downhole corrosion inhibitors for oil and gas production - a review[J]. Applied Surface Science Advances, 2021, 6: 100128.

[226] Fosbøl P L, Thomsen K, Stenby E H. Improving mechanistic CO_2 corrosion models[C]//NACE CORROSION. NACE, 2009: NACE - 09561.

[227] Chamkalani A, Nareh'ei M A, Chamkalani R, et al. Soft computing method for prediction of CO_2 corrosion in flow lines based on neural network approach[J]. Chemical engineering communications, 2013, 200(6): 731 - 747.

[228] Peng Y, Guo Z. On the sweet corrosion of oil and gas wells[J]. International Journal of Science and Engineering Investigations, 2017, 6(5): 25 - 27.

[229] Sutanto H, Semerad V A W. Annulus corrosion in high - temperature gas wells[J]. SPE Pro-

duction Engineering, 1990, 5(3): 295 – 298.

[230] Nagalakshmi T, Sivasakthi A. Corrosion control, prevention and mitigation in Oil & Gas Industry[J]. International Journal of Innovative Technology and Exploring Engineering (IJITEE), 2019, 9(2): 1568 – 1572.

[231] Lazzari L, Kopliku A, Hoxha G, et al. Prediction of CO_2 corrosion in oil and gas wells: Analysis of some case histories[C]//NACE CORROSION. NACE, 1998: NACE – 98024.

[232] Kapusta S D, Pots B F M, Rippon I J. The application of corrosion prediction models to the design and operation of pipelines[C]//NACE CORROSION. NACE, 2004: NACE – 04633.

[233] Smith L, Milanovic D, Lee C H, et al. Establishing and maintaining the integrity of wells used for sequestration of CO_2[C]//NACE CORROSION. NACE, 2012: NACE – 2012 – 1376.